职业教育精品教材（电气运行与控制专业）

电子技术基础

（第2版）

范次猛 主 编

電子工業出版社
Publishing House of Electronics Industry
北京 · BEIJING

内容简介

本书依据新的课程标准，贯彻了以就业为导向，以能力为本位的职教思想。以职业能力分析为依据，设定课程培养目标，以必备的相关基础知识和电子技术在工业中的应用为主线组织教学内容。本书主要内容包括：半导体二极管及其应用、三极管及放大电路基础、集成运算放大电路、直流稳压电源、数字电路基础、组合逻辑电路、时序逻辑电路、其他常用电路。注重培养学生的应用能力和解决问题的实际工作能力。

本书可作为职业院校的机电类、自动化类、电气类、电子类等专业的教材，也可供工程技术人员或自学者参考。

图书在版编目（CIP）数据

电子技术基础 / 范次猛主编. —2 版. —北京：电子工业出版社，2016.7

ISBN 978-7-121-28743-5

Ⅰ. ①电… Ⅱ. ①范… Ⅲ. ①电子技术—中等专业学校—教材 Ⅳ. ①TN

中国版本图书馆 CIP 数据核字（2016）第 095241 号

策划编辑：白　楠
责任编辑：郝黎明
印　　刷：北京七彩京通数码快印有限公司
装　　订：北京七彩京通数码快印有限公司
出版发行：电子工业出版社
　　　　　北京市海淀区万寿路 173 信箱　邮编　100036
开　　本：787×1 092　1/16　印张：14.75　字数：377.6 千字
版　　次：2009 年 1 月第 1 版
　　　　　2016 年 7 月第 2 版
印　　次：2023 年 2 月第 3 次印刷
定　　价：32.00 元

凡所购买电子工业出版社图书有缺损问题，请向购买书店调换。若书店售缺，请与本社发行部联系，联系及邮购电话：（010）88254888，88258888。

质量投诉请发邮件至 zlts@phei.com.cn，盗版侵权举报请发邮件至 dbqq@phei.com.cn。

本书咨询联系方式：（010）88254592。

前　言

《电子技术基础》自 2009 年 1 月出版以来，得到了全国许多职业院校电工电子技术专业教师的关怀和支持。

过去的五年多是中国职业教育改革力度大、发展速度快的时期，随着信息化、自动化技术应用水平的不断提高，《电子技术基础》作为电类专业的通识课程的重要性显得越来越重要，电工电子技术的知识与技能已成为多数职业与岗位的能力和技术支撑。

2009 年，教育部组织专家对《电子技术基础》的课程标准进行了新的修订，新课程标准中更加强调电子技术的“基础”和“技能”，更加突出“能力”培养的要求。课程标准对教学内容与要求中降低了对理论知识的要求，增加了一些实训项目。教学方法建议坚持“做中学、做中教”，积极探索理论和实践相结合的教学模式，使电子技术基本理论的学习、基本技能的训练与生产生活中的实际应用相结合。

本次教材在修订过程中依据新的课程标准，贯彻了以就业为导向，以能力为本位的职教思想。以职业能力分析为依据，设定课程培养目标，明显降低理论教学的重心，删除与实际工作关系不大的繁冗计算，以必备的相关基础知识和电子技术在工业中的应用为主线组织教学内容，注重培养学生的应用能力和解决问题的实际工作能力。

这次教材再版基本保持原有教材的体例结构，但教材内容进行了比较大的修改，其变动的情况如下。

1．对每一章节都重新进行了精细化的组织和整理，力求语言简练，通俗易懂，在每一章节前增加了学习目标。

2．结合新的课程标准，增加了本课程一般应开设的实验与实训项目。

3．将每章后面的“思考与练习”改为每节后面都附有“思考与练习”，可供学生在学完每一节后进行及时的总结和训练。

4．将第 5 章的数字逻辑电路修订为第 5 章数字电路基础和第 6 章组合逻辑电路。

本教材由范次猛主编，张炜、徐丽萍各自对原编写的内容进行了修改。限于编者的水平和能力，修订后的教材中难免存在疏漏之处，敬请使用本教材的教师和学生予以批评指正。

编　者

目　　录

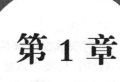

第1章 半导体二极管及其应用

1.1 二极管的使用

学习目标

1. 了解半导体的基本知识，掌握二极管的单向导电性。
2. 了解二极管的结构、符号，掌握普通二极管和稳压管的伏安特性、主要参数。
3. 了解特殊二极管的外形、特征、功能和实际应用。
4. 能在实践中合理使用二极管。

1.1.1 半导体的基本知识

半导体器件是20世纪中期开始发展起来的，具有体积小、质量轻、使用寿命长、可靠性高、输入功率小和功率转换效率高等优点，在现代电子技术中得到了广泛的应用。

1．半导体的基本特性

在自然界中存在着许多不同的物质，根据其导电性能的不同大体可分为导体、绝缘体和半导体三大类。通常将很容易导电、电阻率小于$10^{-4}\Omega \cdot cm$的物质，称为导体，如铜、铝、银等金属材料；将很难导电、电阻率大于$10^{10}\Omega \cdot cm$的物质，称为绝缘体，如塑料、橡胶、陶瓷等材料；将导电能力介于导体和绝缘体之间、电阻率为$10^{-4}\sim10^{10}\Omega \cdot cm$的物质，称为半导体。常用的半导体材料是硅（Si）和锗（Ge）。

用半导体材料制作电子元器件，不是因为它的导电能力介于导体和绝缘体之间，而是由于其导电能力会随着温度、光照的变化或掺入杂质的多少发生显著的变化，这就是半导体不同于导体的特殊性质。半导体材料具有如下特性。

1）热敏性

所谓热敏性，就是半导体的导电能力随着温度的升高而迅速增加的特性。半导体的电阻率对温度的变化十分敏感。例如，纯净的锗从20℃升高到30℃时，它的电阻率几乎减小为原来的1/2；而一般的金属导体的电阻率则变化较小，如铜，当温度同样升高10℃时，它的电阻率几乎不变。

2）光敏性

半导体的导电能力随光照的变化有显著改变的特性称为光敏性。自动控制中用的光电二极管和光敏电阻，就是利用光敏特性制成的。而金属导体在阳光下或在暗处其电阻率一般没有什么变化。

3）杂敏性

所谓杂敏性，就是半导体的导电能力因掺入适量的杂质而发生很大变化的特性。在半导体硅中，只要掺入亿分之一的硼，电阻率就会下降到原来的几万分之一。利用这一特性，可以制造出不同性能、不同用途的半导体器件。而金属导体即使掺入千分之一的杂质，对其电阻率也几乎没有什么影响。

半导体之所以具有上述特性，根本原因在于其特殊的原子结构和导电机理。

2. 本征半导体

本征半导体是指完全纯净的、具有晶体结构（即原子排列按一定规律排得非常整齐）的半导体，如常用半导体材料硅（Si）和锗（Ge）。在常温下，其导电能力很弱；在环境温度升高或有光照时，其导电能力随之增强。

3. 杂质半导体

在本征半导体中，人为地掺入少量其他元素（称为杂质），可以使半导体的导电性能发生显著的变化。利用这一特性，可以制成各种性能不同的半导体器件，这样使得它的用途大大增加。掺入杂质的本征半导体称为杂质半导体，根据掺入杂质性质的不同，可分为两种：N型半导体和P型半导体。

1）N型半导体（电子型半导体）

在4价的本征半导体中掺入正5价杂质元素（如磷、砷），就形成N型半导体。N型半导体自由电子数量多，空穴数量少，参与导电的主要是带负电的自由电子，如图1-1-1（a）所示。

2）P型半导体（空穴型半导体）

在4价的本征半导体中掺入正3价杂质元素（如硼、镓）时，就形成P型半导体。P型半导体中，空穴数量多，自由电子数量少，参与导电的主要是带正电的空穴，如图1-1-1（b）所示。

由于杂质的掺入，使得N型半导体和P型半导体的导电能力较本征半导体有极大的增强。但是掺入杂质的目的不是单纯为了提高半导体的导电能力，而是想通过控制杂质掺入量的多少，来控制半导体导电能力的强弱。

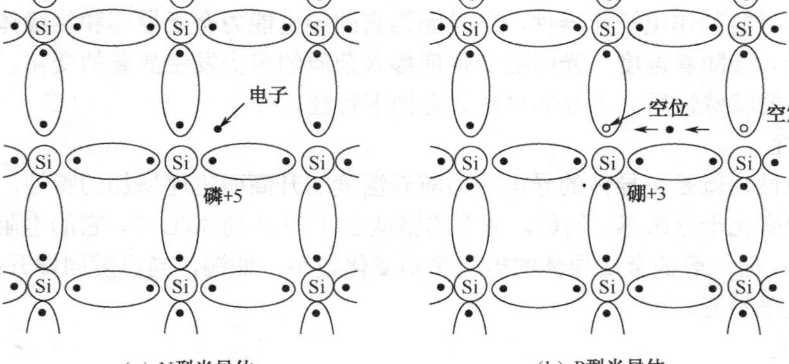

（a）N型半导体　　（b）P型半导体

图1-1-1　杂质半导体

4. PN 结

当把一块 P 型半导体和一块 N 型半导体用特殊工艺紧密结合时，在两者的交界面上会形成一个具有特殊现象的薄层，这个薄层被称为 PN 结，而 PN 结具有单向导电的特性。二极管的核心正是 PN 结。

1.1.2 二极管的结构、类型及符号

1. 二极管的结构

图 1-1-2 所示是用于家用电器、稳压电源等电子产品的各种不同外形的晶体二极管（简称二极管）。

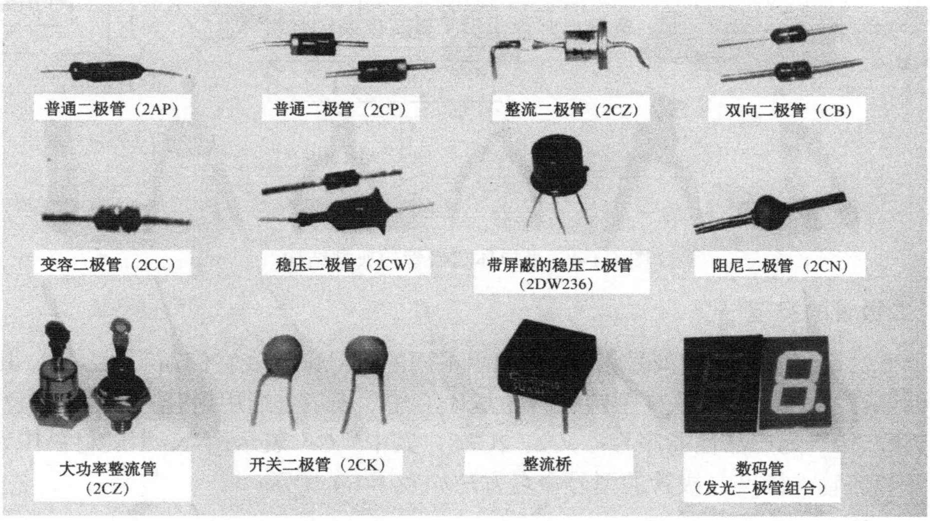

图 1-1-2　几种常用二极管的实物图

在一个 PN 结的两端加上电极引线并用外壳封装起来，就构成了半导体二极管。由 P 型半导体引出的电极，称为正极（或阳极），由 N 型半导体引出的电极，称为负极（或阴极）。二极管的内部结构示意图及电路图形符号如图 1-1-3 所示。

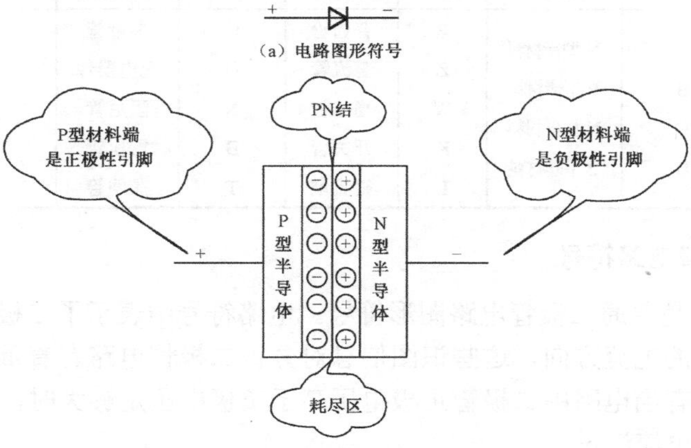

图 1-1-3　二极管的内部结构示意图及电路图形符号

按照结构工艺的不同，二极管有点接触型和面接触型两类。点接触型二极管的结构如图 1-1-4（a）所示。这类二极管的 PN 结面积和极间电容均很小，不能承受高的反向电压和大电流，因而适用于制作高频检波和脉冲数字电路里的开关元件，以及作为小电流的整流管。

面接触型二极管又称为面结型二极管，其结构如图 1-1-4（b）所示。这种二极管的 PN 结面积大，可承受较大的电流，其极间电容大，因而适用于整流，而不宜用于高频电路中。

图 1-1-4（c）所示是硅工艺平面型二极管的结构图。

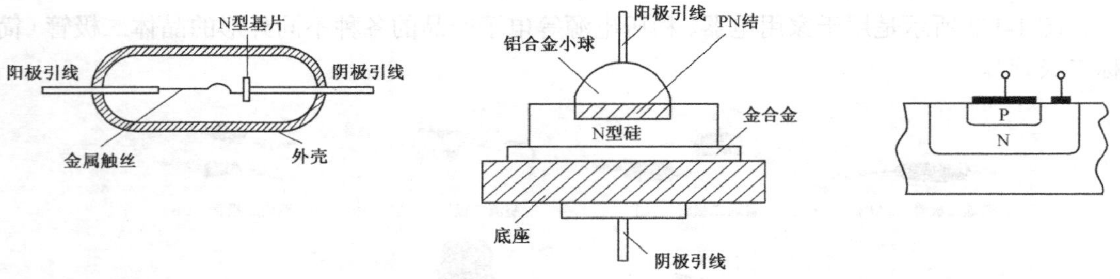

（a）点接触型结构　　（b）面接触型结构　　（c）集成电路中的平面型结构

图 1-1-4　半导体二极管的典型结构

2．二极管的类型

半导体二极管的种类和型号很多，我们用不同的符号来代表它们，例如 2AP9，其中“2”表示二极管，“A”表示采用 N 型锗材料为基片，“P”表示普通用途管（P 为汉语“普通”拼音字头），“9”为产品性能序号；又如 2CZ8，其中“C”表示由 N 型硅材料作为基片，“Z”表示整流管。国产二极管的型号命名方法如表 1-1-1 所示。

表 1-1-1　国产二极管的型号命名方法

第一部分		第二部分		第三部分				第四部分	第五部分
用数字表示器件的电极数目		用拼音字母表示器件材料和极性		用拼音字母表示器件类别				用数字表示器件序号	用汉语拼音表示规格号
符号	意义	符号	意义	符号	意义	符号	意义		
2	二极管	A B C D	N 型锗材料 P 型锗材料 N 型硅材料 P 型硅材料	P Z W K L	普通管 整流管 稳压管 开关管 整流堆	C U N B T	参量管 光电器件 阻尼管 雪崩管 晶闸管		

3．普通二极管电路符号

图 1-1-5 所示是普通二极管电路图形符号。电路符号中表示了二极管两根引脚极性，指示了流过二极管的电流方向，这些识图信息对分析二极管电路有着重要的作用。例如，电流方向表明了只有当电路中二极管正极电压高于负极电压足够大时，才有电流流过二极管，否则二极管无电流流过。

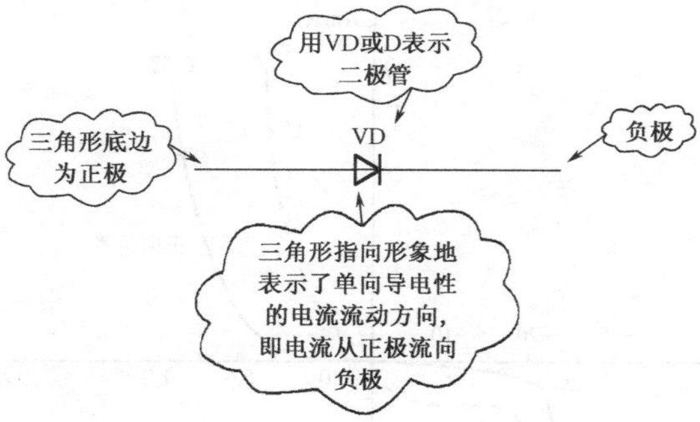

图 1-1-5　二极管电路图形符号

1.1.3　二极管的单向导电性、伏安特性及主要参数

1. 二极管的单向导电性

按图 1-1-6 所示连接电路，观察指示灯的变化情况。（建议采用仿真演示）

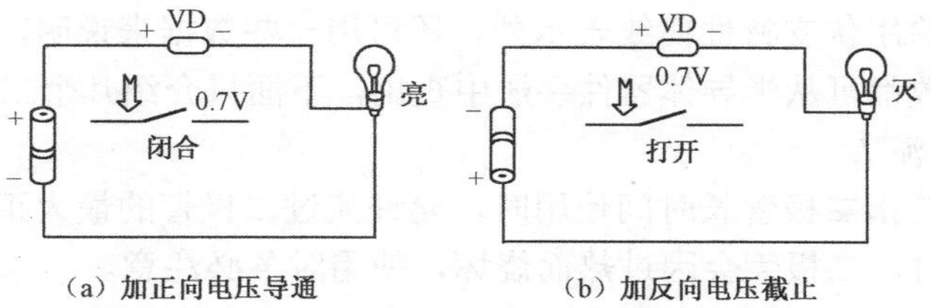

图 1-1-6　二极管单向导电性实验

1）加正向电压导通

把二极管接成如图 1-1-6（a）所示的电路，当开关闭合时，二极管阳极接电源正极，阴极接电源负极，这种情况称为二极管（PN 结）正向偏置；当开关闭合时，灯泡亮，这时称二极管（PN 结）导通，流过二极管的电流称为正向电流。

2）加反向电压截止

将二极管接成如图 1-1-6（b）所示的电路，二极管阳极（P 区）接电源负极，阴极（N 区）接电源正极，这时二极管（PN 结）称为反向偏置。开关闭合，灯泡不亮，电流几乎为零，这时称为二极管（PN 结）截止，此时二极管中仍有微小电流流过，这个微小电流基本不随外加反向电压变化而变化，故称为反向饱和电流（也称反向漏电流），用 I_S 表示，I_S 很小，但它会随温度上升而显著增加。因此，半导体器件的热稳定性较差，在使用半导体器件时，要考虑环境温度对器件和由它构成电路的影响。

把二极管（PN 结）正向偏置导通、反向偏置截止的这种特性称为单向导电性。

2. 二极管的伏安特性

所谓伏安特性，是指加到二极管两端的电压与流过二极管的电流之间关系的曲线。该曲线可通过实验的方法得到，也可利用晶体管图示仪十分方便地观测出。

二极管的伏安特性曲线可分为正向特性和反向特性两部分。图 1-1-7 所示是利用晶体管图示仪得到的二极管正反向伏安特性曲线。

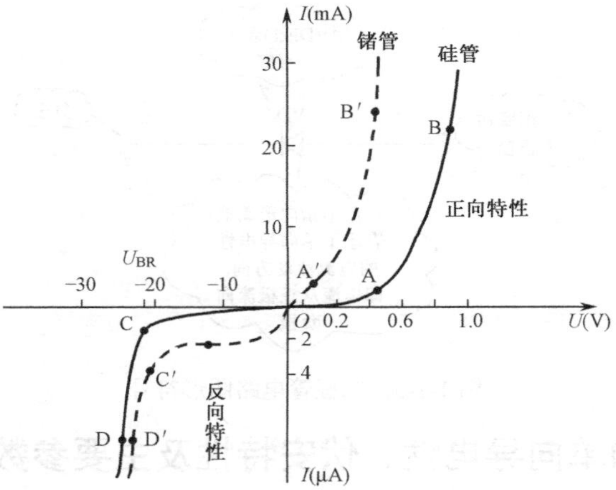

图 1-1-7　二极管正反向伏安特性曲线

3. 二极管的主要参数

二极管的特性除用伏安特性曲线表示外，还可用一些数据来说明，这些数据就是二极管的参数。各种参数都可从半导体器件手册中查出，下面只介绍几个二极管常用的参数。

1）最大整流电流 I_F

最大整流电流是指二极管长时间使用时，允许流过二极管的最大正向平均电流。当电流超过这个允许值时，二极管会因过热而烧坏，使用时务必注意。

2）最大反向工作电压 U_{RM}（反向峰值电压）

最大反向工作电压是指二极管正常工作时所允许外加的最高反向电压。它是保证二极管不被击穿而得出的反向峰值电压，一般取反向击穿电压的一半左右作为二极管最高反向工作电压。

3）反向峰值电流 I_{RM}

反向峰值电流是指在二极管上加反向峰值电压时的反向电流值。反向电流大，说明单向导电性能差，并且受温度的影响大。

1.1.4　认识二极管家族

1. 二极管的种类划分

无论哪种类型二极管，虽然它们的工作特性有所不同，但是它们都具有 PN 结的单向导电特性。表 1-1-2 所示是二极管的种类划分。

表 1-1-2　二极管的种类划分

划分方法及种类		说　明
按功能划分	普通二极管	常见的二极管
	整流二极管	专门用于整流的二极管
	发光二极管	专门用于指示信号的二极管，能发出光
	稳压二极管	专门用于直流稳压的二极管
	光敏二极管	对光有敏感的作用
按材料划分	硅二极管	硅材料二极管，常用的二极管

续表

划分方法及种类		说　明
按材料划分	锗二极管	锗材料二极管
按外壳封装材料划分	塑料封装二极管	大量使用的二极管采用这种封装材料
	金属封装二极管	大功率整流二极管采用这种封装材料
	玻璃封装二极管	检波二极管等采用这种封装材料

2. 普通二极管

二极管的两根引脚有正、负极性之分，使用中如果接错，不仅不能起到正确的作用，甚至还会损坏二极管本身及电路中其他元器件。

二极管最基本的特征是单向导通特性，即流过二极管的实际电流只能从正极流向负极。利用这一特性，二极管可以构成整流电路等许多实用电路。

普通二极管（图 1-1-8）可以用于整流、限幅、检波等许多电路中。

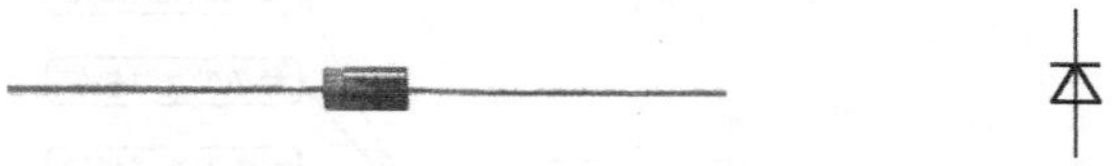

（a）实物图　　（b）电路符号

图 1-1-8　普通二极管

3. 稳压二极管

稳压二极管（图 1-1-9）用于直流稳压电路中，它也具有两根正、负引脚，也有一个 PN 结的结构，它应用于直流稳压电路中时，PN 结处于击穿状态下，但不会烧坏 PN 结。稳压二极管常用 VD 表示。

注意：稳压二极管的电路符号与普通二极管电路符号有一点区别，可以由此来识别稳压二极管。

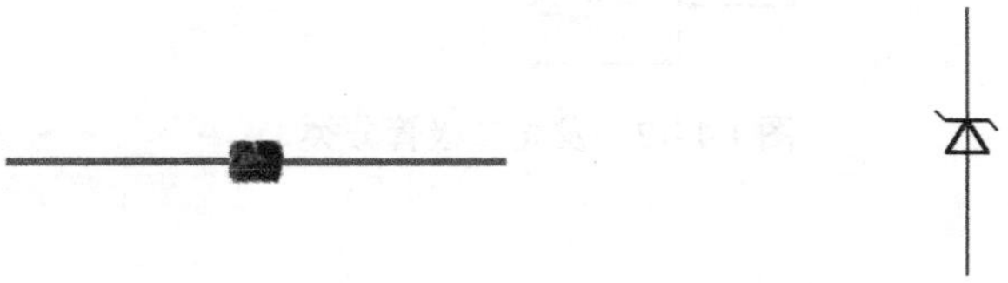

（a）实物图　　（b）电路图形符号

图 1-1-9　稳压二极管

4. 发光二极管

发光二极管（图 1-1-10）是一种在导通后能够发光的二极管，也具有 PN 结，有单向导电特性。

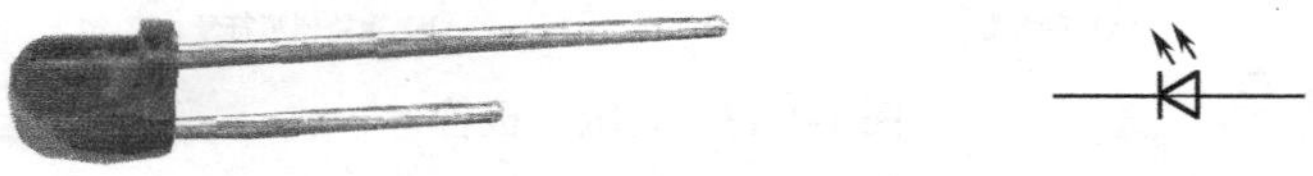

（a）实物图　　（b）电路图形符号

图 1-1-10　发光二极管

发光二极管具有体积小、功耗低、寿命长、外形美观、适应性能强等特点，广泛用于仪器、仪表、电器设备中做电源信号指示、音响设备调谐和电平指示、广告显示屏的文字、图形、符号显示等。红外线发光二极管（图 1-1-11）也是发光二极管中的一种，但是它发出的是红外线，主要用于各种红外遥控器中作为遥控发射器。

（a）实物图

（b）电路图形符号

图 1-1-11　红外线发光二极管

发光二极管种类繁多，具体分类如图 1-1-12 所示。

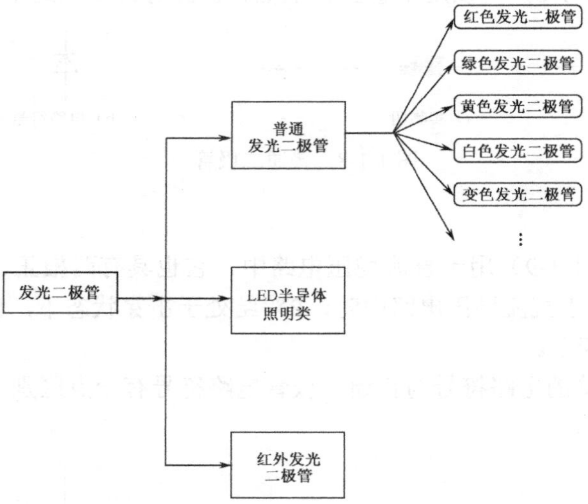

图 1-1-12　发光二极管分类

5．光敏二极管

图 1-1-13 所示为光敏二极管。

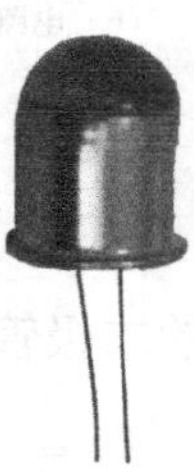
（a）实物图

（b）电路图形符号

图 1-1-13　光敏二极管

光敏二极管在反向偏置下并有光线照射时，光敏二极管导通；没有光线照射时，光敏二极管不导通。

光敏二极管在烟雾探测器、光电编码器及光电自动控制中作为光电信号接收转换用。

思考与练习

一、填空题

1．PN 结具有________性，________偏置时导通；________偏置时截止。

2．半导体二极管 2AP7 是________半导体材料制成的，2CZ56 是________半导体材料制成的。

3．光电二极管也称光敏二极管，它能将________信号转换为________信号。

4．自然界中的物质，根据其导电性能的不同大体可分为________、________和________三大类。

二、综合题

1．什么是 N 型半导体？什么是 P 型半导体？

2．二极管导通时，电流是从哪个电极流入？从哪个电极流出？

3．发光二极管、光敏二极管分别在什么偏置状态下工作？

4．在用微安表组成的测量电路中，常用二极管来保护微安表表头，以防直流电源极性接错或通过电流过大而损坏，电路图如图 1-1-14 所示。试分别说明图 1-1-14 中二极管各起什么作用，说明原因。

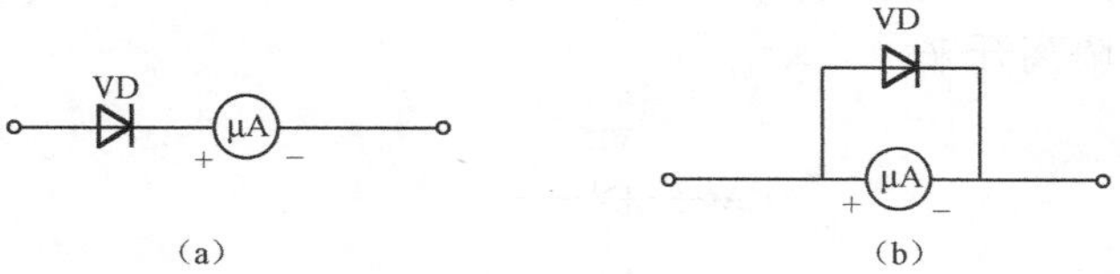

图 1-1-14　综合题 4 图

1.2　二极管基本电路及其应用

学习目标

1．掌握二极管的主要应用。

2．学会合理使用二极管。

二极管的应用范围很广，主要都是利用它的单向导电性。它可用于钳位、限幅、整流、开关、稳压、元件保护，也可在脉冲与数字电路中作为开关元件等。

在进行电路分析时，一般可将二极管视为理想元件，即认为其正向电阻为零，正向导通时为短路特性，正向压降忽略不计；反向电阻为无穷大，反向截止时为开路特性，反向漏电流忽略不计。

1.2.1　整流应用

利用二极管的单向导电性可以把大小和方向都变化的正弦交流电变为单向脉动的直流电。如图 1-2-1 所示。这种方法简单、经济，在日常生活及电子电路中经常采用。根据这个原理，还可以构成整流效果更好的单相全波、单相桥式等整流电路。

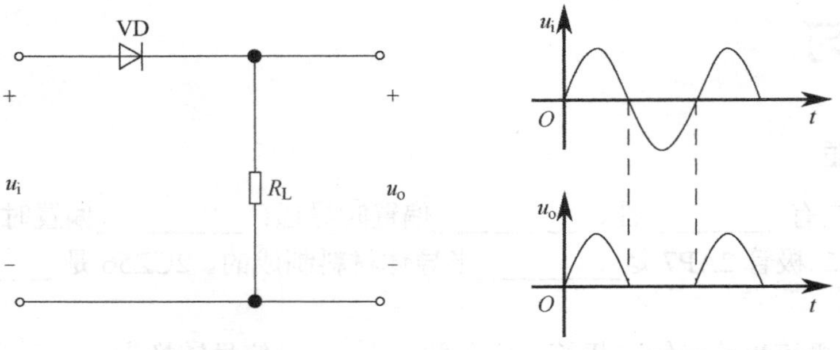

（a）二极管整流电路　　（b）输入与输出波形

图 1-2-1　二极管的整流应用

1.2.2　钳位应用

利用二极管的单向导电性在电路中可以起到钳位的作用。

【例 1-2-1】在如图 1-2-2 所示的电路中，已知输入端 A 的电位为$U_A = 3V$，B 的电位$U_B = 0V$，电阻 R 接-12V 电源，求输出端 F 的电位U_F。

解：因为$U_A > U_B$，所以二极管 VD_1 优先导通，设二极管为理想元件，则输出端 F 的电位为$U_F = U_A = 3V$。当 VD_1 导通后，VD_2 上加的是反向电压，因而 VD_2 截止。

在这里，二极管 VD_1 起钳位作用，把 F 端的电位钳位在 3V；VD_2 起隔离作用，把输入端 B 和输出端 F 隔离开来。

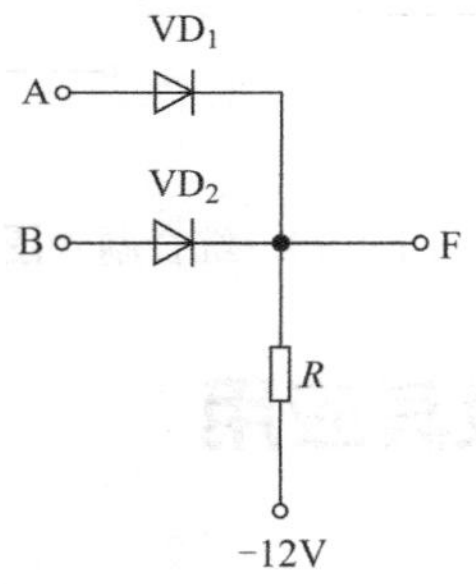

图 1-2-2　例 1-2-1 图

1.2.3　限幅应用

利用二极管的单向导电性，将输入电压限定在要求的范围之内，称为限幅。

【例 1-2-2】在如图 1-2-3（a）所示的电路中，已知输入电压$u_i = 10\sin\omega t$V，电源电动势 E=5V，二极管为理想元件，试画出输出电压u_o的波形。

解：根据二极管的单向导电特性可知，当$u_i \leqslant 5$V 时，二极管 VD 截止，相当于开路，因电阻 R 中无电流流过，故输出电压与输入电压相等，即$u_i = u_o$；当$u_i > 5$V 时，二极管 VD 导通，相当于短路，故输出电压等于电源电动势，即$u_o = E = 5V$。所以，在输出电压u_o的波形中，5V 以上的波形均被削去，输出电压被限制在 5V 以内，波形如图 1-2-3（b）所示。在这里，二极管起限幅作用。

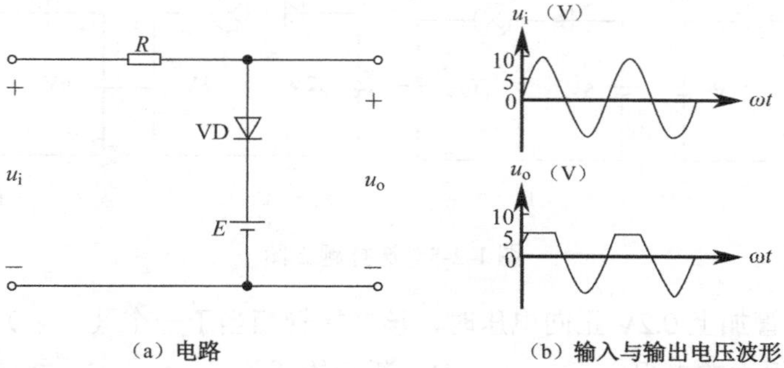

（a）电路　　（b）输入与输出电压波形

图 1-2-3　例 1-2-2 图

1.2.4　稳压应用

在需要不高的稳定电压输出时，可以利用几个二极管的正向压降串联来实现。

还有一种稳压二极管，可以专门用来实现稳定电压输出。稳压二极管有不同的系列用以实现不同的稳定电压输出。

1.2.5　开关应用

在数字电路中经常将半导体二极管作为开关元件来使用，因为二极管只有单向导电性，可以相当于一个受外加偏置电压控制的无触点开关。

如图 1-2-4 所示，为监测发电机组工作的某种仪表的部分电路。其中 u_s 是需要定期通过二极管 VD 加入记忆电路的信号，u_i 为控制信号。当控制信号 u_i =10V 时，VD 的负极电位被抬高，二极管截止，相当于“开关断开”，u_s 不能通过 VD；当 u_i = 0V 时，VD 正偏导通，u_s 可以通过 VD 加入记忆电路。此时二极管相当于“开关闭合”情况。这样，二极管 VD 就在信号 u_i 的控制下，实现了接通或关断 u_s 信号的作用。

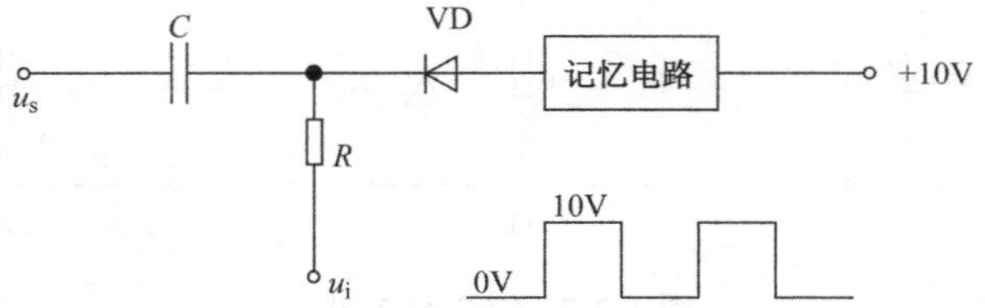

图 1-2-4　二极管的开关应用

思考与练习

一、选择题

1．半导体二极管阳极电位为-9V，阴极电位为-5V，则该管处于（　　）。

A．零偏　　　　B．反偏　　　　C．正偏

2．在如图 1-2-5 所示的电路中，（　　）图的指示灯不会亮。

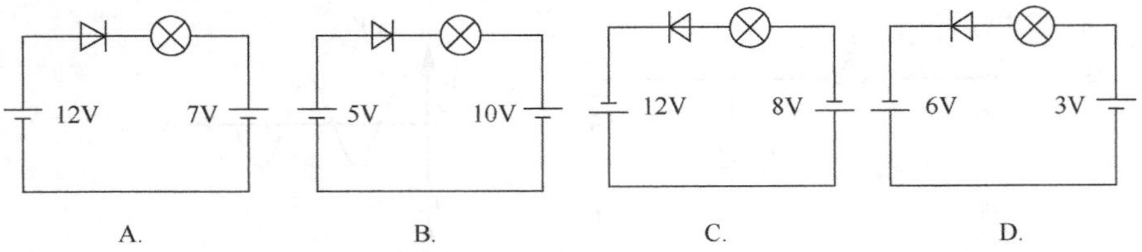

图 1-2-5　选择题 2 图

3．当硅二极管加上 0.2V 正向电压时，该二极管相当于一个（　　）。

A．阻值很大的电阻　　B．断开的开关　　C．接通的开关

4．硅二极管正偏，正偏电压 0.7V 和正偏电压 0.5V 时，二极管呈现电阻值（　　）。

A．相同　　B．不相同　　C．无法判断

二、综合题

1．试判断图 1-2-6 中二极管是导通还是截止，并求出输出电压 U_o。

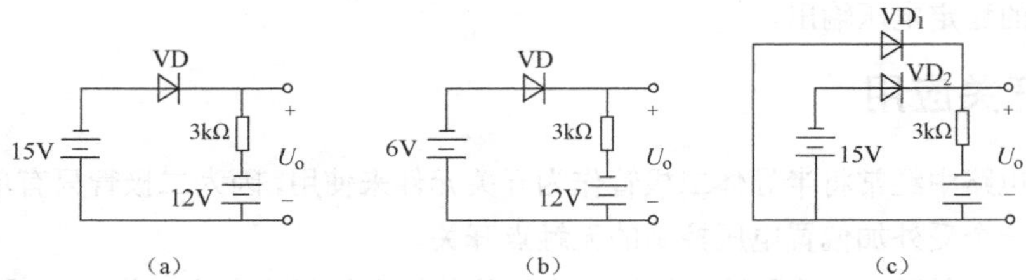

图 1-2-6　综合题 1 图

2．在如图 1-2-7 所示的各个电路中，已知直流电压 $U_i=3V$，电阻 $R=1k\Omega$，二极管的正向压降为 0.7V，求 U_o。

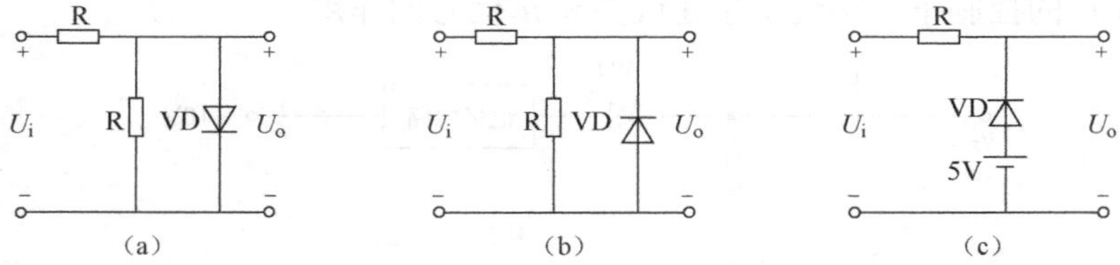

图 1-2-7　综合题 2 图

1.3　技能训练：二极管的判别与检测

1．技能目标

（1）掌握万用表电阻挡的使用方法。

（2）掌握二极管极性的判别方法。

（3）能用万用表判别晶体二极管的质量优劣。

2．工具和仪器

万用表和各类二极管。

3．相关知识

1）万用表电阻挡的使用方法

万用表是装配和检修中最常见的仪表，初学者必须熟练掌握它的操作方法。万用表有数字式和指针式两种，图 1-3-1 所示是这两种万用表的外形。数字式万用表的优点是指示直观，如直流电压挡显示“9”，说明直流电压为 9V；而指针式万用表对元器件的检测却有独到之处，一些测量现象更能反映元器件的性能。

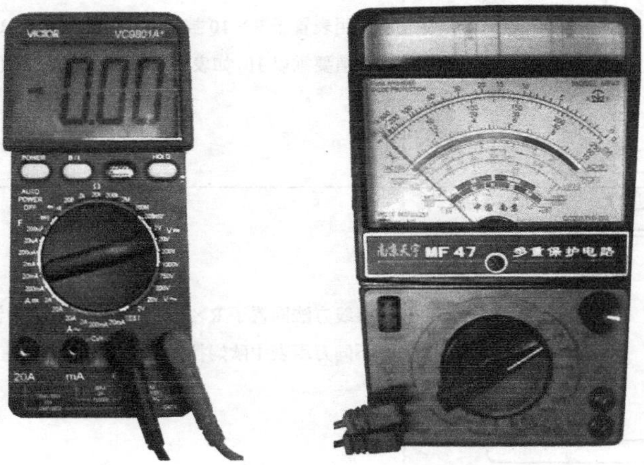

（a）数字式万用表　　（b）指针式万用表

图 1-3-1　万用表

电阻挡用来测量电阻值，以及测量电路的通、断状态。在使用时将万用表转换开关置于“Ω”挡，测量不同阻值时应使用不同挡位。

指针式万用表在测量电阻之前，首先要进行欧姆挡调零，也称为“动态调零”。具体调零方法和测量电阻方法如表 1-3-1 和表 1-3-2 所示。

表 1-3-1　指针式万用表欧姆挡调零方法

校零旋钮	表针指示	说　明
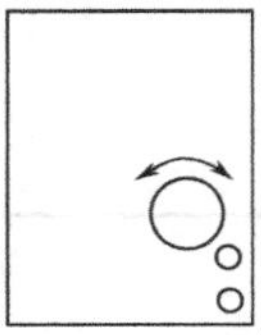	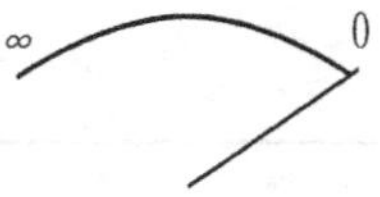	在需要准确测量时，更换不同欧姆挡量程后均需进行一次校零，其方法是：红、黑表棒接通，表针向右侧偏转，调整有“Ω”字母的旋钮使表针指向 0Ω 处。 当置于 R×1 挡时，因为校零时流过欧姆表的电流比较大，对表内电池的消耗较大，故校零动作要迅速。 当置于 R×1 挡无法校到 0Ω 处时，说明万用表内的一个 1.5V 电池电压不足，要更换这节电池

表 1-3-2　指针式万用表测量电阻方法

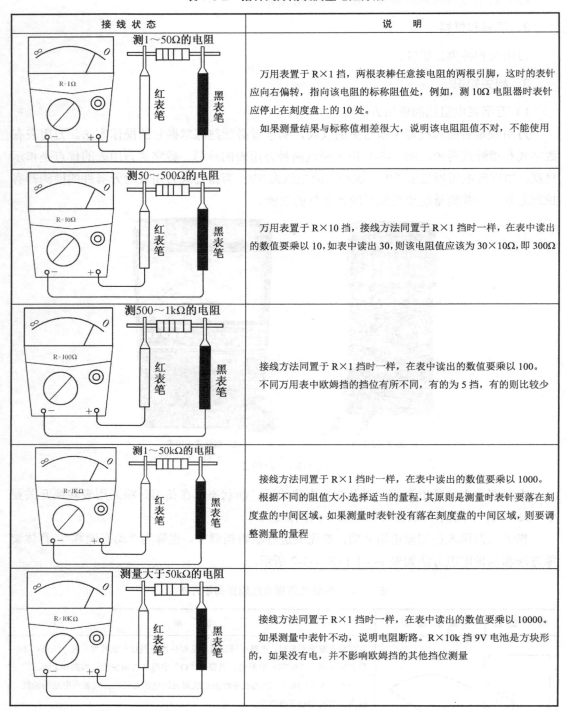

接线状态	说　明
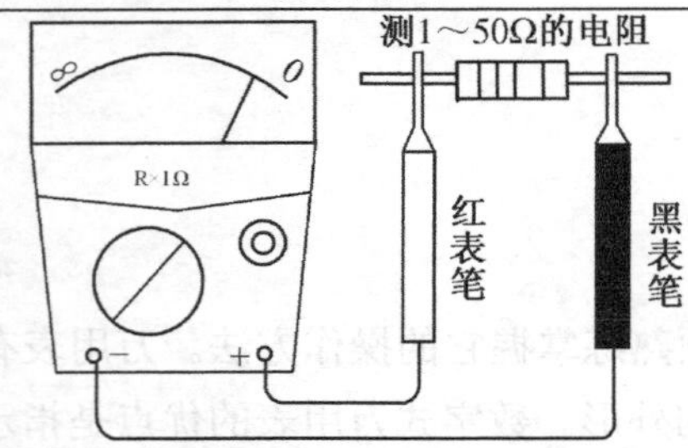	万用表置于 R×1 挡，两根表棒任意接电阻的两根引脚，这时的表针应向右偏转，指向该电阻的标称阻值处，例如，测 10Ω 电阻器时表针应停止在刻度盘上的 10 处。 如果测量结果与标称值相差很大，说明该电阻阻值不对，不能使用
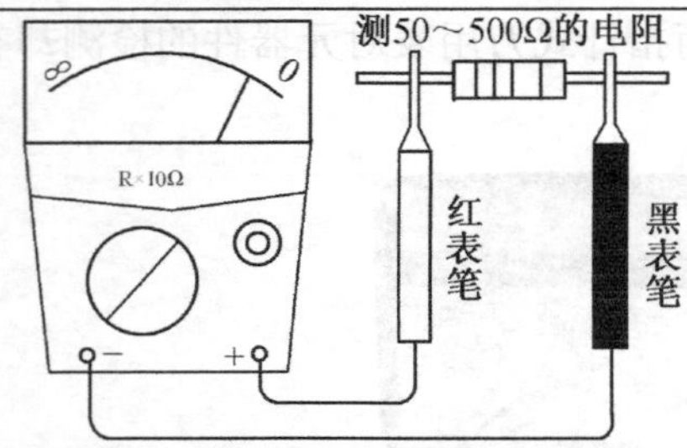	万用表置于 R×10 挡，接线方法同置于 R×1 挡时一样，在表中读出的数值要乘以 10，如表中读出 30，则该电阻值应该为 30×10Ω，即 300Ω
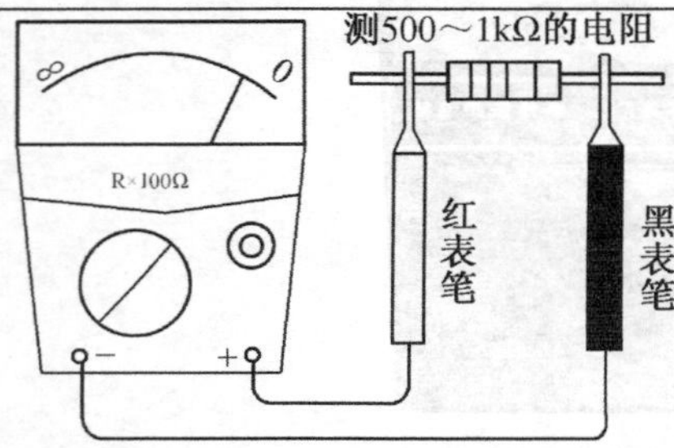	接线方法同置于 R×1 挡时一样，在表中读出的数值要乘以 100。 不同万用表中欧姆挡的挡位有所不同，有的为 5 挡，有的则比较少
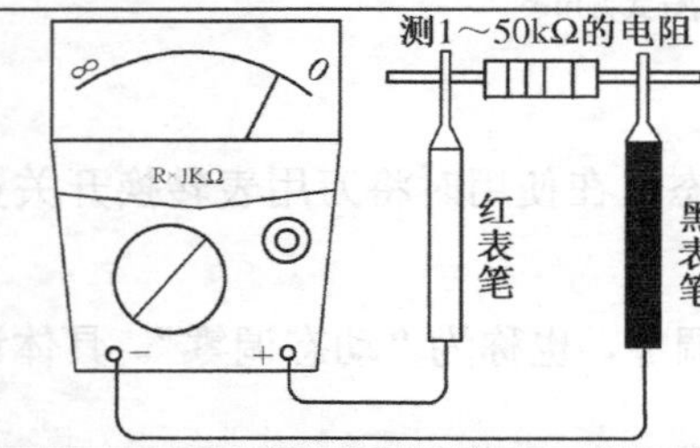	接线方法同置于 R×1 挡时一样，在表中读出的数值要乘以 1000。 根据不同的阻值大小选择适当的量程，其原则是测量时表针要落在刻度盘的中间区域。如果测量时表针没有落在刻度盘的中间区域，则要调整测量的量程
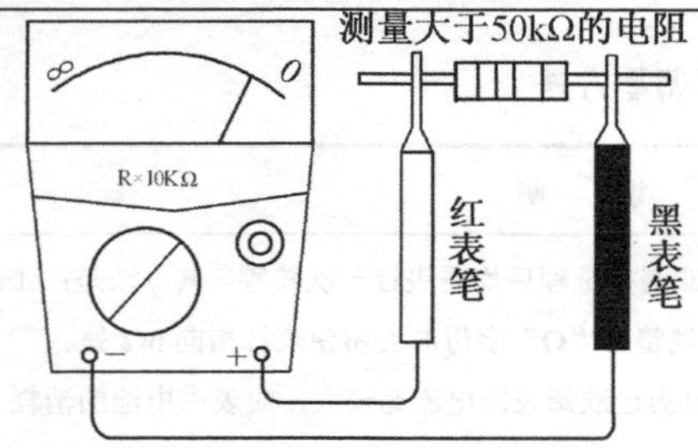	接线方法同置于 R×1 挡时一样，在表中读出的数值要乘以 10000。 如果测量中表针不动，说明电阻断路。R×10k 挡 9V 电池是方块形的，如果没有电，并不影响欧姆挡的其他挡位测量

2）使用万用表判别二极管极性

有的二极管从外壳的形状上可以区分电极；有的二极管的极性用二极管符号印在外壳上，箭头指向的一端为负极；还有的二极管用色环或色点来标识（靠近色环的一端是负极，有色点的一端是正极）。若标识脱落，可用万用表测其正反向电阻值来确定二极管的电极。测量时把万用表置于 R×100 挡或 R×1k 挡，不可用 R×1 挡或 R×10k 挡，前者电流太大，后者电压太高，有可能对二极管造成不利的影响。用万用表的黑表笔和红表笔分别与二极管两极相连。若测得电阻较小，与黑表笔相接的极为二极管正极，与红表笔相接的极为二极管负极；若测得电阻很大，与红表笔相接的极为二极管正极，与黑表笔相接的极为二极管负极。测量方法如图 1-3-2 所示。

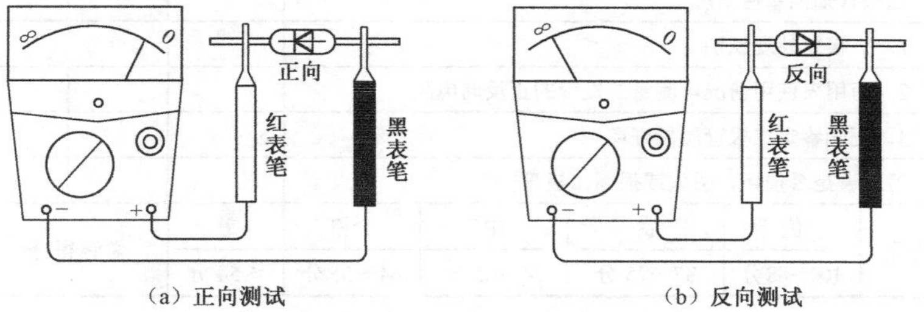

图 1-3-2　使用万用表判别二极管极性方法

3）判别二极管的优劣

二极管正、反向电阻的测量值相差越大越好，一般二极管的正向电阻测量值为几百欧姆，反向电阻为几十千欧姆到几百千欧姆。如果测得正、反向电阻均为无穷大，说明内部断路；若测量值均为零，则说明内部短路；若测得正、反向电阻几乎一样大，这样的二极管已经失去单向导电性，没有使用价值了。

一般来说，硅二极管的正向电阻为几百到几千欧姆，锗管小于 1kΩ，因此，如果正向电阻较小，基本上可以认为是锗管。若要更准确地知道二极管的材料，可将管子接入正偏电路中测其导通压降，若压降为 0.6～0.7V，则是硅管；若压降为 0.2～0.3V，则是锗管。当然，利用数字万用表的二极管挡，也可以很方便地知道二极管的材料。

4．实训步骤

（1）按二极管的编号顺序逐个从外表标志判断各二极管的正负极。将结果填入表 1-3-3 中。

（2）再用万用表逐次检测二极管的极性，并将检测结果填入表 1-3-3 中。

表 1-3-3　二极管检测记录表

编号	外观标志	类　型		从外观判断二极管引脚		用万用表检测		质量判别
		材料	特征	有标识一端	无标识一端	正向电阻	反向电阻	
1								
2								
3								
4								
5								
6								
7								
8								
9								
10								

5. 项目评价

项目考核评价表如表 1-3-4 所示。

表 1-3-4　项目考核评价表

<table>
<tr><th rowspan="2">评价指标</th><th rowspan="2" colspan="5">评价要点</th><th colspan="5">评价结果</th></tr>
<tr><th>优</th><th>良</th><th>中</th><th>合格</th><th>差</th></tr>
<tr><td>理论知识</td><td colspan="5">二极管知识掌握情况</td><td></td><td></td><td></td><td></td><td></td></tr>
<tr><td rowspan="3">技能水平</td><td colspan="5">1. 二极管外观识别</td><td></td><td></td><td></td><td></td><td></td></tr>
<tr><td colspan="5">2. 万用表使用情况，测量二极管的正反向电阻</td><td></td><td></td><td></td><td></td><td></td></tr>
<tr><td colspan="5">3. 正确鉴定二极管质量好坏</td><td></td><td></td><td></td><td></td><td></td></tr>
<tr><td>安全操作</td><td colspan="5">万用表是否损坏，丢失或损坏二极管</td><td></td><td></td><td></td><td></td><td></td></tr>
<tr><td rowspan="2">总评</td><td rowspan="2">评别</td><td>优</td><td>良</td><td>中</td><td>合格</td><td>差</td><td rowspan="2" colspan="2">总评得分</td><td rowspan="2" colspan="2"></td></tr>
<tr><td>100～88 分</td><td>87～75 分</td><td>74～65 分</td><td>64～55 分</td><td>≤54 分</td></tr>
</table>

第 2 章 三极管及放大电路基础

2.1 三极管及其应用

学习目标

1. 了解三极管的结构、类型及符号。
2. 掌握三极管的伏安特性、主要参数，能在实践中合理选用三极管。
3. 了解三极管温度对特性的影响，会用万用表判别三极管的引脚和质量优劣。

2.1.1 三极管的结构、类型及符号

晶体三极管（简称三极管）是电子电路的重要元件。它是通过一定的工艺，将两个 PN 结结合在一起的器件。由于两个 PN 结的相互影响，使三极管呈现出不同于单个 PN 结的特性，且具有电流放大作用，从而使 PN 结的应用产生了质的飞跃。

图 2-1-1 所示是三极管示意图。三极管有三根引脚：基极（用“B”表示）、集电极（用“C”表示）和发射极（用“E”表示），各引脚不能相互代用。

（a）塑封三极管实物图

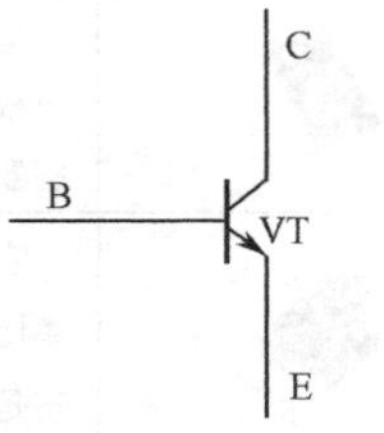

（b）NPN型的电路符号

图 2-1-1 三极管示意图

三根引脚中，基极是控制引脚，基极电流大小控制着集电极和发射极电流的大小。在三个电极中，基极电流最小（且远小于另外两个引脚的电流），发射极电流最大，集电极电流其次。

1. 三极管的种类

三极管是一个“大家族”，种类繁多，品种齐全。表 2-1-1 所示是三极管种类。表 2-1-2 所示为常见三极管实物图形及说明。

表2-1-1　三极管种类

划分方法及名称		说　　明
按极性划分	NPN型三极管	这是目前常用的三极管，电流从集电极流向发射极
	PNP型三极管	电流从发射极流向集电极。NPN型三极管与PNP型三极管这两种三极管通过电路符号可以分清，不同之处是发射极的箭头方向不同
按材料划分	硅三极管	简称为硅管，这是目前常用的三极管，工作稳定性好
	锗三极管	简称为锗管，反向电流大，受温度影响较大
按极性和材料组合划分	PNP型硅管	最常用的是NPN型硅管
	NPN型硅管	
	PNP型锗管	
	NPN型锗管	
按工作频率划分	低频三极管	工作频率$f \leqslant 3$MHz，用于直流放大器、音频放大器
	高频三极管	工作频率$f \geqslant 3$MHz，用于高频放大器
按功率划分	小功率三极管	输出功率$P_C<0.5$W，用于前级放大器
	中功率三极管	输出功率P_C为0.5～1W，用于功率放大器输出级或末级电路
	大功率三极管	输出功率$P_C>1$W，用于功率放大器输出级
按封装材料划分	塑料封装三极管	小功率三极管常采用这种封装
	金属封装三极管	一部分大功率三极管和高频三极管采用这种封装
按安装形式划分	普通方式三极管	三根引脚通过电路板上引脚孔伸到背面铜箔线路一面，用焊锡焊接
	贴片三极管	三极管引脚非常短，三极管直接装在电路板铜箔线路一面，用焊锡焊接
按用途划分	放大管、开关管、振荡管等	用来构成各种功能电路

表2-1-2　常见三极管实物图形及说明

三极管名称	实 物 图 形	说　　明
塑料封装小功率三极管		这种三极管是电子电路中用得最多的三极管，它的具体形状有许多种，三根引脚的分布也不同。主要用来放大信号电压和做各种控制电路中的控制器件
塑料封装大功率三极管		它有三根引脚，在顶部有一个开孔的小散热片。因为大功率三极管的功率比较大，三极管容易发热，所以要设置散热片，根据这一特征也可以分辨是不是大功率三极管
金属封装大功率三极管		它的输出功率比较大，用来对信号进行功率放大。金属封装大功率三极管体积较大，结构为帽子形状，帽子顶部用来安装散热片，其金属的外壳本身就是一个散热部件，两个孔用来固定三极管。这种三极管只有基极和发射极两根引脚，集电极就是三极管的金属外壳
金属封装高频三极管		所谓高频三极管，就是指它的频率很高。高频三极管采用金属封装，其金属外壳可以起到屏蔽的作用
带阻三极管		带阻三极管是一种内部封装有电阻器的三极管，它主要构成中速开关管，这种三极管又称为反相器或倒相器

续表

三极管名称	实 物 图 形	说　　明
带阻尼管的三极管		主要在电视机的行输出级电路中作为行输出三极管，它将阻尼二极管和电阻封装在管壳内
达林顿三极管		达林顿三极管又称达林顿结构的复合管，有时简称复合管。这种复合管由内部的两只输出功率大小不等的三极管复合而成。它主要作为功率放大管和电源调整管
贴片三极管		贴片三极管引脚很短，它装配在电路板铜箔线路一面

2. 三极管的结构

（1）NPN 型三极管结构。图 2-1-2 所示是 NPN 型三极管结构示意图。三极管由三块半导体构成，对于 NPN 型三极管而言，由两块 N 型和一块 P 型半导体组成，P 型半导体在中间，两块 N 型半导体在两侧，这两块半导体所引出电极的名称如图 2-1-2 所示。三极管有三个区，分别称为发射区、基区和集电区。引出的三个电极分别称为发射极、基极和集电极。两个 PN 结分别称为发射结（发射区与基区交界处的 PN 结）和集电结（集电区与基区交界处的 PN 结）。三极管的实际结构并不是对称的，发射区掺杂浓度远远高于集电区掺杂浓度；基区很薄并且掺杂浓度低；而集电结的面积比发射结要大得多，所以三极管的发射极和集电极不能对调使用。

（2）PNP 型三极管结构。图 2-1-3 所示是 PNP 型三极管结构示意图。它与 NPN 型三极管基本相似，只是用了两块 P 型半导体和一块 N 型半导体组成，也是形成了两个 PN 结，但极性不同，如图 2-1-3 所示。

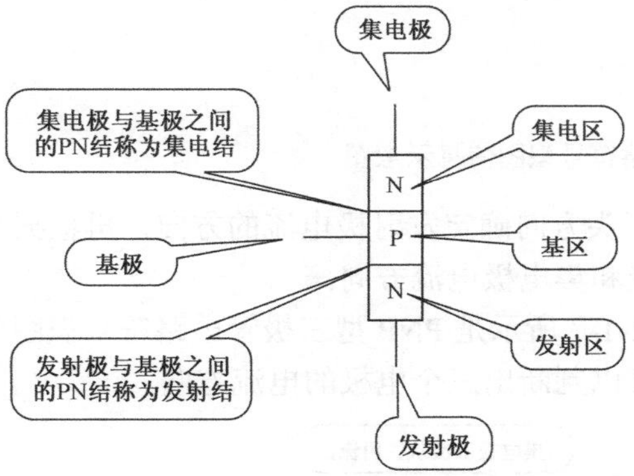

图 2-1-2　NPN 型三极管结构示意图

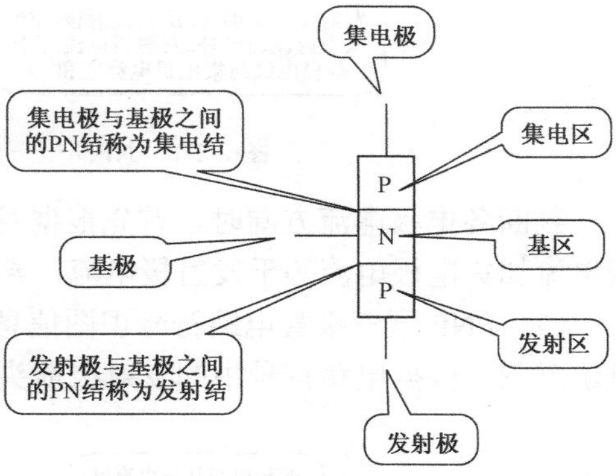

图 2-1-3　PNP 型三极管结构示意图

3. 三极管的电路符号

1）两种极性三极管电路符号

三极管种类繁多，按极性划分有两种：NPN 型三极管和 PNP 型三极管。

（1）NPN 型三极管电路符号。图 2-1-4 所示是 NPN 型三极管的电路符号。电路符号中表示了三极管的三个电极。

（2）PNP 型三极管电路符号。图 2-1-5 所示是 PNP 型三极管的电路符号。它与 NPN 型三极管电路符号的不同之处是发射极箭头方向不同，PNP 型三极管电路符号中的发射极箭头指向管内，而 NPN 型三极管电路符号的发射极箭头指向管外，以此可以方便地区别电路中这两种极性的三极管。

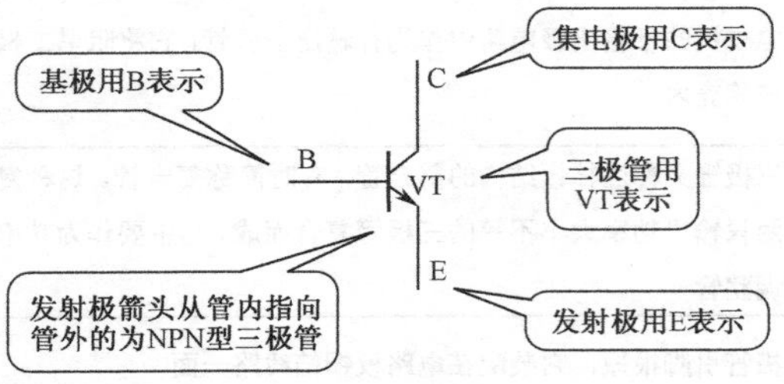

图 2-1-4　NPN 型三极管电路符号

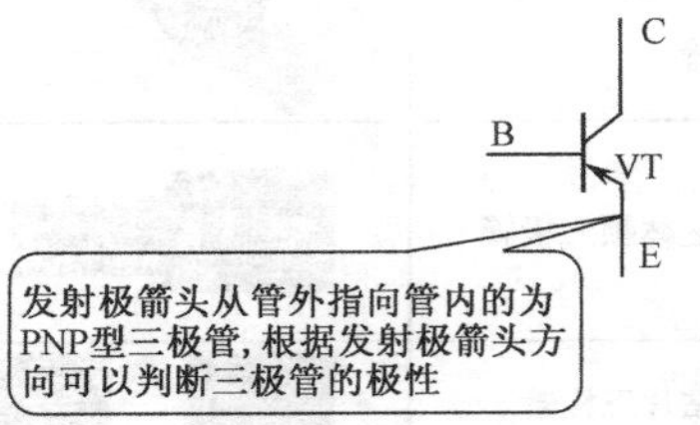

图 2-1-5　PNP 型三极管电路符号

2）三极管电路符号中识图信息

电子元器件的电路符号中包含了一些识图信息，三极管电路符号中的识图信息比较丰富，掌握这些识图信息能够轻松地分析三极管电路工作原理。

（1）NPN 型三极管电路符号识图信息。图 2-1-6 所示是 NPN 型三极管电路符号识图信息示意图。电路符号中发射极箭头的方向指明了三极管三个电极的电流方向，在分析电路中三极管电流流向、三极管直流电压时，这个箭头指示方向非常有用。

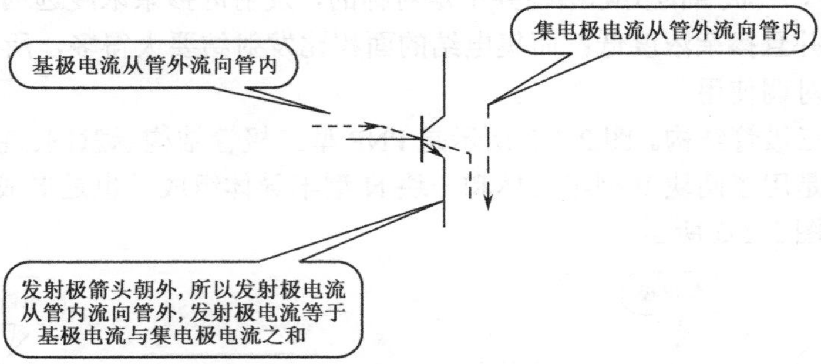

图 2-1-6　NPN 型三极管电路符号识图信息示意图

判断各电极电流方向时，首先根据发射极箭头方向确定发射极电流的方向，再根据基极电流加集电极电流等于发射极电流，判断基极和集电极电流方向。

（2）PNP 型三极管电路符号识图信息。图 2-1-7 所示是 PNP 型三极管电路符号识图信息示意图，根据电路符号中的发射极箭头方向可以判断出三个电极的电流方向。

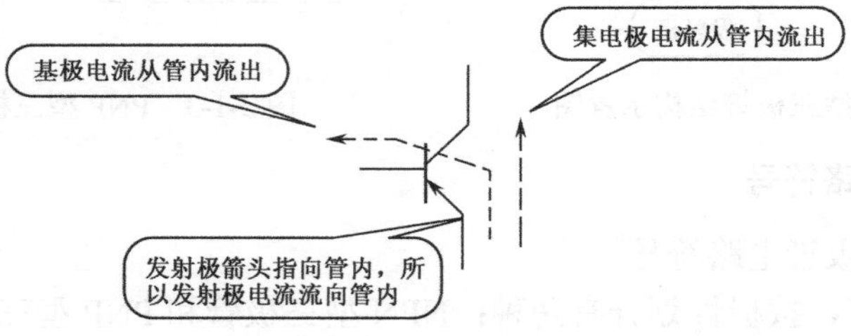

图 2-1-7　PNP 型三极管电路符号识图信息示意图

判断各电极电流方向时要记住，根据基尔霍夫定律，流入三极管内的电流应该等于流出三极管的电流。

2.1.2　三极管的特性曲线、主要参数

1. 三极管的电流放大作用

由于 NPN 管和 PNP 管的结构对称，工作原理类似，不同之处是两者工作时连接的电源极性相反。下面以 NPN 管为例，讨论三极管的电流放大作用。流过三极管各电极的电流分别用 I_B、I_C 和 I_E 表示。

按图 2-1-8 连接电路，观察各极电流的大小及其关系。（建议采用仿真演示）

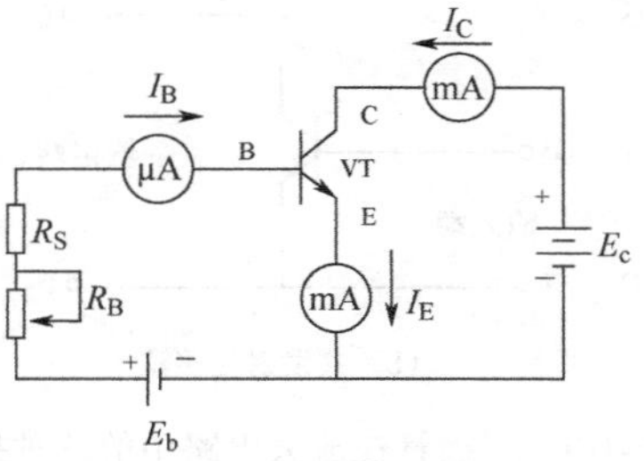

图 2-1-8　电流放大实验图

实验中电流表显示出三极管三个电极的电流值如表 2-1-3 所示。

表 2-1-3　三极管电流测量数据

I_B（mA）	0	0.02	0.04	0.06	0.08	0.10
I_C（mA）	<0.001	0.70	1.50	2.30	3.10	3.95
I_E（mA）	<0.001	0.72	1.54	2.36	3.18	4.05

（1）观察实验数据中的每一列，可得

$$I_E=I_C+I_B$$

此结果符合基尔霍夫电流定律。

（2）I_E 和 I_C 比 I_B 大得多。通常可认为发射极电流约等于集电极电流，即

$$I_E \approx I_C \gg I_B$$

（3）晶体三极管具有电流放大作用，从第三列和第四列的数据可知，I_C 与 I_B 的比值分别为

$$\frac{I_C}{I_B}=\frac{1.50}{0.04}=37.5 \qquad \frac{I_C}{I_B}=\frac{2.30}{0.06}=38.3$$

这就是三极管的电流放大作用。电流放大作用还体现在基极电流的少量变化 ΔI_B 可以引起集电极电流较大的变化 ΔI_C。仍比较第三列和第四列的数据，可得出

$$\frac{\Delta I_C}{\Delta I_B}=\frac{2.30-1.50}{0.06-0.04}=\frac{0.80}{0.02}=40$$

从表 2-1-3 中我们看到对一个晶体三极管来说，这个电流放大系数在一定范围内几乎不变。

2. 电流放大作用的条件

只有给三极管的发射结加正向电压、集电结加反向电压时，它才具有电流放大作用和电流分配关系。所以三极管具有电流放大作用的条件是：发射结正偏、集电结反偏。

即对 NPN 管，三个电极上的电位分布是 $U_C>U_B>U_E$；对 PNP 管，三个电极上的电位分布是 $U_C<U_B<U_E$。

3．三极管的连接方式

三极管的主要用途之一是构成放大器，简单地说，放大器的工作过程是从外界接受弱小信号，经放大后送给用电设备。通常三极管在放大电路中的连接方式有三种，如图 2-1-9 所示，它们分别称为共基极接法、共发射极接法和共集电极接法。

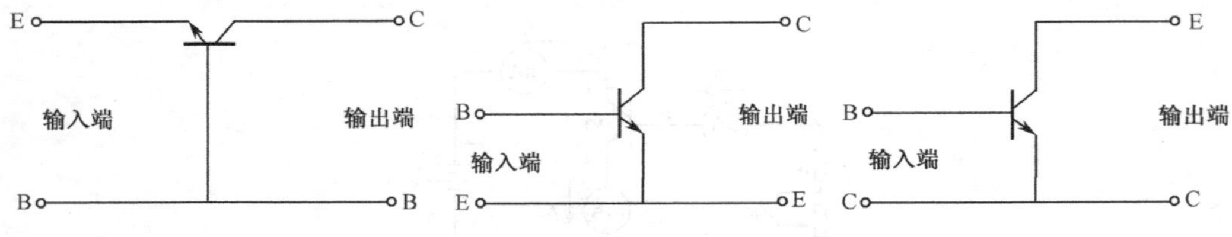

图 2-1-9　三极管在放大电路中的三种接法

4．三极管的特性曲线

三极管的特性曲线是用来表示该管各极电压和电流之间相互关系的，这里只介绍三极管共发射极的两种特性，即输入特性和输出特性。

1）输入特性

输入特性是指在三极管集电极与发射极之间的电压 U_{CE} 为一定值时，基极电流 I_B 同基极与发射极之间的电压 U_{BE} 的关系，即

$$I_B = f(U_{BE})\big|_{U_{CE}=\text{常数}}$$

如图 2-1-10 所示。

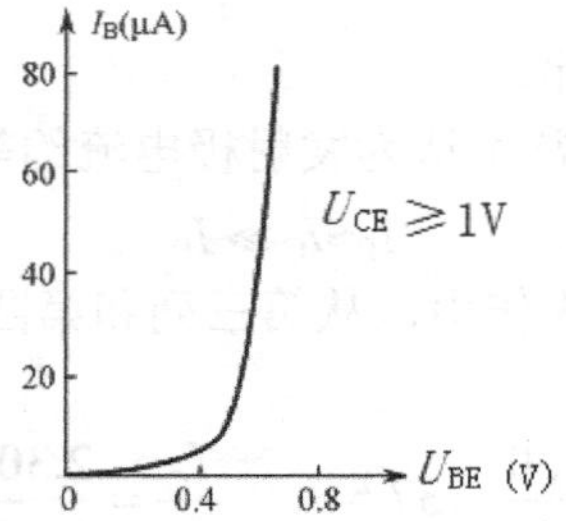

图 2-1-10　3DG6 输入特性曲线

从理论上讲，对应于不同的 U_{CE} 值，可做出一簇 I_B 与 U_{BE} 的关系曲线，但实际上，当 $U_{CE}>1$V 以后，U_{CE} 对曲线的形状几乎无影响（输入特性曲线基本重合），故只需做一条对应 $U_{CE}\geqslant 1$V 的曲线即可。

由图 2-1-10 可见，和二极管的伏安特性一样，三极管输入特性也存在一段死区。只有在发射结的外加电压大于死区电压时，三极管才会出现 I_B。硅管的死区电压约为 0.5V，锗管的死区电压不超过 0.2V。正常工作时，NPN 型硅管的发射结电压 U_{BE}=0.6～0.7V，PNP 型锗管的 U_{BE}=0.2～0.3V。

2）输出特性

输出特性是指在基极电流 I_B 为一定值时，三极管集电极电流 I_C 同集电极与发射极之间的电压 U_{CE} 的关系。

在不同的 I_B 下，可得出不同的曲线。所以三极管的输出特性曲线是一组曲线，通常把三极管的输出特性曲线分为放大区、截止区和饱和区 3 个工作区，如图 2-1-11 所示。

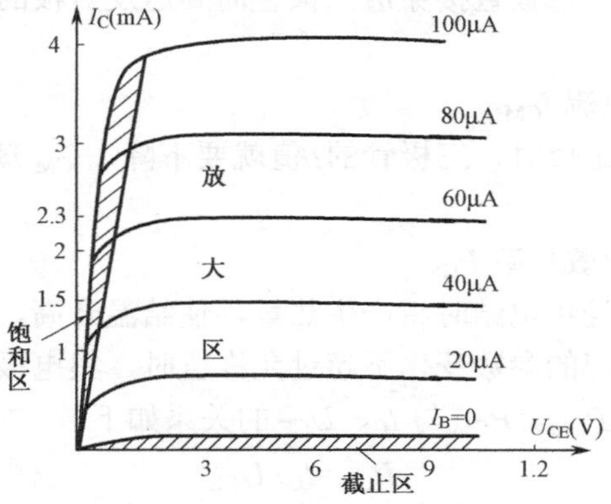

图 2-1-11　晶体三极管的输出特性曲线

（1）放大区。输出特性曲线近似于水平的部分是放大区。因为在放大区 I_C 和 I_B 成正比例，所以放大区也称为线性区。在该区域三极管满足发射结正偏，集电结反偏的放大条件，具有电流放大作用。在放大区三极管的 I_C 只受 I_B 控制，与 U_{CE} 几乎无关。当 I_B 一定时，I_C 不随 U_{CE} 而变化，即 I_C 基本不变，所以说三极管具有恒流的特性。

（2）截止区。I_B=0 这条曲线及以下的区域称为截止区。在这个区域的三极管两个 PN 结均处于反向偏置状态，此时三极管因为不满足放大条件，所以没有电流放大作用，各电极电流几乎全为零，相当于三极管内部开路，即相当于开关断开。此时管压降 U_{CE}，近似等于电源电压。

（3）饱和区。靠近纵坐标特性曲线的上升和弯曲部分所对应的区域称为饱和区。在饱和区。这个区域的三极管两个 PN 结均处于正向偏置状态，此时三极管因不满足放大条件也没有电流放大作用，当 U_{CE} 减小到 $U_{CE}<U_{BE}$ 时，I_C 已不再受 I_B 控制。此时的 U_{CE} 值常称为晶体三极管的饱和压降，用 U_{CES} 表示，小功率硅管的 U_{CES} 通常小于 0.5V。此时三极管的集电极、发射极呈现低电阻，相当于开关闭合。

三极管具有“开关”和“放大”两个功能，当三极管工作在饱和与截止区时，相当于开关的闭合与断开，即有开关的特性，可用于数字电路中；当三极管工作在放大区时，它有电流放大的作用，可应用于模拟电路中。

5．三极管的主要参数

1）电流放大系数β

当三极管工作在动态（有输入信号）时，基极电流的变化量为ΔI_B，它引起集电极电流的变化为ΔI_C。ΔI_C 与ΔI_B 的比值称为动态电流（交流）放大系数，即

$$\beta=\frac{\Delta I_C}{\Delta I_B}$$

由于三极管的输出特性曲线是非线性的，因此只有在特性曲线的近于水平部分，I_C 随 I_B 成正比地变化，β 值才可认为是基本恒定的。由于制造工艺的分散性，即使同一型号的三极管，β 值也有很大差别。常用的三极管的β 值在 20～100 之间。

2）集—射极反向截止电流 I_{CEO}

它是指基极开路（I_B=0）时，集电结处于反向偏置和发射结处于正向偏置时的集电极电流。又因为它好像是从集电极直接穿透三极管而到达发射极的，所以又称为穿透电流。这个电流应越小越好。

3）集电极最大允许电流 I_{CM}

当集电极电流超过一定值时，三极管的β值就要下降，I_{CM} 就是表示当β 值下降到正常值的 2/3 时的集电极电流。

4）集电极最大允许耗散功率 P_{CM}

由于集电极电流在流经集电结时将产生热量，使结温升高，从而会引起三极管参数变化。当三极管因受热而引起的参数变化不超过允许值时，集电极所消耗的最大功率就称为集电极最大允许耗散功率 P_{CM}。P_{CM} 与 I_C、U_{CE} 的关系如下。

$$P_{CM}=I_C \cdot U_{CE}$$

可在三极管的输出特性曲线上作出 P_{CM} 曲线，它是一条双曲线，如图 2-1-12 所示。P_{CM} 主要受结温度的限制，一般来说，锗管允许结温度为 70～90℃，硅管约为 150℃。

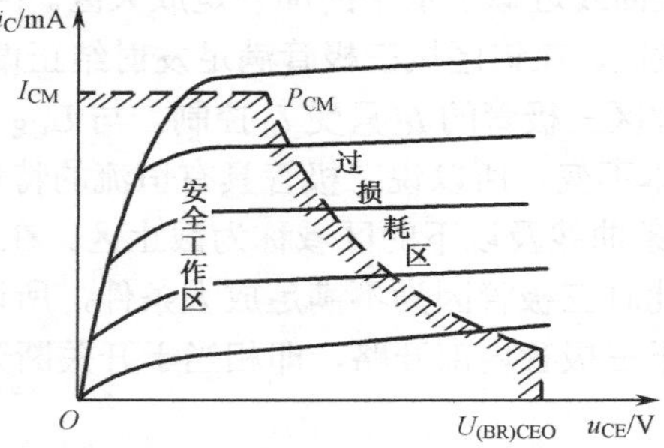

图 2-1-12　三极管的权限损耗区

思考与练习

一、填空题

1．晶体三极管的种类很多，按照半导体材料的不同可分为__________、__________；按照极性的不同分为__________，__________。

2．三极管有三个区，分别是__________，__________，__________。

3．三极管有两个 PN 结，即__________结和__________结；有三个电极，即__________极、__________极和__________极，分别用__________、__________、__________表示。

4．放大电路有共__________、共__________、共__________三种连接方式。

5．三极管的输出特性可分为三个区域，即__________区、__________区、__________区。

6．当三极管的发射结__________，集电结__________时，工作在放大区；发射结

__________，集电结__________时，工作在饱和区；发射结__________，集电结__________时，工作在截止区。

7．三极管中，硅管的死区电压约为__________，锗管的死区电压不超过__________。

二、综合题

1．三极管主要功能是什么？放大的实质是什么？放大的能力用什么来衡量？

2．在电路中测出各三极管的三个电极对地电位如图 2-1-13 所示，试判断各三极管处于何种工作状态（设图 2-1-13 中 PNP 型均为锗管，NPN 型为硅管）。

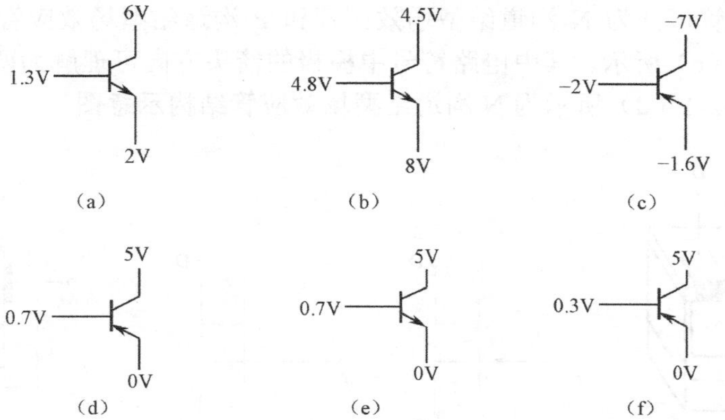

图 2-1-13　综合题 2 图

※2.2　场效应晶体管

学习目标

1. *了解结型场效应管的结构及工作原理。*
2. *了解绝缘栅场效应管的结构及工作原理。*

场效应管（Filed Effect Transistor FET）是一种新型的半导体器件，它是利用电场来控制半导体中的多数载流子运动，又名为单极型晶体管。它除了兼有一般晶体管体积小、寿命长等特点外，还具有输入阻抗高、噪声低、热稳定性好、抗辐射能力强、功耗小、工作电源电压范围宽等优点，在开关、阻抗匹配、微波放大、大规模集成等领域得到广泛的应用，常用作交流放大器、有源滤波器、直流放大器、电压控制器、源极跟随器、斩波器、定时电路等。根据结构不同，场效应管分成两大类：结型场效应管（JFET）和绝缘栅型场效应管（MOSFET），其中绝缘栅型场效应管由于制造工艺简单。便于实现集成化，因此应用更为广泛，本章将介绍场效应管的结构、基本特性及其放大电路的基本工作原理。

晶体三极管（以下简称三极管）是电流控制元件，输入电阻低，而场效应管是电压控制元件，输入阻抗很高（ $10^9 \sim 10^{14}\ \Omega$）。场效应管的类型有：从参与导电的载流子来划分，它有自由电子作为载流子的 N 型沟道场效应管和空穴作为载流子的 P 型沟道场效应管；从场效应管的结构来划分，它有结型场效应管和绝缘栅型场效应管。绝缘栅型场效应管也称金属—氧化物—半导体场效应管，简称 MOS 管。MOS 管性能更为优越，发展迅速，应用广泛。

2.2.1 结型场效应管

1. 结型场效应管的结构、符号和分类

图2-2-1（a）所示为结型场效应管结构图。图中，在同一块N型半导体上制作两个高掺杂的P区，并将它们连接在一起，所引出的电极称为栅极G（对应三极管的B极），N型半导体的两端分别引出两个电极，一个称为漏极D（对应三极管的C极），一个称为源极S（对应三极管的E极）。P区与N区交界面形成PN结即空间电荷区，漏极与源极间的非空间电荷区称为导电沟道。

结型场效应管可分为N沟道结型场效应管和P沟道结型场效应管，其符号分别如图2-2-1（b）和（c）所示。其中电路符号中栅极的箭头方向可理解为两个PN结的正向导电方向。图2-2-1（d）所示为N沟道结型场效应管结构示意图。

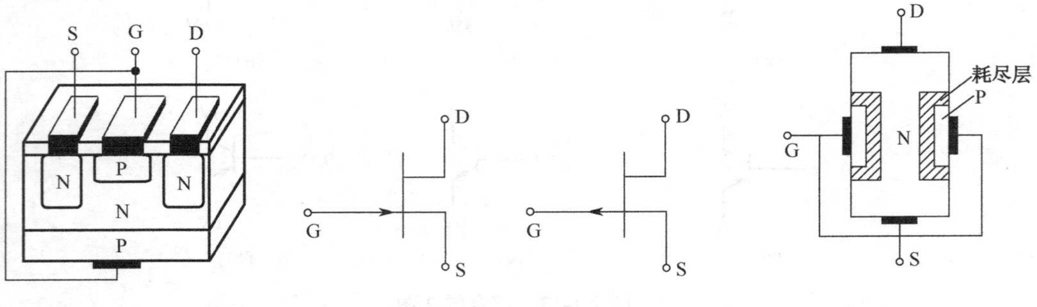

（a）结型场效应管结构图　（b）N沟道管　（c）P沟道管　（d）N沟道场效应管结构示意图

图2-2-1　结型场效应管的结构、符号

2. 结型场效应管的工作原理

N沟道和P沟道结型场效应管的工作原理完全相同，只是偏置电压的极性和载流子的类型不同而已（如同三极管的NPN和PNP）。下面以N沟道结型场效应管为例来分析其工作原理。电路如图2-2-2所示，由于栅源间加反向电压，因此两侧PN结均处于反向偏置，栅源电流几乎为零。漏源之间加的正向电压使N型半导体中的多数载流子即自由电子由源极出发，经过沟道到达漏极形成漏极电流I_D。

（1）栅源电压u_{GS}对导电沟道的影响（设$u_{DS}=0$）：$u_{GS}<0$，两个PN结均处于反向偏置，耗尽层有一定宽度，$i_D=0$。若$|u_{GS}|$增大，耗尽层变宽，沟道被压缩，截面积减小，沟道电阻增大；若$|u_{GS}|$减小，耗尽层变窄，沟道变宽，电阻减小。这表明u_{GS}控制着漏源之间导电沟通的导电能力，如图2-2-2（b）所示。当u_{GS}负值电压增加到其一数值$U_{GS(off)}$（$U_{GS(off)}$称为夹断电压）时，两边耗尽层合拢，整个沟通被耗尽层完全夹断如图2-2-2（c）所示。此时，漏源之间的电阻值趋于无穷大，管子处于截止状态，$i_D=0$。

（2）漏源电压u_{DS}对漏极电流i_D的影响（设u_{GS}为$U_{GS(off)}$～0中某一固定值时）：当$u_{DS}=0$时，显然$i_D=0$；当$u_{DS}>0$且很小时，如图2-2-2（d）所示，PN结因加反向电压，使耗尽层具有一定宽度，但宽度上下不均匀，这是由于漏源之间的导电沟道具有一定电阻，因而漏源电压u_{DS}沿沟道递减，造成漏端电位高于源端电位，使近漏端PN结上的反向偏压大于近源端，因而近漏端耗尽层宽度大于近源端。显然，在u_{DS}较小时，沟道呈现一定电阻，

i_D 随 u_{DS} 成线性规律变化；若 u_{DS} 再继续增大，耗尽层也随之增宽，导电沟道相应变窄，尤其是近漏端更加明显。由于沟通电阻的增大，i_D 增长变慢了，当 u_{DS} 增大到等于 $|U_{GS(off)}|$ 时，沟道在近漏端首先发生耗尽层相碰的现象，如图 2-2-2（e）所示。这种状态称为预夹断。这时管子并不截止，因为漏源两极间的场强已足够大，完全可以把向漏极漂移的全部电子吸引过去形成漏极饱和电流 i_{Dss}；当 $u_{DS} > |U_{GS(off)}|$ 再增加时，耗尽层从近漏端开始沿沟道加长它的接触部分，如图 2-2-2（f）所示。形成夹断区。由于耗尽层的电阻比沟道电阻大很多，所以比 $|U_{GS(off)}|$ 大的那部分电压基本上降在夹断区上，使夹断区形成很强的电场，它完全可以把沟道中向漏极漂移的自由电子拉向漏极，形成漏极电流。因为未被夹断的沟道上的电压基本保持不变，所以向漏极方向漂移的电子也基本保持不变，管子呈恒流特性。但是，如果再增加 u_{DS} 达到击穿电压时进入夹断区的电子将被强电场加速而获得很大的动能，这些电子和夹断区内的原子碰撞发生链锁反应，产生大量的新生载流子，使 i_D 急剧增大而出现击穿现象。

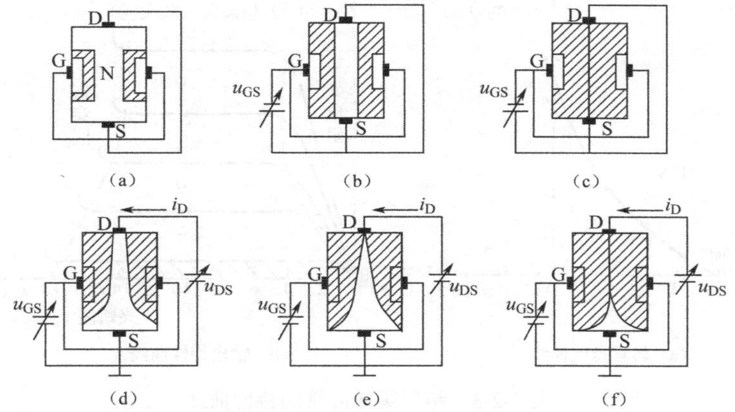

图 2-2-2　N 沟道结型场效应管工作原理

由此可见，结型场效应管的漏极电流 i_D 受 u_{GS} 和 u_{DS} 的双重控制。这种电压的控制作用，是场效应管具有放大作用的基础。在 D、S 极间加上电压 u_{DS}，则源极和漏极之间形成电流 i_D，通过改变栅极和源极的反向电压 u_{GS}，就可以改变两个 PN 结阻挡层（耗尽层）的宽度，这样就改变了沟道电阻，因此就改变了漏极电流 i_D。

3. 结型场效应管的特性曲线（以 N 沟通结型场效应管为例）

（1）转移特性曲线。转移特性曲线描述的是，当 u_{DS} 为常数时，i_D 与 u_{GS} 之间的函数关系，即

$$i_D = f(u_{GS})|_{u_{DS}=常数}$$

根据这个函数关系可得出它的特性曲线如图 2-2-3（a）所示。在 $U_{GS(off)} \leqslant u_{GS} \leqslant 0$ 范围内，i_D 与 u_{GS} 的关系可近似为

$$i_D = I_{DSS}(1-\frac{u_{GS}}{U_{GS(off)}})^2$$

说明：当$u_{GS}=0$时，i_D称为饱和漏极电流，记为i_{DSS}；转移特性曲线的斜率g_m的大小反映了栅源电压对漏极电流的控制作用，g_m也称为跨导。

（2）输出特性曲线。输出特性曲线描述当u_{GS}为常数时，i_D与u_{DS}之间的函数关系，即

$$i_D = f(u_{DS})\big|_{u_{GS}=\text{常数}}$$

与三极管类似，输出特性曲线也为一簇曲线，如图 2-2-3（b）所示场效应管的特性曲线也同样有三个区域：

可变电阻区（相当于三极管的饱和区）：在该区域中，可以通过改变u_{GS}的大小（电压控制）来改变漏源电阻，这时i_D随u_{DS}作线性变化，不同的u_{GS}则体现出不同的斜率。

恒流区（也称为饱和区）（相当于三极管的放大区）：i_D近似为电压u_{GS}控制的电流源。

夹断区（相当于三极管的截止区）：当$u_{GS}<U_{GS(off)}$时，导电沟道被夹断，$i_D\approx 0$；一般将使i_D等于某一个很小电流时的u_{GS}定义为夹断电压$U_{GS(off)}$。

另外，当u_{DS}增大到击穿电压时，管子将被击穿，如不加限制，将损坏管子。

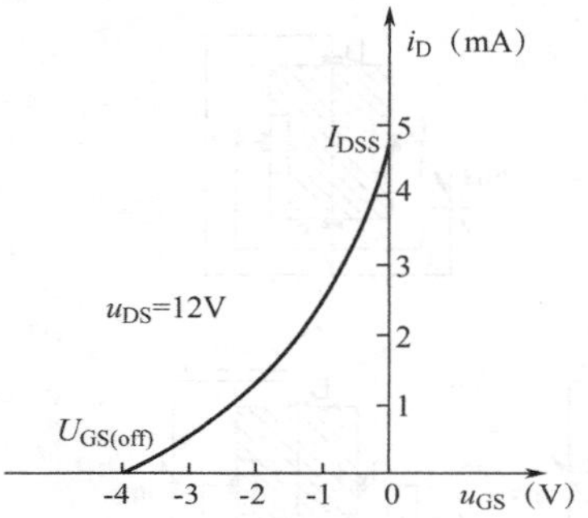

(a) 转移特性曲线

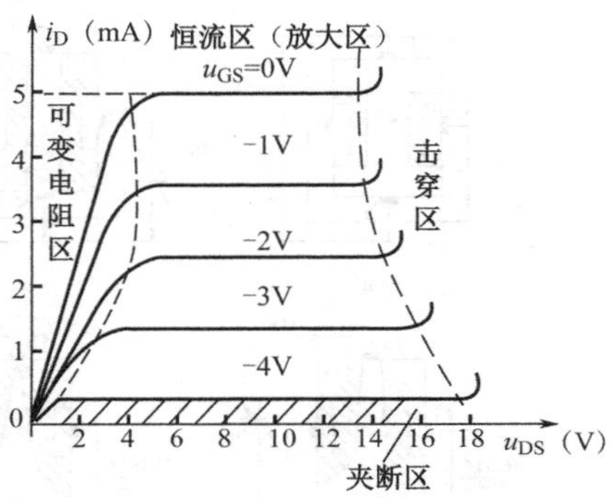

(b) 输出特性曲线

图 2-2-3　结型场效应管的特性曲线

2.2.2 绝缘栅型场效应管（MOS 管）

结型场效应管的输入电阻虽可达$10^7\ \Omega$，但此电阻实质上是 PN 结的反向电阻，由于PN结反向偏置时总会有反向电流存在，这就限制了输入电阻的进一步提高。绝缘栅型场效应管的栅、漏、源极完全绝缘，所以输入电阻可以达$10^{15}\ \Omega$。MOS 场效应管可分为增强型（有 N 沟道、P 沟道之分）与耗尽型（有 N 沟道、P 沟道）。凡栅—源电压u_{GS}为零时，漏极电流i_D也为零的管子均属于增强型管；凡u_{GS}为零时，i_D不为零的管子均属于耗尽型管。下面以N沟道增强型（MOSFET）为例来说明其结构和工作原理。

1. N 沟道增强型（MOSFET）的结构

N沟道增强型 MOSFET 的结构示意图和符号如图 2-2-4 所示，它在一块低掺杂的 P 型硅片上生成一层SiO_2薄膜绝缘层，然后用光刻工艺扩散两个高掺杂的N型区，并引出两个电极，分别是漏极 D 和源极 S。在源极和漏极之间的绝缘层上镀一层金属铝作为栅极 G。P型硅片称为衬底，用字母 B 表示。

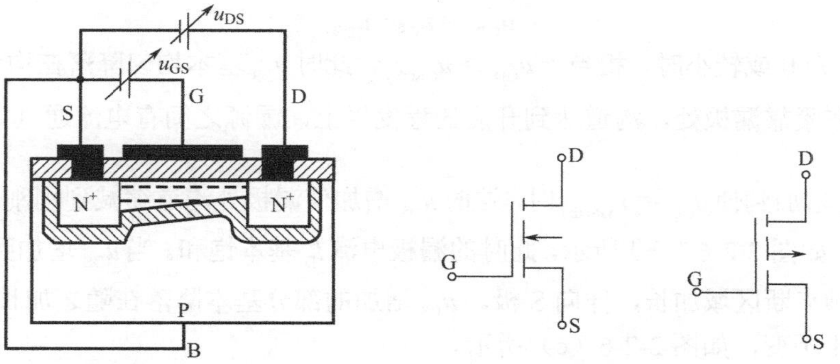

(a) N沟通结构示意图　　(b) N沟道符号　　(c) P沟道符号

图 2-2-4　N 沟道增强型 MOSFET 的结构示意图和符号

2. 工作原理

（1）栅源电压 u_{GS} 的控制作用。当 u_{GS} =0V 时，漏源之间相当两个背向的二极管，不存在导电沟道，在 D、S 之间加上电压不会在 D、S 极间形成电流。当栅源极加有电压时，若 $0 < u_{GS} < u_{GS(th)}$（$u_{GS(th)}$ 称为开启电压）时，通过栅极和衬底间的电场作用，将靠近栅极下方的 P 型半导体中的空穴向下方排斥，出现了一薄层负离子的耗尽层。耗尽层中的少子将向表层运动，但数量有限，不足以形成导电沟道，将漏极和源极沟通，所以仍然不足以形成漏极电流 i_D，如图 2-2-5（a）所示。

进一步增加 u_{GS}，当 $u_{GS} > u_{GS(th)}$ 时，由于此时的栅极电压已经比较大，在靠近栅极下方的 P 型半导体表层中聚集较多的自由电子，可以形成导电沟道，将漏极和源极沟通。如果此时加有漏源电压，就可以形成漏极电流 i_D。在栅极下方形成导电沟道中的自由电子，因与 P 型半导体的载流子空穴极性相反，故称为反型层，如图 2-2-5 （b）所示。随着 u_{GS} 的继续增加，i_D 将不断增加。在 u_{GS} =0 时 i_D =0，只有当 $u_{GS} > u_{GS(th)}$ 后才会出现漏极电流，这种 MOS 管称为增强型 MOS 管。

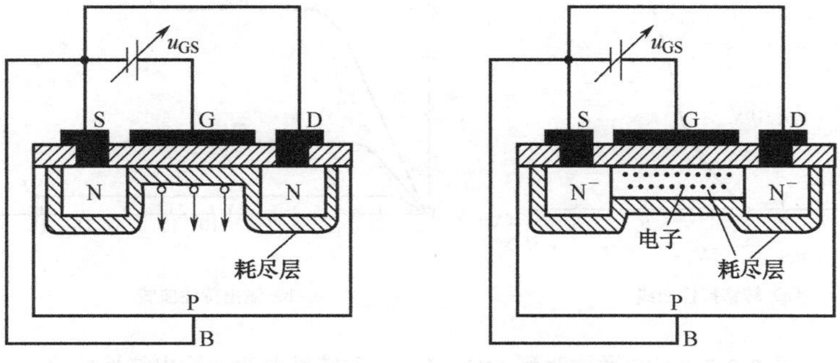

(a)　　(b)

图 2-2-5　u_{GS} 的控制作用

（2）漏源电压 u_{DS} 对漏极电流 i_D 的控制作用。当 $u_{GS} > u_{GS(th)}$ 且固定为某一数值时，来分析漏源电压 u_{DS} 对漏极电流 i_D 的影响。u_{DS} 的不同变化对沟道的影响如图 2-2-6 所示。根据此图可以有如下关系：

$$u_{DS} = u_{DG} + u_{GS} = -u_{GD} + u_{GS}$$

$$u_{GD}=u_{GS}-u_{DS}$$

当 u_{DS} 为 0 或较小时，相当于 $u_{GD}>u_{GS(th)}$，此时 u_{DS} 基本均匀降落在沟道中，沟道呈斜线分布。在紧靠漏极处，沟道达到开启的程度以上，漏源之间有电流通过如图 2-2-6（a）所示。

当 u_{DS} 增加到使 $u_{GD}=u_{GS(th)}$ 时，这时 u_{DS} 增加使漏极处沟道缩减到刚刚开启的情况，称为预夹断，如图 2-2-6（b）所示，此时的漏极电流 i_D 基本饱和。当 u_{DS} 增加到使 $u_{GD}<u_{GS(th)}$ 时，此时预夹断区域加长，伸向 S 极。u_{DS} 增加的部分基本降落在随之加长的夹断沟道上，i_D 基本趋于不变，如图 2-2-6（c）所示。

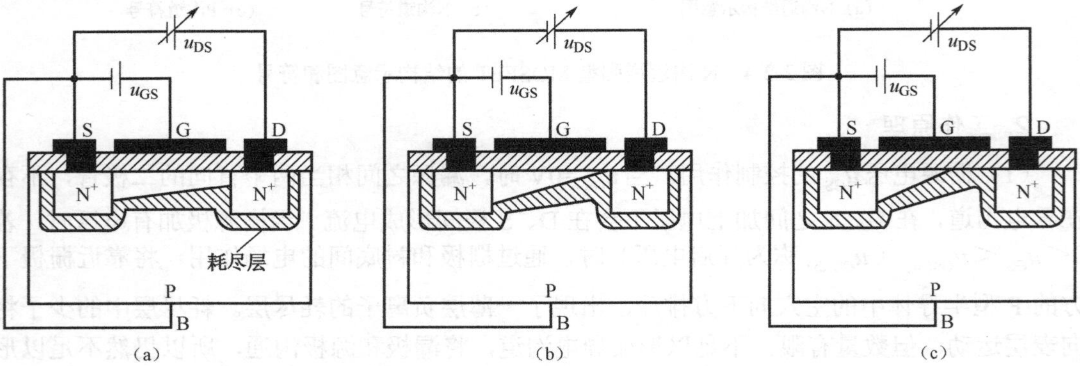

图 2-2-6　u_{DS} 对漏极电流 i_D 的影响

（3）特性曲线。转移特性曲线如图 2-2-7（a）所示，当 $u_{GS}<u_{GS(th)}$ 时，导电沟道没有形成，$i_D=0$。当 $u_{GS}\geqslant u_{GS(th)}$ 时开始形成导电沟道，i_D 随 u_{GS} 增大而增大。

输出特性曲线如图 2-2-7（b）所示，它分成三个区：可变电阻区、恒流区和夹断区，其含义与结型场效应管相同。

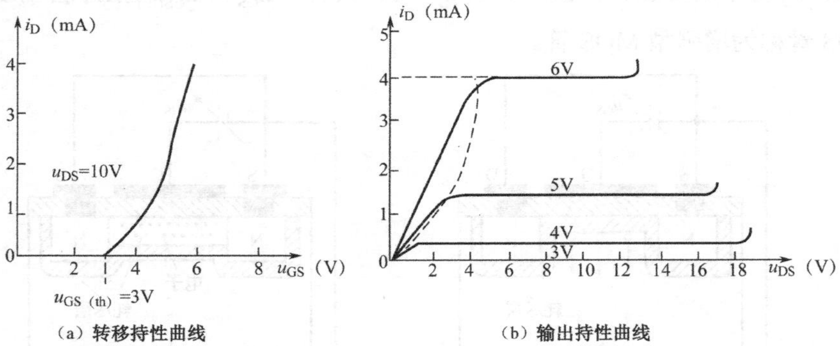

图 2-2-7　N 沟道增强型 MOSFET 转移特性曲线和输出特性曲线

思考与练习

一、填空题

1．根据结构不同，场效应管分成____________和____________两大类。

2．结型场效应管的三个电极分别为__________、__________和__________。

3．场效应管的特性曲线与普遍三极管一样也有三个区域，分别为__________、__________、__________。

二、综合题

1．场效应管和三极管相比有何特点？

2．为什么绝缘栅型场效应管的输入电阻比结型场效应管高？

3．说明场效应管的开启电压和夹断电压的含义。增强型场效应管有开启电压或夹断电压吗？耗尽型场效应管如何？

2.3 基本共射放大电路

学习目标

1．了解三极管的三种状态。

2．能识读和绘制基本共射放大电路。

3．理解共射放大电路主要元件的作用。

4．了解放大器直流通路与交流通路。

5．了解小信号放大器性能指标（放大倍数、输入电阻、输出电阻）的含义。

6．会使用万用表调试三极管的静态工作点。

2.3.1 三极管的三种工作状态

三极管共有三种工作状态：截止状态、放大状态和饱和状态。用于不同目的三极管其工作状态是不同的。

1．三极管截止工作状态

用来放大信号的三极管不应工作在截止状态。倘若输入信号部分地进入了三极管特性的截止区，则输出会产生非线性失真。所谓非线性失真，是指给三极管输入一个正弦信号，从三极管输出的信号已不是一个完整的正弦信号，输出信号与输入信号不同。

图 2-3-1 所示是非线性失真信号波形示意图，产生非线性失真的原因是三极管静态工作点设置不合适，某些时刻工作于非线性区。

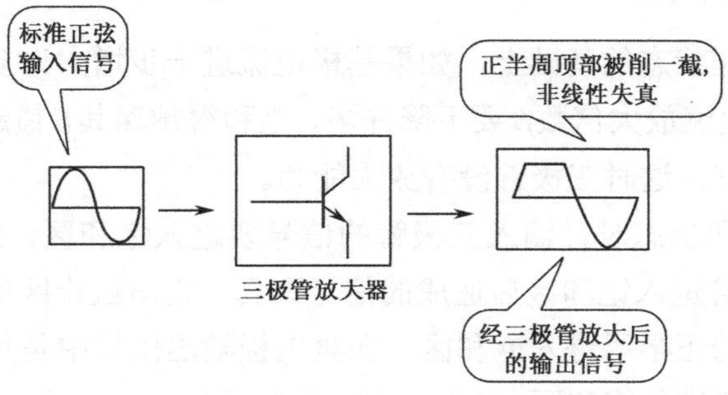

图 2-3-1　非线性失真信号波形示意图

如果三极管基极上输入信号的负半周进入三极管截止区，将引起削顶失真。注意，三极管基极上的负半周信号对应于三极管集电极的是正半周信号，所以三极管集电极输出信号的正半周某些时刻工作于三极管的截止区，波形顶部被削去，如图 2-3-2 所示。

当三极管用于开关电路时，三极管的一个工作状态就是截止状态。注意，开关电路中的三极管工作在开关状态，所以不存在这样的削顶失真。

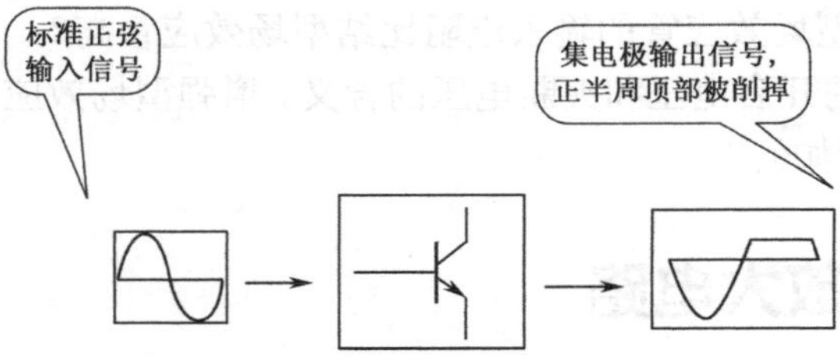

图 2-3-2　三极管截止区造成的削顶失真

2．三极管放大工作状态

在线性状态下，给三极管输入一个正弦信号，则输出的也是正弦信号，此时输出信号的幅度比输入信号要大，如图 2-3-3 所示，说明三极管对输入信号已有了放大作用，但是正弦信号的特性并未改变，所以没有非线性失真。输出信号的幅度变大，这也是一种失真，称为线性失真。放大器中这种线性失真是需要的，没有这种线性失真放大器就没有放大能力。显然，线性失真和非线性失真不同。

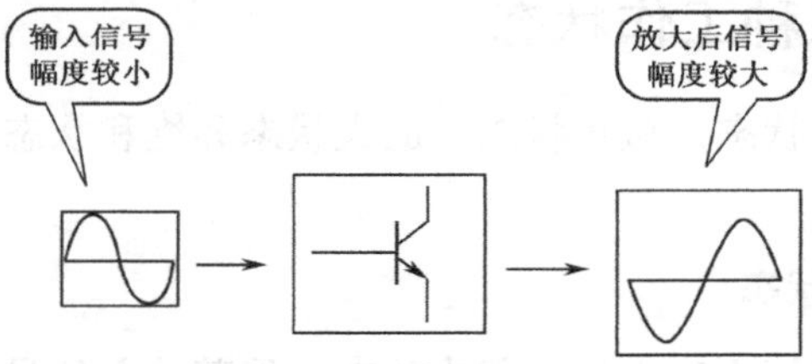

图 2-3-3　信号放大示意图

要想使三极管进入放大区，无论是 NPN 型三极管还是 PNP 型三极管，必须给三极管各个电极一个合适的直流电压，归纳起来是两个条件：集电结反偏，发射结正偏。

3．三极管饱和工作状态

三极管在放大工作状态的基础上，如果基极电流进一步增大许多，三极管将进入饱和状态，这时的三极管电流放大倍数β要下降许多，饱和得越深其β值越小，电流放大倍数一直能小到小于 1 的程度，这时三极管没有放大能力。

在三极管处于饱和状态时，输入三极管的信号要进入饱和区，这也是一个非线性区。图 2-3-4 所示是三极管进入饱和区后造成的信号失真，它与截止区信号失真不同的是，加在三极管基极的信号的正半周进入饱和区，在集电极输出信号中是负半周被削掉，所以放大信号时三极管也不能进入饱和区。

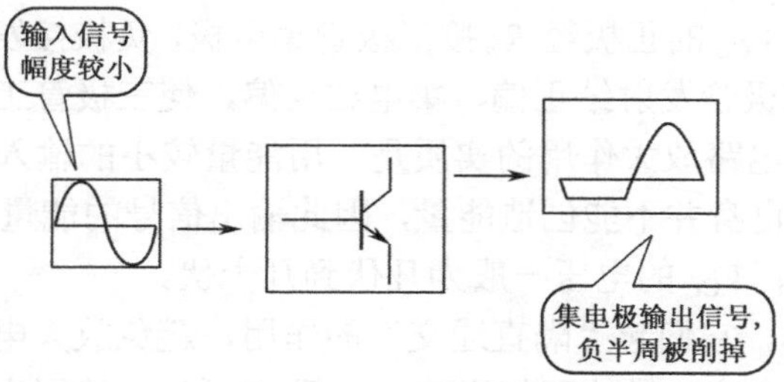

图 2-3-4　三极管进入饱和区后信号的失真

在开关电路中，三极管的另一个工作状态是饱和状态。因为三极管开关电路不放大信号，所以也不会存在这样的失真。

三极管的三种工作状态中，三极管工作电流都有一定的范围，其中截止区的电流范围最小，放大区的范围最大，饱和区其次，当然通过外电路的调整也可以改变各工作区的电流范围。

三极管的三种工作状态中，放大倍数β也不同，截止区、饱和区中的β很小，放大区中的β大且大小基本不变。

2.3.2　基本共射放大电路的组成

图 2-3-5 所示是由 NPN 型管组成的基本共射放大电路，它是最基本的放大电路。交流信号 u_i 从基极回路中输入，输出信号 u_o 取自集电极，三极管的发射极接地，它作为输入、输出的公共端，所以这种电路称为共发射极电路（简称共射电路）。下面说明图 2-3-5 中各元器件的作用。

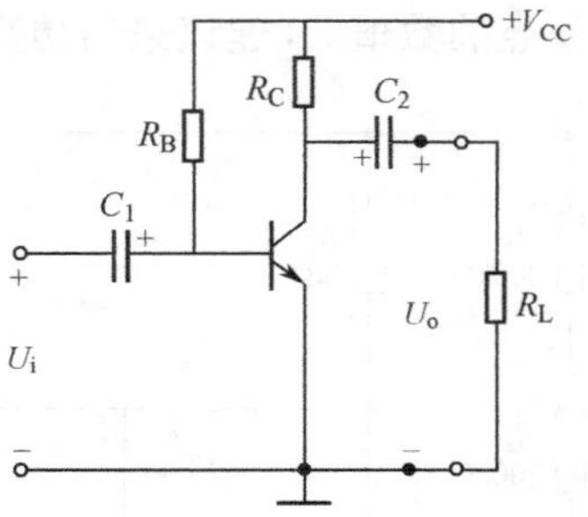

图 2-3-5　基本共射放大电路电路原理图

（1）三极管 VT。它是放大电路的核心器件，具有放大电流的作用。

（2）基极偏流电阻 R_B。其作用是向三极管的基极提供合适的偏置电流，并使发射结正向偏置。选择合适的 R_B 值，就可使三极管有恰当的静态工作点。通常 R_B 的取值为几十千欧到几百千欧。

（3）集电极负载电阻 R_C。R_C 的作用是把三极管的电流放大转换为电压放大，如果 R_C=0，则集电极电压等于电源电压，即使由输入信号 u_i 引起集电极电流变化，集电极电压也保持不变，因此负载上将不会有交流电压 u_o。一般 R_C 的值为几百欧到几千欧。

（4）直流电源 V_{CC}。V_{CC} 的正极经 R_C 接三极管集电极，负极接发射极。V_{CC} 有两个作用，一是通过 R_B 和 R_C 使三极管发射结正偏、集电结反偏，使三极管工作在放大区；二是给放大电路提供能源。放大电路放大作用的实质是，用能量较小的输入信号，去控制能量较大的输出信号，但三极管自身并不能创造能量，因此输出信号的能量，来源于电源 V_{CC}。V_{CC} 是整个放大电路的能源，V_{CC} 的电压一般为几伏到几十伏。

（5）电容 C_1 和 C_2。它们起“隔直通交”的作用，避免放大电路的输入端与信号源之间，输出端与负载之间直流分量的互相影响。一般 C_1 和 C_2 选用电解电容器，取值为几微法到几十微法。用 PNP 型三极管组成放大电路时，电源的极性和电解电容极性正好与 NPN 型电路相反。

2.3.3 放大电路的静态分析

三极管有静态和动态两种工作状态。未加信号时三极管的直流工作状态称为静态，此时各极电流称为静态电流。给三极管加入交流信号之后的工作电流称为动态工作电流，这时三极管是交流工作状态，即动态。

1. 放大电路的静态工作点

静态工作点是指在静态情况下，电流电压参数在晶体管输入/输出特性曲线簇上所确定的点，用 Q 表示。一般包括 I_{BQ}，I_{CQ}，和 U_{CEQ}。放大电路的静态工作点的设置是否合适，是放大电路能否正常工作的重要条件。

2. 静态工作点对放大电路工作的影响

为了直观说明静态工作点对放大电路工作的影响，请看下面的实验。

按图 2-3-6 所示连接电路，注意观察电路中 R_B 分别为 690 kΩ、470 kΩ、220 kΩ情况下的输出电压波形，并测量静态工作点的数值。（建议采用仿真演示）

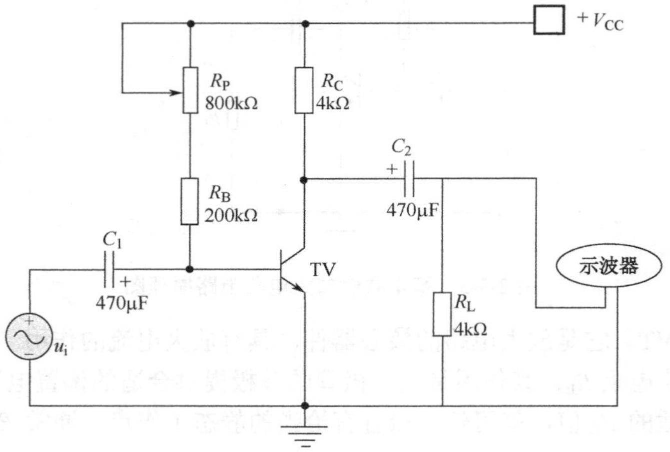

图 2-3-6 静态工作点对放大电路的影响

当电阻 R_B 分别为 690 kΩ、220 kΩ时输出电压波形有失真；

当电阻 R_B 为 470 kΩ时输出电压波形无失真。实验数据及输出波形如表 2-3-1 所示。

表 2-3-1　实验数据记录表

R_B	I_{BQ}/μA	I_{CQ}/mA	U_{CEQ}/V	U_o/V	波　形
690 kΩ	10	1.6	4.2	1.25	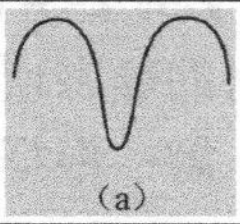
470 kΩ	18	2.3	2.3	1.7	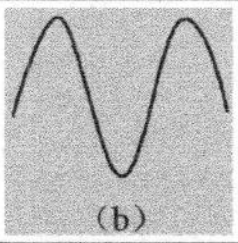
220 kΩ	35	3.6	0.2	1.6	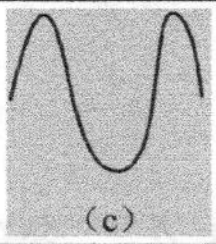

静态工作点对放大器的放大能力、输出电压波形都有影响。只有当静态工作点在放大区时，晶体管才能不失真地对信号进行放大。因此，要使放大电路正常工作，必须使它具有合适的静态工作点。

3. 放大电路的直流通路

直流通路：指静态时，放大电路直流通过的路径。如图 2-3-7（a）所示，在直流情况下电容可视为开路，因此画直流通路时把电容支路断开即可，图 2-3-7（b）为放大电路的直流通路。

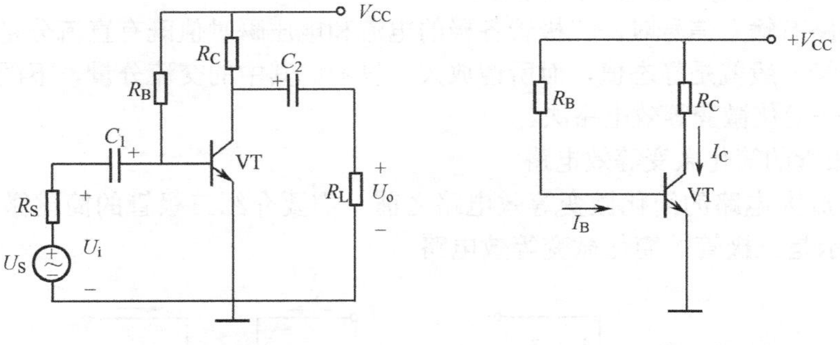

（a）基本放大电路　　（b）基本放大电路的直流通路

图 2-3-7　共射放大电路的直流通路

4. 静态分析

静态时，电源 V_{CC} 通过 R_B 给三极管的发射结加上正向偏置，用 U_{BE} 表示，产生的基极电流用 I_{BQ} 表示，集电极电流用 I_{CQ} 表示，此时的集—射电压用 U_{CEQ} 表示。放大电路的静态分析一般通过画直流通路来进行。从图中不难求出放大电路的静态值

$$I_{BQ}=\frac{V_{CC}-U_{BE}}{R_B} \tag{2-3-1}$$

因为 $V_{CC} \gg U_{BE}$，所以

$$I_{BQ}\approx\frac{V_{CC}}{R_B} \tag{2-3-2}$$

$$I_{CQ}=\beta I_{BQ} \tag{2-3-3}$$

$$U_{CEQ}=V_{CC}-I_{CQ}R_C \tag{2-3-4}$$

【例 2-3-1】 在图 2-3-7 中，已知 V_{CC}=12V，R_B=300kΩ，R_C=4kΩ，β= 37.5，试求放大电路的静态值。

解： 根据图 2-3-7 所示的直流通路，可以得到

$$I_{BQ}\approx\frac{V_{CC}}{R_B}=12/300\text{mA}=0.04\text{ mA}$$

$$I_{CQ}=\beta I_{BQ}=37.5\times0.04\text{ mA}=1.5\text{ mA}$$

$$U_{CEQ}=V_{CC}-I_{CQ}R_C=12\text{V}-1.5\times4\text{V}=6\text{V}$$

2.3.4 放大电路的动态分析

1. 放大电路的交流通路

交流通路是指输入交流信号时，放大电路交流信号流通的路径。由于容抗小的电容以及内阻小的直流电源可视为对交流短路，因此画交流通路时只需把容量较大的电容及直流电源简化为一条短路线即可。图 2-3-9（a）为放大电路的交流通路。

2. 动态分析

放大电路有输入信号的工作状态称为动态。动态分析主要是确定放大电路的电压放大倍数 A_u、输入电阻 R_i 和输出电阻 R_o 等。

放大电路有输入信号时，三极管各极的电流和电压瞬时值既有直流分量，又有交流分量。直流分量一般就是静态值，而所谓放大，只考虑其中的交流分量。下面介绍常用的动态分析法——简化微变等效电路法。

1）三极管的简化微变等效电路

在讨论放大电路的简化微变等效电路之前，需要介绍三极管的简化微变等效电路。图 2-3-8 所示是三极管的简化微变等效电路。

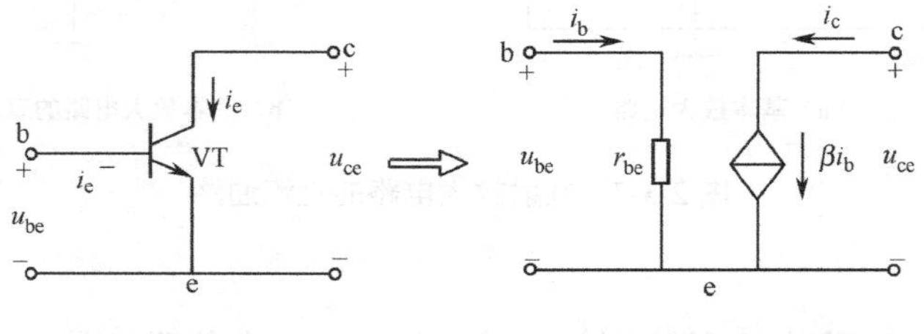

图 2-3-8　三极管的简化微变等效电路

微变等效电路是一种线性化的分析方法，它的基本思想是：把三极管用一个与之等效的线性电路来代替，从而把非线性电路转化为线性电路，再利用线性电路的分析方法进行分析。当然，这种转化是有条件的，这个条件就是“微变”，即变化范围很小，小到三极管的特性曲线在 Q 点附近可以用直线代替。这里的“等效”是指对三极管的外电路而言，用线性电路代替三极管之后，端口电压、电流的关系并不改变。由于这种方法要求变化范围

很小，因此输入信号只能是小信号，一般要求 u_{be}（即 u_i）≤10mV。这种分析方法，只适用于小信号电路的分析，且只能分析放大电路的动态。

从图 2-3-8 可以看出，三极管的输入回路可以等效为输入电阻 r_{be}。在小信号工作条件下，r_{be} 是一个常数，低频小功率管的 r_{be} 可用下式估算

$$r_{be}=300\Omega+(1+\beta)\frac{26(\text{mV})}{I_E(\text{mA})} \tag{2-3-5}$$

式中，I_E 是三极管发射极电流的静态值，一般可取 $I_E \approx I_{CQ}$。

三极管的输出回路中，用一等效的受控恒流源 βi_b 来代替。三极管的输出电阻数值比较大，故在三极管的简化微变等效电路中将它忽略。

2）放大电路的简化微变等效电路

由于 C_1、C_2 和 V_{CC} 对于交流信号是相当于短路的，因此图 2-3-5 放大电路的交流通路如图 2-3-9（a）所示。放大电路交流通路中的三极管如用其简化微变等效电路来代替，便可得到如图 2-3-9（b）所示的放大电路的简化微变等效电路（以下简称微变等效电路）。

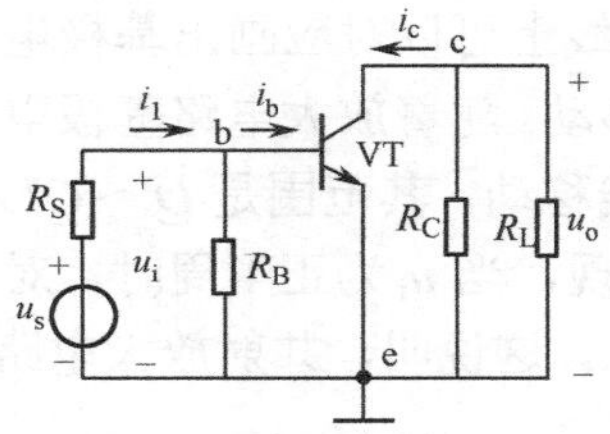

（a）交流通路

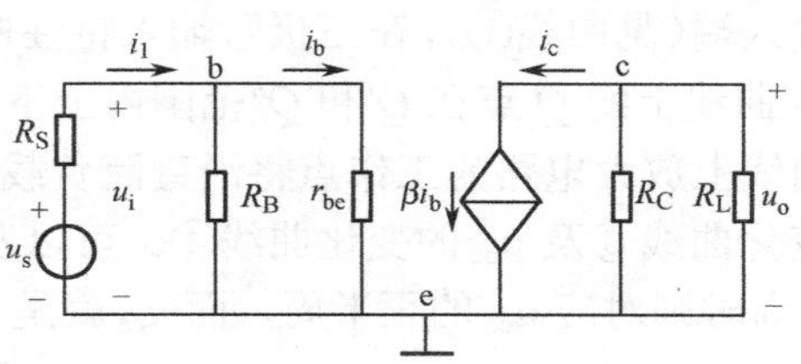

（b）简化微变等效电路

图 2-3-9　放大电路的简化微变等效电路

2.3.5　放大电路的图解分析

图解分析法（简称图解法）是放大电路的另一种分析方法，下面简单介绍放大电路的图解分析法。

1．用图解法分析放大电路的静态工作情况

如前所述，基本共射放大电路直流通路如图 2-3-7 所示。利用三极管的输出特性曲线，可以画出放大电路输出回路的图解分析曲线如图 2-3-10 所示。

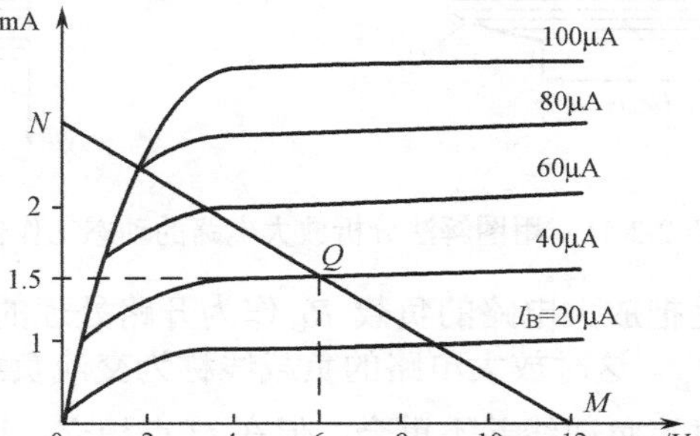

图 2-3-10　输出回路的图解分析

大家知道，放大电路的输出回路应当满足

$$u_{CE}=V_{CC}-i_C R_C$$

这是一条直线，称为放大电路的直流负载线，其斜率为$-\dfrac{1}{R_C}$。在输出特性曲线图上作出的 MN 就是这条直流负载线，它与横轴的交点是 $M(V_{CC},0)$，与纵轴的交点是 $N(0,\dfrac{V_{CC}}{R_C})$。MN 与放大电路中 I_{BQ} 的交点就是静态工作点 Q。Q 点的横坐标值为 U_{CEQ}，纵坐标值为 I_{CQ}。在例 2-3-1 中，已知 I_{BQ}=40μA，MN 与 I_{BQ}=4μA 交点为 Q 点，Q 点的横坐标值为 6V（即 U_{CEQ}=6V），纵坐标值为 1.5mA（即 I_{CQ}=1.5mA）。

2. 用图解法分析放大电路的动态工作情况

用图解法能够直观显示出在输入信号作用下，放大电路各点电压和电流波形的幅值大小及相位关系，尤其对判断静态工作点是否合适，输出波形是否会失真等十分方便。图 2-3-11 画出了用图解法分析放大电路的动态工作情况。从图中可以看出，输入信号作用在放大电路输入端（见曲线①），在三极管输入特性曲线上可以对应画出基极电流的曲线（见曲线②），输入曲线上的 Q 点在 Q'和 Q''范围内上下移动。随着放大电路基极电流 i_b 的变化，在输出特性曲线上放大电路的工作点将沿直流负载线移动，其范围是 Q'～Q''之间，这样可以得到 i_c 的变化曲线③及 u_{ce} 的变化曲线④。可以发现，当 u_i 为正半周时，对应 u_{ce} 的负半周，u_i 为负半周时则对应 u_{ce} 的正半周，而 u_{ce} 就是 u_o。这说明，共射放大电路的 u_i 和 u_o 是反相的。

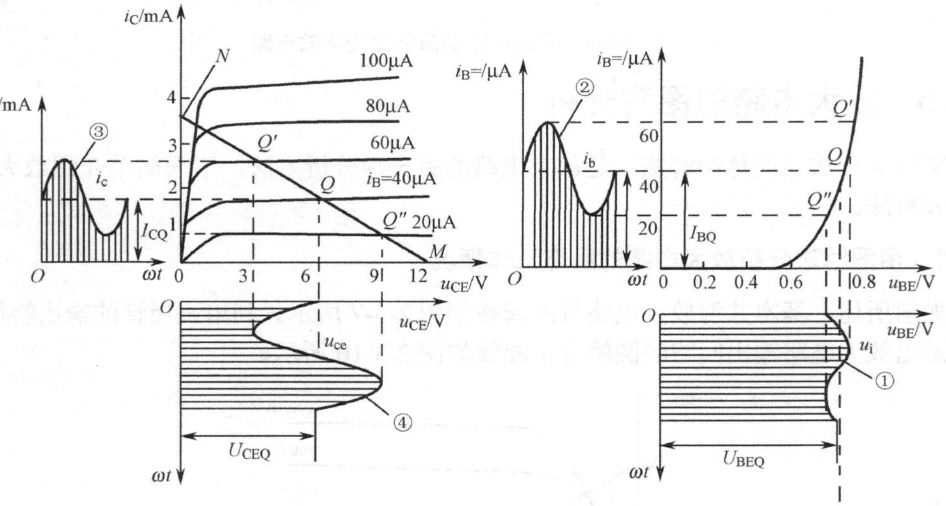

图 2-3-11　用图解法分析放大电路的动态工作情况

上述图解分析时，是把放大电路的负载 R_L 作为开路处理的，如果考虑 R_L，则放大电路的负载应为 $R_L'=R_C // R_L$。这时放大电路的负载线称为交流负载线，如图 2-3-12 所示。从图中看出交流负载线与直流负载线并不重合，但在 Q 点相交，这是因为输入信号在变化过程中必定会经过零点，在通过零点时 u_i=0，相当于放大电路处于静态。通过 Q 点作一条斜率为$-1/R_L'$的直线就能得到放大电路的交流负载线。

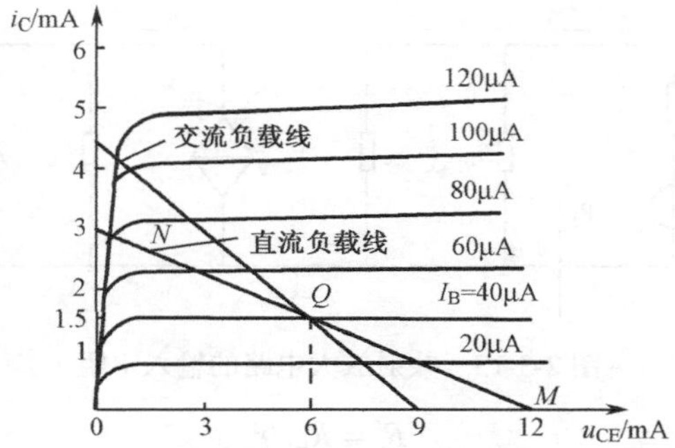

图 2-3-12 放大电路的交流负载线

2.3.6 放大电路的性能指标

用微变等效电路法分析放大电路的步骤：先画出放大电路的交流通路，再用相应的等效电路代替三极管，最后计算性能指标。

1. 电压放大倍数 A_u

电压放大倍数是指放大器输出信号的电压 u_o 与输入信号的电压 u_i 的比值，它反映放大器的电压放大能力，用 A_u 表示，即

$$A_u = \frac{u_o}{u_i}$$

放大器的输出端有无负载时，其输出电压各不相同。

无负载时的电压放大倍数

$$A_u = -\beta \frac{R_C}{r_{be}}$$

带负载 R_L 时的电压放大倍数

$$A_u = -\beta \frac{R'_L}{r_{be}}$$

式中，负号表示输出电压与输入电压反相，$R'_L = R_C//R_L$。如果电路的输出端开路，即 $R_L=\infty$则有如下：

$$A_u = -\frac{\beta R_C}{r_{be}}$$

【例 2-3-2】 在图 2-3-5 中，V_{CC}=12V，R_C=4kΩ，R_L=4kΩ，R_B=300kΩ，β=37.5，试求放大电路的电压放大倍数 A_u。

解：在例 2-3-1 中已求出，$I_{CQ} = \beta I_{BQ}$=1.5mA

由公式可求出

$$r_{be} = 300\Omega + (1+37.5)\frac{26(\text{mV})}{1.5(\text{mA})} = 967\Omega$$

则

$$A_u = -\beta\frac{R_C // R_L}{r_{be}} = -\frac{37.5(4//4)}{0.967} = -77.6$$

2. 输入电阻 R_i

放大电路的输入电阻 R_i 是从放大器的输入端看进去的等效电阻，如图 2-3-13 所示。即

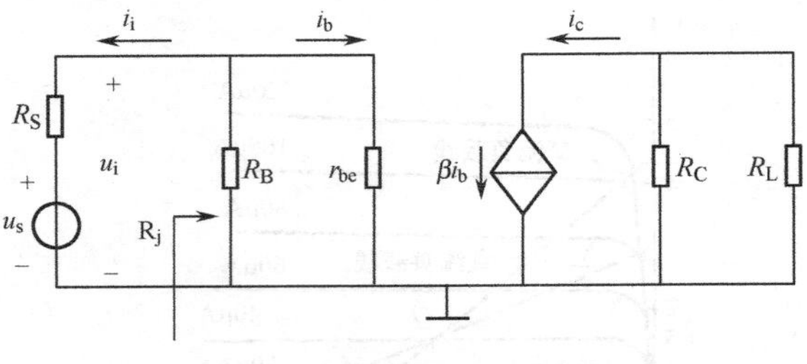

图 2-3-13　共射放大电路的输入电阻

$$R_i = R_B // r_{be}$$

通常 $R_B >> r_{be}$，因此 $R_i \approx r_{be}$，可见共射基本放大电路的输入电阻 R_i 不大。

3．输出电阻 R_o

放大电路对负载而言，相当于一个信号源，其内阻就是放大电路的输出电阻 R_o。求输出电阻 R_o 可利用图 2-3-14 所示电路，将输入信号源 u_s 短路和输出负载开路，从输出端外加测试电压 u_T，产生相应的测试电流 i_T，则输出电阻为

$$R_o = \frac{u_T}{i_T}$$

而

$$i_T = \frac{u_T}{R_C}$$

故

$$R_o = R_C$$

在例 2-3-2 中，$R_o = R_C = 4\text{k}\Omega$

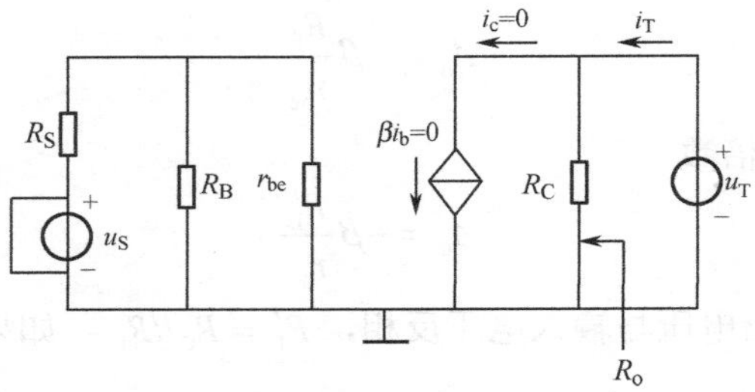

图 2-3-14　共射放大电路的输出电阻

上面以共射基本放大电路为例，估算了放大电路的输入电阻和输出电阻。一般来说，希望放大电路的输入电阻高一些，这样可以避免输入信号过多地衰减；对于放大电路的输出电阻来说，则希望越小越好，以提高电路的带负载能力。

思考与练习

一、填空题

1. 三极管共有三种工作状态：__________状态、__________状态和__________状态。
2. 在开关电路中，三极管主要工作在__________状态和__________状态。
3. 在 NPN 组成的共射基本放大电路中，当输入为正弦波时，输出电压波形出现了底

部失真，产生这种失真的原因是由于三极管工作在__________状态。

4．在共射放大电路中，输出电压 u_o 和输入电压 u_i 的相位__________。

5．放大电路中三极管静态工作点的估算是指计算__________、__________和__________。

6．晶体三极管放大电路有输入信号时的工作状态称为__________，此时放大电路在__________和__________电压共同作用下工作，电路中的电流和电压既有__________成分，又有__________成分。

7．对直流通路而言，放大器中的电容可视为__________；对于交流通路而言，容抗小的电容器可视作__________，内阻小的电源可视作__________。

8．放大器的输入电阻和输出电阻是衡量放大电路性能的重要指标，一般希望电路的输入电阻__________，以__________对信号源的影响；希望输出电阻__________，以__________放大器带负载的能力。

二、综合题

1．什么叫非线性失真？非线性失真与线性失真的区别是什么？

2．如图 2-3-15 所示的共射放大电路中各元器件的作用分别是什么？

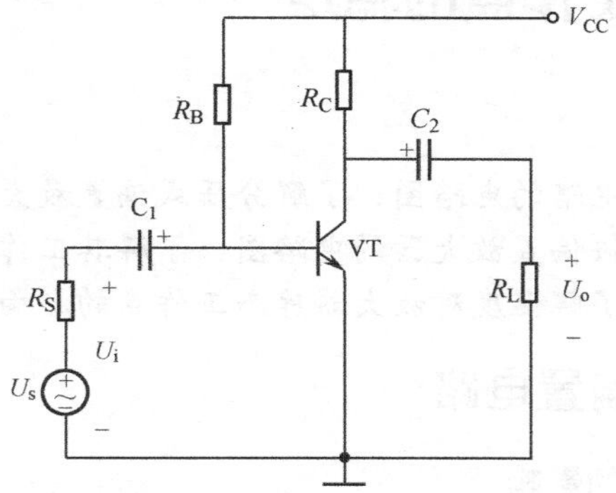

图 2-3-15　综合题 2 图

3．电路如图 2-3-16 所示，调整电位器 R_w 可以调整电路的静态工作点。

试问：(1) 要使 I_C=2mA，R_w 应为多大？

(2) 使电压 U_{CE}=4.5V，R_w 应为多大？

4．放大电路及元件参数如图 2-3-17 所示，三极管选用 3DG105，β=50。分别计算 R_L 开路和 R_L=4.7kΩ时的电压放大倍数 A_u。

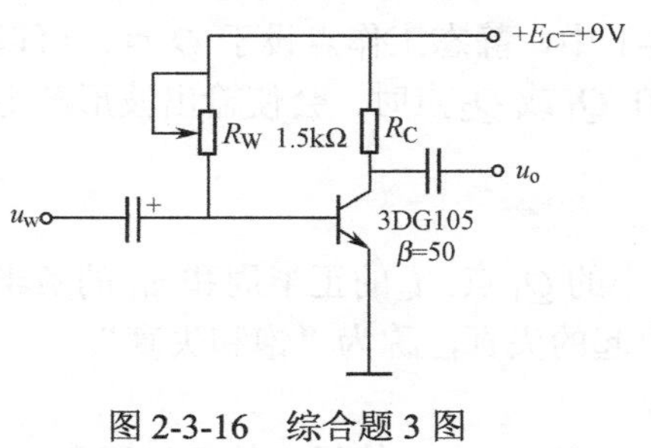

图 2-3-16　综合题 3 图

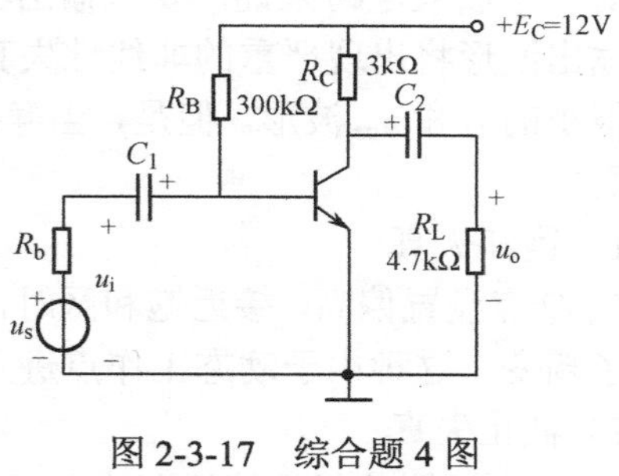

图 2-3-17　综合题 4 图

5. 在如图 2-3-18 所示的放大电路中，V_{CC}=12V，R_B=360kΩ，R_C=3kΩ，R_E=2kΩ，R_L=3kΩ，三极管的 U_{BE}=0.7V，β=60。

（1）求静态工作点；

（2）画出微变等效电路；

（3）求电路输入、输出电阻；

（4）求电压放大倍数 A_u。

6. 在图 2-3-19 所示的放大电路中，各参数的数值已标注在图上，现测得 I_{BQ}=30μA，I_{CQ}=1.5mA。若更换一只β=100 的管子，则 I_{BQ}=________μA，I_{CQ}=________mA。

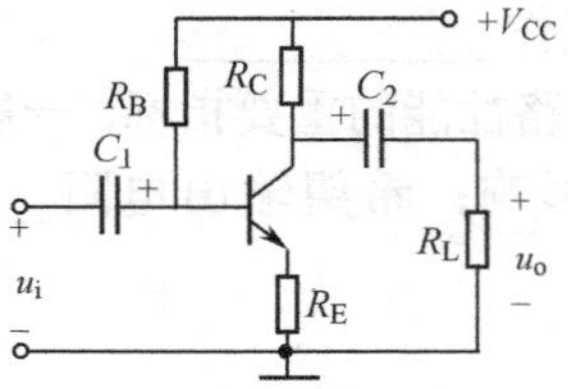

图 2-3-18　综合题 5 图

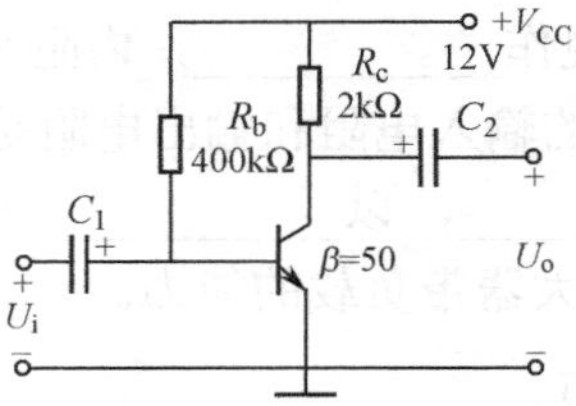

图 2-3-19　综合题 6 图

2.4 放大器静态工作点的稳定

学习目标

1. 能识读分压式偏置电路的电路图；了解分压式偏置放大器的工作原理。
2. 能识读集电极—基极偏置放大器的电路图，了解其工作原理。
3. 通过实验或演示，了解温度对放大器静态工作点的影响。

2.4.1 分压式射极偏置电路

1. 温度对静态工作点的影响

静态工作点不稳定的原因很多，例如电源电压的波动，电路参数的变化，但最主要的是因为三极管的参数会随外部温度变化而变化。当温度升高时，三极管的 U_{BEQ} 将下降，I_{CBO} 增加，β 值也将增加，这些都表现在静态工作点中的 I_{CQ} 值增加，从而造成静态工作点不稳定。

2. 静态工作点对输出波形失真的影响

对一个放大电路来说，要求输出波形的失真尽可能小。但是，当静态工作点设置不当时，输出波形将出现严重的非线性失真。在图 2-4-1 中，静态工作点设于 Q 点，可以得到失真很小的 i_c 和 u_{ce} 波形。但是，当静态工作点设在 Q_1 或 Q_2 点时。会使输出波形产生严重的失真。

1）饱和失真

当 Q 点设置偏高，接近饱和区时，如图 2-4-1 中的 Q_1 点，i_c 的正半周和 u_{ce} 的负半周都出现了畸变。这种由于动态工作点进入饱和区而引起的失真，称为“饱和失真”。

2）截止失真

当 Q 点设置偏低，接近截止区时，如图 2-4-1 中的 Q_2 点，使得 i_c 的负半周和 u_{ce} 的正半周出现畸变。这种失真称为“截止失真”。

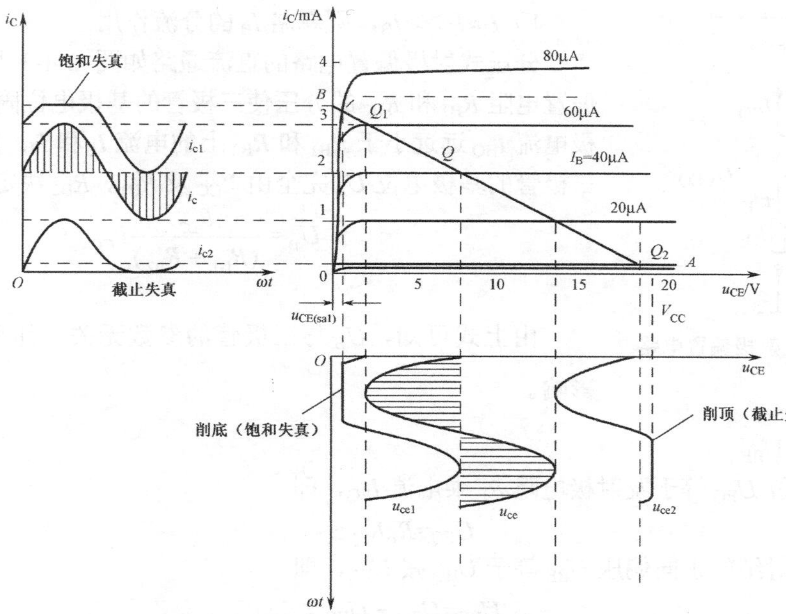

图 2-4-1　静态工作点对输出波形失真的影响

一般来说，工作点 Q 选在交流负载线的中央，可以获得最大的不失真输出，使放大电路得到最大的动态工作范围。

由于三极管参数的温度稳定性较差，在固定偏置放大电路（基本放大电路）中，当温度变化时，会引起电路静态工作点的变化，造成输出电压失真。为了稳定放大电路的性能，必须在电路的结构上加以改进，使静态工作点保持稳定。分压式偏置放大电路和集电极—基极偏置放大电路就是静态工作点比较稳定的放大电路。

3．电路组成

分压式射极偏置电路如图 2-4-2 所示。从电路的组成来看，三极管的基极连接有两个偏置电阻：上偏电阻 R_{B1} 和下偏电阻 R_{B2}，发射极支路串接了电阻 R_E（称为射极电阻）和旁路电容 C_E（称为射极旁路电容）。

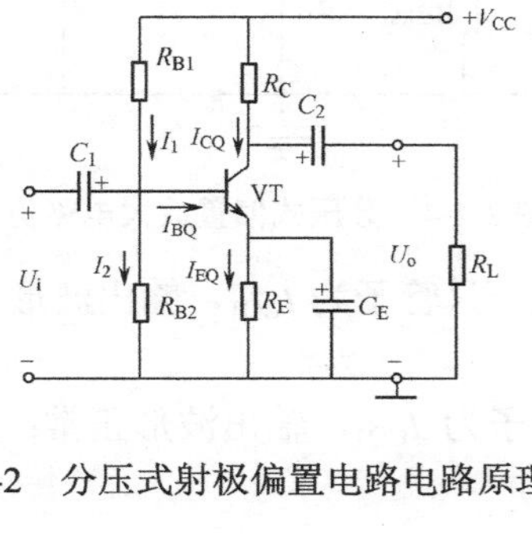

图 2-4-2　分压式射极偏置电路电路原理图

4．静态工作点稳定的条件

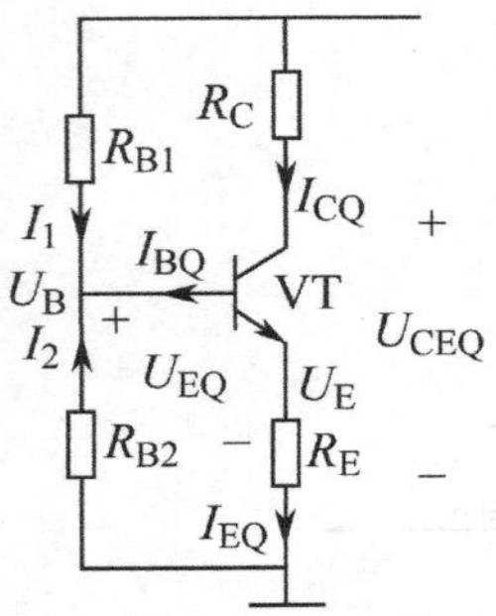

图 2-4-3　分压式射极偏置电路

1）$I_1 \approx I_2 \gg I_B$，则忽略 I_B 的分流作用

分压式射极偏置电路的直流通路如图 2-4-3 所示，基极偏置电阻 R_{B1} 和 R_{B2} 的分压使三极管的基极电位固定。由于基极电流 I_{BQ} 远远小于 R_{B1} 和 R_{B2} 上的电流 I_1 和 I_2，因此 $I_1 \approx I_2$。三极管的基极电位 U_B 完全由 V_{CC} 及 R_{B1}、R_{B2} 决定，即

$$U_B = \frac{R_{B2}}{(R_{B1} + R_{B2})} V_{CC}$$

由上式可知，U_B 与三极管的参数无关，几乎不受温度影响。

2）$U_B \gg U_{BE}$

发射极电位 U_{EQ} 等于发射极电阻 R_E 乘电流 I_{EQ}，即

$$U_{EQ}=R_E I_{EQ}$$

三极管发射结的正向偏压 U_{BE} 等于 U_{BQ} 减 U_{EQ}，即

$$U_{BE}=U_{BQ}-U_{EQ}$$

5．稳定静态工作点的原理

下面通过仿真演示来证明分压式偏置放大电路具有稳定静态工作点的作用。

按图 2-4-4 连接电路，观察电路更换三极管（β值不同）前后的静态工作点的情况。同时按图 2-3-5（共射放大电路）连接电路，观察电路更换三极管（β值不同）前后的静态工作点的情况。比较两电路的结果。（建议采用仿真演示）

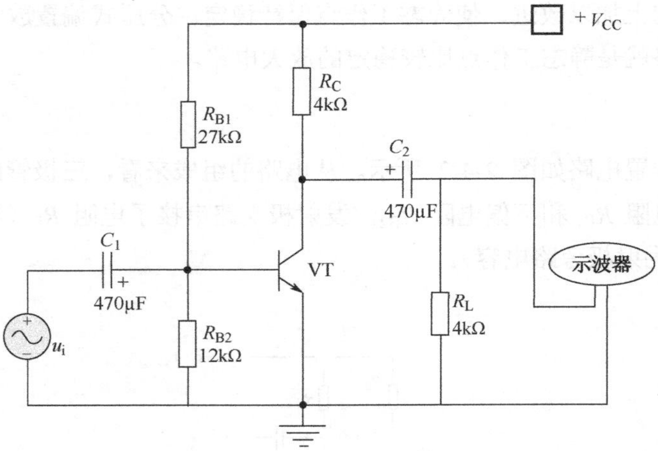

图 2-4-4　分压式偏置放大电路仿真图

分压式偏置放大电路：第一只管子为 I_{CQ1}，输出波形正常；第二只管子为 $I_{CQ1}=I_{CQ2}$，输出波形正常。

共射放大电路：第一只管子为 I_{CQ1}，输出波形正常；第二只管子为 $I_{CQ1} \neq I_{CQ2}$，输出波形不正常。

由图 2-4-3 所示，当温度升高时 I_{CQ}、I_{EQ} 均会增大，因此 R_E 的压降 U_{EQ} 也会随之增大，由于 U_{BQ} 基本不变化，所以 U_{BE} 减小，而 U_{BE} 减小又会使 I_{BQ} 减小，I_{BQ} 减小又使 I_{CQ} 减小，因此 I_{CQ} 的增大就会受到抑制，电路的静态工作点能基本保持不变化。上述变化过程可以表示为

$$温度上升 \rightarrow I_{CQ}\uparrow \rightarrow I_{EQ}\uparrow \rightarrow U_{EQ}\uparrow \rightarrow U_{BE}\downarrow \rightarrow I_{BQ}\downarrow \rightarrow I_{CQ}\downarrow$$

因此，只要满足 $I_2 \gg I_B$ 和 $U_B \gg U_{BE}$ 两个条件，U_B 和 I_{EQ} 或 I_{CQ} 就与晶体三极管的参数几乎无关，不受温度变化的影响，从而能使静态工作点基本稳定。

2.4.2　集电极—基极偏置放大器

1．集电极—基极偏置放大器的组成

图 2-4-5 所示是典型的三极管集电极—基极偏置放大电路。电阻 R_1 接在三极管集电极与基极之间，这是偏置电阻，R_1 为 VT 提供了基极电流回路。由于 R_1 接在集电极与基极之间，因此称为集电极—基极偏置放大电路。

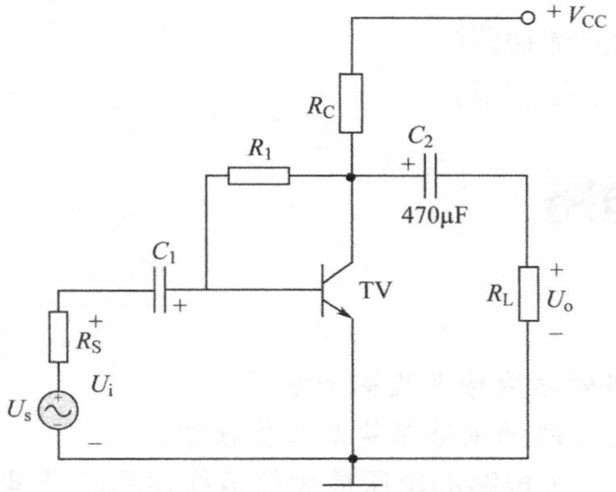

图 2-4-5　三极管集电极—基极偏置放大电路

2．稳定静态工作点的原理

当温度升高使 I_C 增大时，随着 I_C 的增大，集电极－发射极电压和相应的基极－发射极电压同时下降，使 I_C 自动减小，达到稳定静态工作点的目的。这个过程简单表述如下：

$$T\uparrow \rightarrow I_C\uparrow \rightarrow U_C\downarrow \rightarrow U_B\downarrow \rightarrow U_{BE}\downarrow \rightarrow I_B\downarrow \rightarrow I_C\downarrow$$

思考与练习

一、填空题

1．电压放大电路设置静态工作点的目的是________________________。

2．在放大电路中，当输入信号一定时，静态工作点 Q 设置太低将产生____________失真；设置太高，将产生____________失真。通常调节____________来改变 Q。

3．影响静态工作点稳定的主要因素是____________，此外，____________和

________也会影响静态工作点的稳定。

二、综合题

1．什么叫饱和失真？什么叫截止失真？如何消除这两种失真？

2．如图 2-4-6 所示分压式偏置放大电路中，已知三极管的β=50，V_{CC}=16V，R_{B1}=60kΩ，R_{B2}=20kΩ，R_C=3kΩ，R_E=2kΩ，R_L=6kΩ，三极管的 U_{BE}=0.7V。

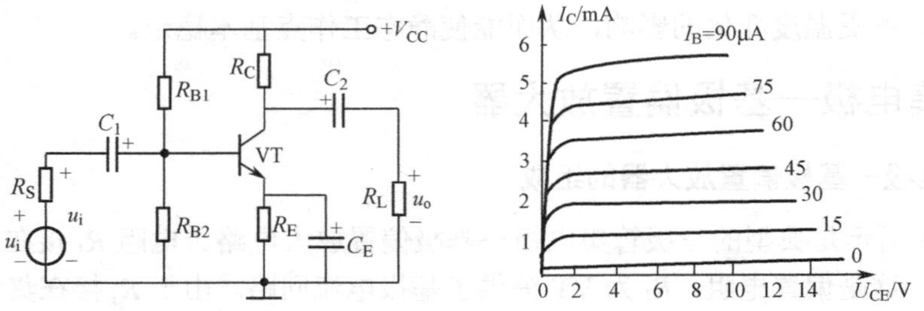

图 2-4-6　综合题 2 图

（1）画出放大电路的直流通路；

（2）求放大电路的静态工作点。

2.5　多级放大电路

学习目标

1．了解多级放大电路的结构特点及耦合方式。

2．理解阻容耦合放大电路的电路结构及工作原理。

在许多情况下，单级放大电路的电压放大倍数往往不能满足要求，为此，要把放大电路前一级的输出端接到后一级的输入端，联成二级、三级或者多级放大电路。级与级之间的连接方式称为耦合方式。

放大电路级间的耦合方式，既要将前级的输出信号顺利传递到下一级，又要保证各级都有合适的静态工作点。常见的耦合方式有阻容耦合（常用于交流放大电路）、直接耦合（常用于直流放大电路和集成电路中）、变压器耦合（在功率放大电路中常用）等。

2.5.1　多级放大电路的组成框图

多级放大电路的组成框图如图 2-5-1 所示，其中输入级和中间级主要用作电压放大，可以将微弱的输入电压放大到足够的幅度。后面的末前级和输出级用作功率放大，向负载输出足够大的功率。

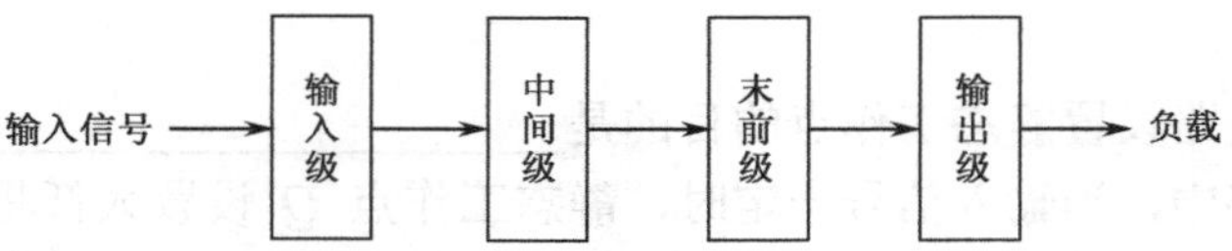

图 2-5-1　多级放大电路的组成框图

2.5.2　阻容耦合多级放大电路

1. 电路组成

图 2-5-2 是一个两级阻容耦合放大电路，第一级放大电路的输出是经过 C_2 与第二级放大电路的输入电阻 R_{i2} 联系起来的，故称为阻容耦合方式。阻容耦合的特点是，各级的静态工作点相互独立，所以阻容耦合多级放大电路的静态分析与单级放大电路的静态分析完全相同。

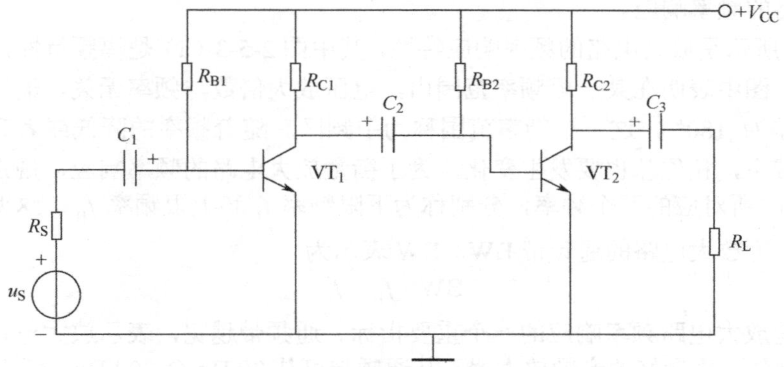

图 2-5-2　两级阻容耦合放大电路

2. 阻容耦合多级放大电路的计算

（1）电压放大倍数。多级放大电路的电压放大倍数等于各级放大电路的电压放大倍数的乘积，即

$$A_u = A_{u1}A_{u2}\cdots A_{un}$$

值得注意的是，计算各级放大电路的电压放大倍数时，必须考虑后级对前级的影响，即后级的输入电阻是前级的负载电阻。在图 2-5-2 中

$$A_{u1} = -\frac{\beta_1(R_{C1} // R_{i2})}{r_{be1}}$$

$$A_{u2} = -\frac{\beta_2(R_{C2} // R_L)}{r_{be2}}$$

$$A_u = A_{u1} \cdot A_{u2} = \frac{\beta_1\beta_2(R_{C1} // R_{i2})(R_{C2} // R_L)}{r_{be1}r_{be2}}$$

（2）输入电阻。多级放大电路的输入电阻就是第一级放大电路的输入电阻。在图 2-5-2 中

$$R_i = R_{i1} = R_{B1} // r_{be1}$$

（3）输出电阻。多级放大电路的输出电阻就是末级放大电路的输出电阻。在图 2-5-2 中

$$R_o = R_{o2} = R_{C2}$$

2.5.3　频率响应和通频带的概念

电子电路中所遇到的信号往往不是单一频率的，而是工作在一段频率范围内的。例如，广播中的音乐信号，其频率范围通常在几十至几十千赫兹之间。但是，由于放大电路中一

般都有电抗元件（如电容、电感），三极管的部分参数（如 β）也会随着频率而变化，这就使得放大电路对不同频率信号的放大效果不完全一致。人们把放大电路对不同频率正弦信号的放大效果称为频率响应。放大电路的频率响应可直接用放大电路的电压放大倍数对频率的关系来描述，即

$$A_u = A_u(f)\angle\phi(f)$$

式中，$A_u(f)$ 表示电压放大倍数的模与频率的关系，称为幅频特性；而 $\phi(f)$ 表示放大电路输出电压与输入电压之间的相位差与频率的关系，称为相频特性。两种综合起来称为放大电路的频率响应。

图 2-5-3 所示是放大电路的频率响应特性，其中图 2-5-3（a）是幅频特性，图 2-5-3（b）是相频特性。图中表明在某一段频率范围内，电压放大倍数与频率无关，输出信号与输入信号的相位差为-180°，这一个频率范围称为中频区。随着频率的降低或者升高，电压放大倍数都要减小，相位差也要发生变化。为了衡量放大电路的频率响应，规定放大倍数下降 $0.707A_{um}$ 时所对应的两个频率，分别称为下限频率 f_L 和上限频率 f_H。这两个频率之间的频率范围称为放大电路的通频带 BW。BW 表示为

$$BW = f_H - f_L$$

通频带是放大电路频率响应的一个重要指标。通频带越宽，表示放大电路工作的频率范围越宽。例如，质量好的音频放大器，其通频带可从 20 Hz 至 20 kHz。低于 f_L 的频率范围称为低频区，高于 f_H 的频率范围称为高频区。

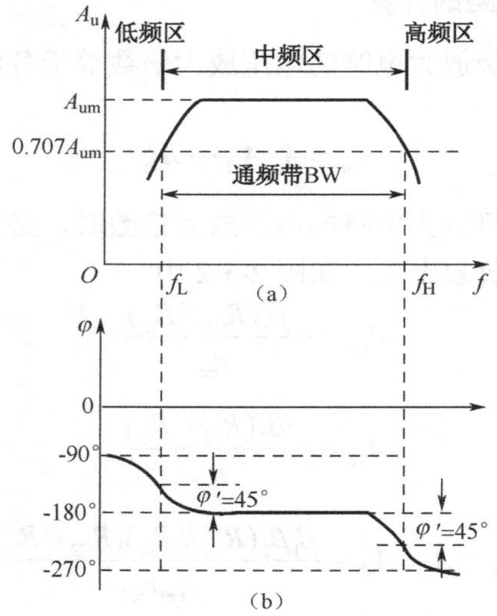

图 2-5-3　放大电路的频率响应特性

思考与练习

一、综合题

1．多级放大电路与各单级放大电路的动态参数有何关系？

※2．图 2-5-4 所示为两级阻容耦合放大电路，已知 $U_{CC}=12V$，$R_{B1}=R_{B1}'=20k\Omega$，R_{B2}

$=R'_{B2}=10k\Omega$，$R_{C1}=R_{C2}=2k\Omega$，$R_{E1}=R_{E1}=2k\Omega$，$R_L=2k\Omega$，三极管的 $U_{BE}=0.6V$，$\beta_1=\beta_2=50$。

（1）求前、后级放大电路的静态值；

（2）画出微变等效电路；

（3）求各级电压放大倍数 A_{u1}、A_{u2} 和总电压放大倍数 A_u。

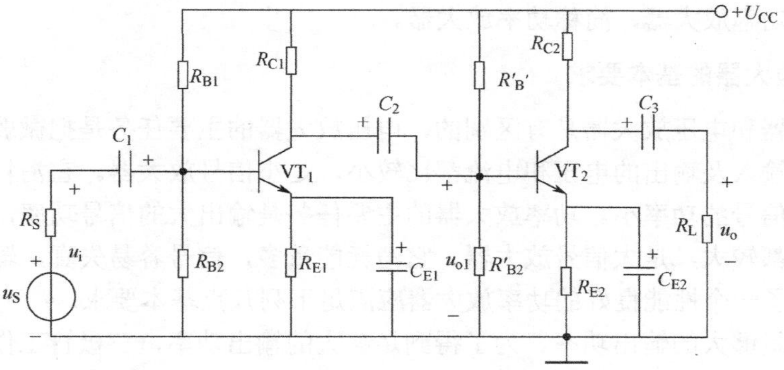

图 2-5-4　综合题 2 图

※3．在如图 2-5-5 所示的两级阻容耦合放大电路中，已知 $U_{CC}=12V$，$R_{B1}=30k\Omega$，$R_{B2}=20k\Omega$，$R_{C1}=R_{E1}=4k\Omega$，$R_{B3}=130k\Omega$，$R_{E2}=3k\Omega$，$R_L=1.5k\Omega$，三极管的 $U_{BE}=0.6V$，$\beta_1=\beta_2=50$。

（1）求前、后级放大电路的静态值；

（2）画出微变等效电路；

（3）求各级电压放大倍数 A_{u1}、A_{u2} 和总电压放大倍数 A_u。

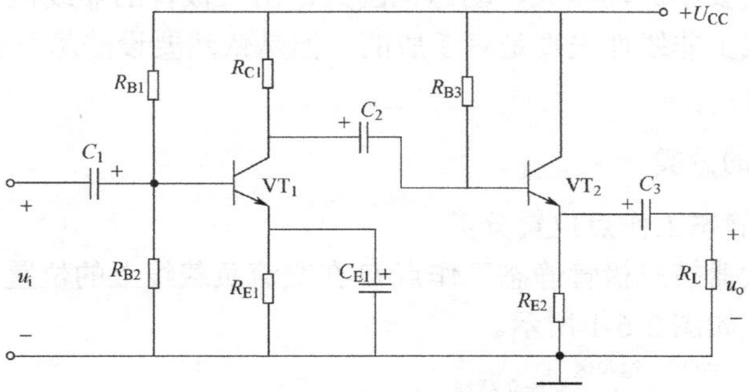

图 2-5-5　综合题 3 图

2.6　功率放大电路

学习目标

1. 了解功率放大电路的基本要求和分类。
2. 了解功率放大电路元件的安全使用知识。
3. 理解效率与甲类、乙类、甲乙类放大电路的关系。
4. 能识读 OTL、OCL 功率放大器的电路图，掌握其电路结构、特点。
5. 了解典型功放集成电路的引脚功能，能按工艺要求装接典型电路。

2.6.1 认识功率放大器

电子电路一般都由多级放大器组成。多级放大器在工作过程中，一般先由小信号放大电路对输入信号进行电压放大，再由功率放大电路进行功率放大，以控制或驱动负载电路工作。这种以功率放大为目的的电路，就是功率放大电路。能使低频信号放大的功率放大器，即为低频功率放大器，简称功率放大器。

1．功率放大器的基本要求

功率放大器和电压放大器是有区别的，电压放大器的主要任务是把微弱的信号电压进行放大，一般输入及输出的电压和电流都比较小，是小信号放大器。它消耗能量少，信号失真小，输出信号的功率小。功率放大器的主要任务是输出大的信号功率，它的输入、输出电压和电流都较大，是大信号放大器。它消耗能量多，信号容易失真，输出信号的功率大。这就决定了一个性能良好的功率放大器应满足下列几点基本要求。

（1）具有足够大的输出功率。为了得到足够大的输出功率，三极管工作时的电压和电流应尽可能接近极限参数。

（2）效率要高。功率放大器是利用三极管的电流控制作用，把电源的直流功率转换成交流信号功率输出，由于三极管有一定的内阻，因此它会有一定的功率损耗 P_C。我们把负载获得的功率 P_o 与电源提供的功率 P_{DC} 之比定义为功率放大电路的转换效率η，用公式表示为

$$\eta = \frac{P_o}{P_{DC}} \times 100\% \quad P_{DC} = P_o + P_C$$

显然，功率放大电路的转换效率越高越好。

（3）非线性失真要小。功率大、动态范围大，由三极管的非线性引起的失真也大。因此提高输出功率与减少非线性失真是有矛盾的，但是依然要设法尽可能减小非线性失真。

（4）散热性能好。

2．功率放大器的分类

1）以三极管的静态工作点位置分类

常见的功率放大器按三极管静态工作点 Q 在交流负载线上的位置不同，可分为甲类、乙类和甲乙类三种，如图 2-6-1 所示。

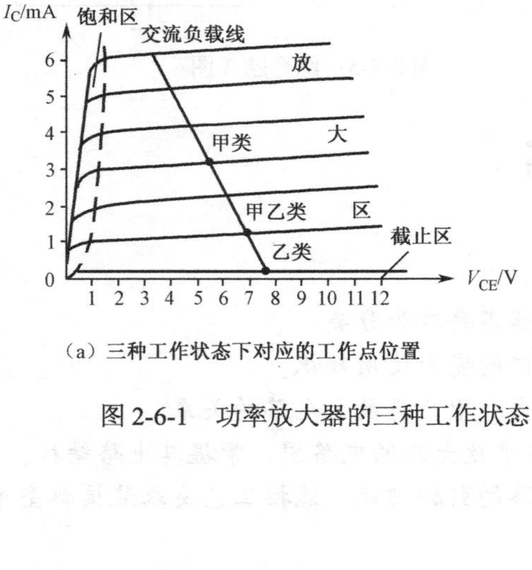

（a）三种工作状态下对应的工作点位置

图 2-6-1　功率放大器的三种工作状态

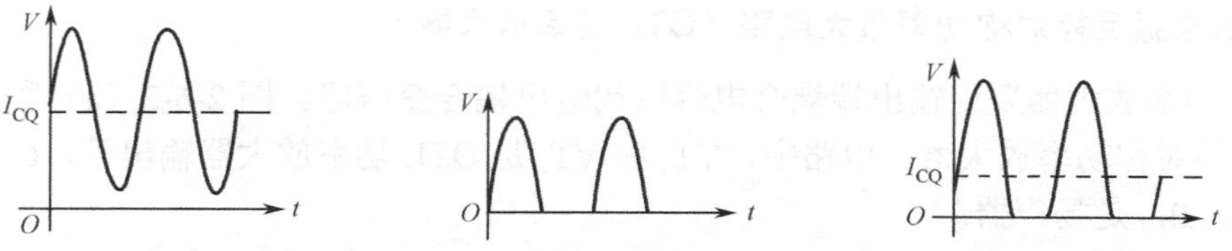

（b）甲类功放的输出波形　（c）乙类功放的输出波形　（d）甲乙类功放的输出波形

图 2-6-1　功率放大器的三种工作状态（续）

（1）甲类功率放大器。工作在甲类工作状态的三极管，静态工作点 Q 选在交流负载线的中点附近，如图 2-6-1（a）所示。在输入信号的整个周期内，三极管都处于放大区内，输出的是没有削波失真的完整信号，如图 2-6-1（b）所示，它允许输入信号的动态范围较大，但其静态电流大、损耗大、效率低，只有 30%左右，最高不超过 50%。

（2）乙类功率放大器。工作在乙类工作状态的三极管，静态工作点 Q 选在三极管放大区和截止区的交界处，即交流负载线和 I_B=0 的交点处，如图 2-6-1（a）所示。在输入信号的整个周期内，三极管半个周期工作在放大区，半个周期工作在截止区，放大器只有半波输出，如图 2-6-1（c）所示。乙类工作状态的静态电流为零，故损耗小、效率高，可达 78.5%，但输出信号在越过功率放大管死区时得不到正常放大，从而产生非线性失真（即交越失真）。如果采用两个不同类型的三极管组合起来交替工作，则可以放大输出完整的不失真的全波信号。

（3）甲乙类功率放大器。工作在甲乙类工作状态的三极管，静态工作点 Q 选在甲类和乙类之间，如图 2-6-1（a）所示。在输入信号的一个周期内，三极管有时工作在放大区，有时工作在截止区，其输出为单边失真的信号，如图 2-6-1（d）所示。甲乙类工作状态的电流较小，效率也比较高。

2）以功率放大器输出端特点分类

（1）有输出变压器功率放大器。

（2）无输出变压器功率放大器（又称 OTL 功率放大器）。

（3）无输出电容器功率放大器（又称 OCL 功率放大器）。

（4）平衡式无输出变压器功率放大器（又称 BTL 功率放大器）。

2.6.2　功率放大器的应用

音频信号的频率范围为 20Hz～20kHz，放大这一频率范围信号的放大器称为音频放大器。音频放大器是使用非常广泛的一种放大器。音频功率放大器是低频功率放大器的典型应用。

在多种家用电器（收音机、录音机、黑白电视机、彩色电视机和组合音响）电路中广泛使用音频放大器。而在组合音响、音响组合和扩音机电路中，对音频功率放大器有更高的要求。

互补对称功率放大电路是利用特性对称的 NPN 型和 PNP 型三极管在信号的正、负半周轮流工作，互相补充，以此来完成整个信号的功率放大。互补对称功率放大器一般工作在甲乙类状态。按功率放大器输出端特点分为 OTL 功率放大器和 OCL 功率放大器。

1．单电源互补对称功率放大电路（OTL 功率放大器）

OTL 功率放大器采用输出端耦合电容取代输出耦合变压器。图 2-6-2（a）所示为乙类单电源互补对称功率放大器。电路中，VT_1 和 VT_2 是 OTL 功率放大器输出管，C 是输出端耦合电容，B_{L1} 是扬声器。

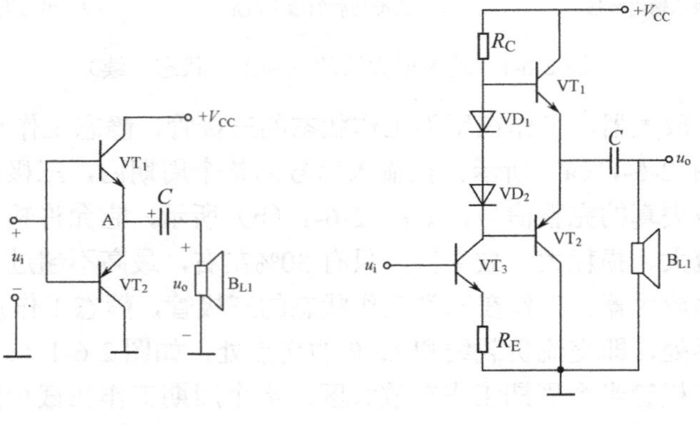

（a）乙类单电源互补对称功率放大器　（b）甲乙类单电源互补对称功率放大器

图 2-6-2　单电源互补对称功率放大器

静态时（u_i=0，无信号输入状态），由于电路对称，两管发射极 E 点电位为电源电压的一半，即 $V_{CC}/2$，电容 C 上电压被充到 $V_{CC}/2$ 后，扬声器中无电流流过，因此扬声器上电压为零。而两管的集电极与发射极之间都有 $V_{CC}/2$ 的直流电压，此时两个三极管均处于截止状态。动态时，u_i 有信号输入，负载电压 u_o 是以 $V_{CC}/2$ 为基准交流电压。当 u_i 处于正半周时，VT_1 导通，VT_2 截止，电容 C 开始充电，输出电流在负载上形成输出电压 u_o 的正半周部分。当 u_i 处于负半周时，VT_1 导通，VT_2 截止，电容 C 对 VT_2 放电，在扬声器上形成反向电流，形成输出电压 u_o 的负半周部分，这样在一个周期内，通过电容 C 的充放电，在扬声器上得到完整的电压波形。

分析时，把三极管的门限电压看做为零，但实际中，门限电压不能为零，且电压和电流的关系不是线性的。在输入电压较低时，输出电压存在着死区，此段输出电压与输入电压不存在线性关系，即产生失真。这种失真出现在通过零值处，因此它被称为交越失真，如图 2-6-3 所示。同样，该电路的输出波形 u_o 存在交越失真，为了克服交越失真，采用甲乙类单电源互补对称功率放大电路；如图 2-6-2（b）所示。它是在静态时利用 VD_1、VD_2 两个二极管的偏置作用，给两功放管设置小数值的静态电流，使两功放管处于微导通状态，从而有效地克服了死区电压的影响。

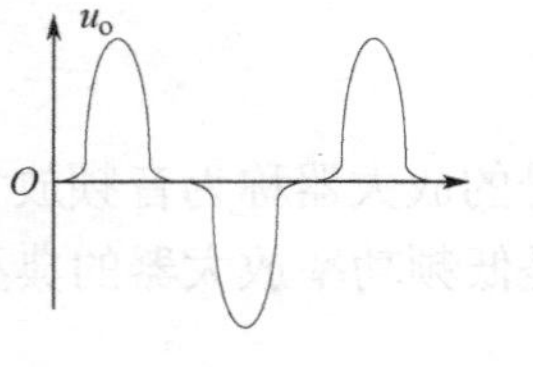

图 2-6-3　交越失真

从单电源互补对称功率放大电路的工作原理可以得出，电容的放电起到了负电源的作用，从而相当于双电源工作。只是输出电压的幅度减少了一半，因此，最大输出功率、效率也都相应降低。

2．双电源互补对称功率放大电路（OCL 功率放大器）

OCL 功率放大器是指没有输出端耦合电容的功率放大器电路，如图 2-6-4 所示。从电路中可以看出，这一放大器电路采用正、负电源供电，即+V_{CC}和−V_{CC}，并且是对称的正、负电源供电，也就是+V_{CC}和−V_{CC}的电压大小相等，这是 OCL 功率放大器电路的一个特点。

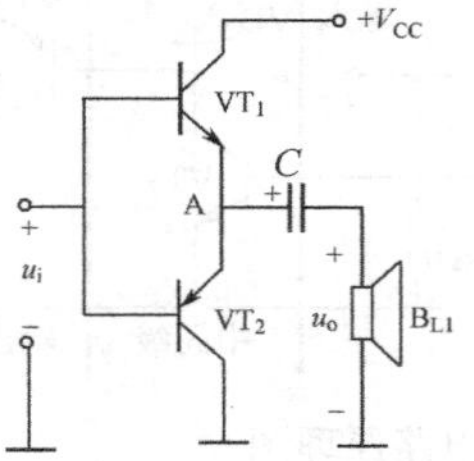

（a）乙类双电源互补对称功率放大器

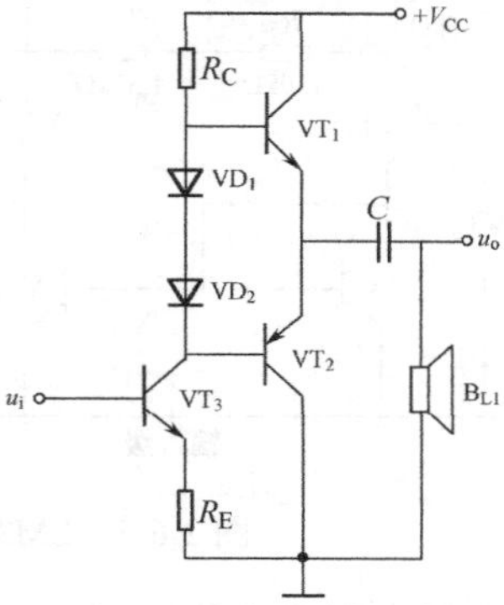

（b）甲乙类双电源互补对称功率放大器

图 2-6-4　双电源互补对称功率放大器

由于电路对称，静态时两功率管 VT$_1$ 和 VT$_2$ 的电流相等，因此负载扬声器中无电流通过，两管的发射极电位 V_A=0。它的工作原理与无输出变压器（OTL）的单电源互补对称放大电路相似。

OCL 功率放大器与 OTL 功率放大器比较具有下列特点。

（1）省去了输出端耦合电容器，扬声器直接与放大器输出端相连，如果电路出现故障，功率放大器输出端直流电压异常，这一异常的直流电压直接加到扬声器上，因为扬声器的直流电阻很小，便有很大的直流电流通过扬声器，损坏扬声器是必然的。所以，OCL 功率放大器使扬声器被烧坏的可能性大大增加，这是一个缺点。在一些 OCL 功率放大器中为了防止扬声器损坏，设置了扬声器保护电路。

（2）由于要求采用正、负对称直流电源供电，电源电路的结构复杂，增加了电源电路的成本。所谓正、负对称直流电源，就是正、负直流电源电压的绝对值相同，极性不同。

（3）无论什么类型的 OCL 功率放大器，其输出端的直流电压等于 0V，这一点要牢记，对检修十分有用。检查 OCL 功率放大器是否出现故障，只要测量这一点的直流电压是不是为 0V，不为 0V 就说明放大器已出现故障。

2.6.3　集成功率放大电路 LM386

采用集成工艺把功率放大器中的晶体管和电阻器等元件组合的电路制作在一块硅片上就制成了集成功率放大器。由于集成功率放大器具有使用方便，成本不高，体积小，质量轻等优点，因此被广泛应用在收音机、录音机、电视机，直流伺服电路等功率放大中。下面以低频功率放大器 LM386 为例，介绍集成功率放大器的电路组成、工作原理和应用。

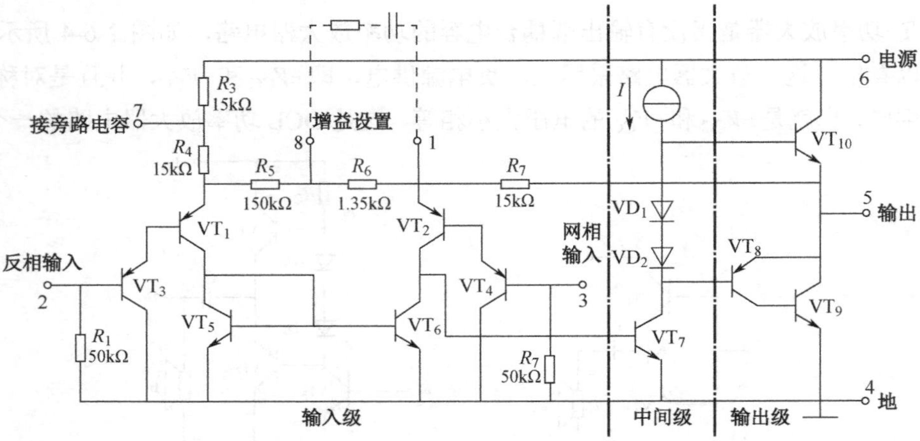

图 2-6-5　LM386 内部电路原理图

1．LM386 的内部电路及工作原理

LM386 的内部电路如图 2-6-5 所示，它是一种音频集成功放，具有自身功耗低，电压增益可调，电源电压范围大。外接元件少等优点。与通用集成运放相类似，它是由输入级、中间级和输出级组成的三级放大电路。输入级是由一个双端输入单端输出的差分放大电路构成，VT_1 和 VT_2、VT_3 和 VT_4 分别构成复合管，作为差分放大电路的放大管，VT_5 和 VT_6 组成镜像电流源作为 VT_1 和 VT_2 的有源负载，VT_3 和 VT_4 的基极作为信号的输入端，VT_2 的集电极为输出端。中间级由一个共射放大电路构成，VT_7 为放大管，恒流源作为有源负载，进一步增大放大倍数。输出级由一个互补型功率放大电路构成，VT_8 与 VT_9 构成 PNP 型复合管，与 NPN 型管 VT_{10} 构成准互补功率放大电路输出级。VD_1、VD_2 用于消除交越失真。电阻 R_7 是反馈电阻，与 R_5 和 R_6 一起构成负反馈网络。使整个功率放大器具有稳定的电压放大倍数。LM386 的外形和引脚排列如图 2-6-6 所示。

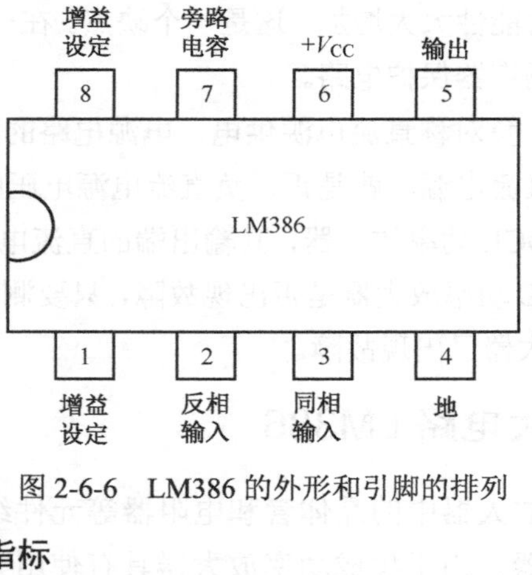

图 2-6-6　LM386 的外形和引脚的排列

2. LM386 的主要性能指标

集成功率放大电路的主要性能指标有最大输出功率、电源电压范围、电源静态电流、电压增益、频带宽、输入阻抗、输入偏置电流等。LM386 的主要性能指标参数如表 2-6-1

所示。

表 2-6-1　LM386 的主要参数

型号	输出功率	电源电压范围	电源静态电流	输入阻抗	电压增益	频带宽
LM386	1W（V_{CC}=16V，R_L=32Ω）	5～18V	4mA	50kΩ	26～46dB	300kHz（1、8 脚开路）

3. LM386 的应用

图 2-6-7 所示扬声器驱动电路是集成功率放大电路 LM386 的一般用法。C_1 为输出电容，可调电位器 R_W 可调节扬声器的音量，R 和 C_2 串联构成校正网络来进行相位补偿，R_2 用来改变电压增益，C_5 为电源滤波电容，C_4 为旁路电容。

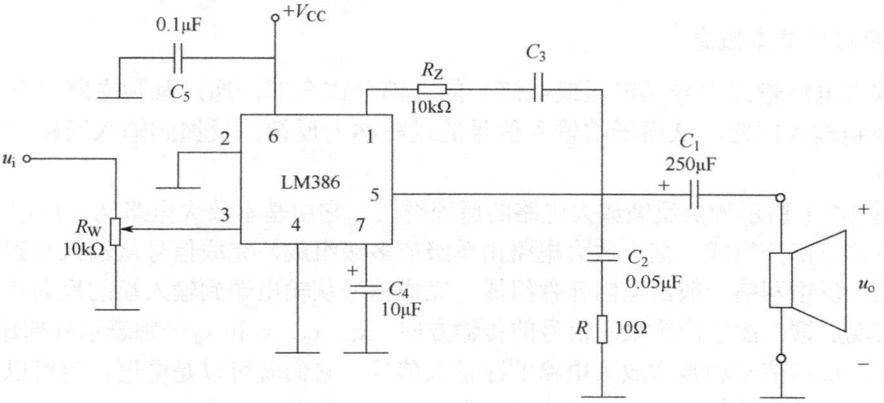

图 2-6-7　LM386 的一般用法

思考与练习

一、填空题

1．低频功率放大器以三极管的静态工作点位置可以分为__________、__________和__________。

2．互补对称功率放大器一般工作在__________状态。按功率放大器输出端特点分为__________功率放大器和__________功率放大器。

3．OTL 功率放大器中与负载串联的电容器具有__________的功能。

4．OCL 功率放大器，其输出端的直流电压等于__________。

二、综合题

1．电压放大器与功率放大器有哪些区别？

2．什么是功率放大器？它有哪些基本要求？

3．功率放大器的甲类、乙类和甲乙类三种工作状态各有什么特点？

4．什么是交越失真？如何克服交越失真？

2.7 放大电路中的负反馈

学习目标

1. 掌握放大电路中反馈的种类与判断方法。
2. 理解负反馈对放大电路的影响。

2.7.1 反馈的基本概念

反馈在科学技术中的应用非常广泛，通常的自动调节和自动控制系统都是基于反馈原理构成的。利用反馈原理还可以实现稳压、稳流等。在放大电路中引入适当的反馈，可以改善放大电路的性能，实现有源滤波及模拟运算，也可以构成各种振荡电路等。

1. 反馈的基本概念

将放大电路输出信号（电压或电流）的一部分或全部，通过某种电路（称为反馈电路）送回到输入回路，从而影响输入信号的过程称为反馈。反馈到输入回路的信号称为反馈信号。

如图 2-7-1 所示为负反馈放大电路的原理框图，它由基本放大电路 A、反馈网络 F 和比较环节∑三部分组成。基本放大电路由单级或多级组成，完成信号从输入端到输出端的正向传输。反馈网络一般由电阻元件组成，完成信号从输出端到输入端的反向传输，即通过它来实现反馈。图中箭头表示信号的传输方向，x_i、x_o、x_f和 x_d 分别表示外部输入信号、输出信号、反馈信号和基本放大电路的净输入信号，它们既可以是电压，也可以是电流。比较环节实现外部输入信号与反馈信号的叠加，以得到净输入信号 x_d。

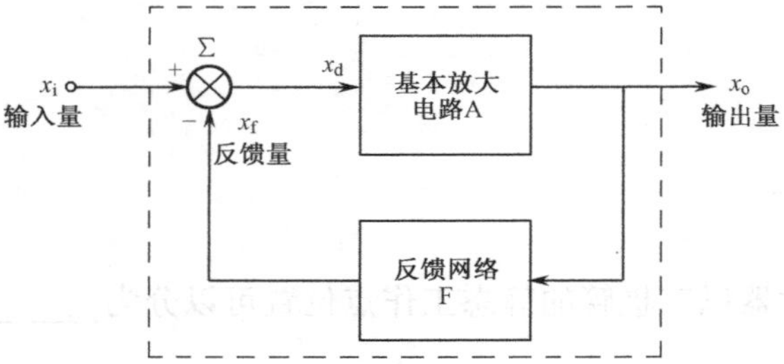

图 2-7-1 负反馈放大电路的原理框图

设基本放大电路的放大倍数为 A，反馈网络的反馈系数为 F，则反馈放大电路的放大倍数为

$$A_f = \frac{x_o}{x_i} = \frac{x_o}{x_d + x_f} = \frac{A}{1+AF}$$

通常称 A_f 为反馈放大电路的闭环放大倍数，A 为开环放大倍数，$1+AF$ 为反馈深度，它反映了负反馈的程度。

2. 负反馈的类型

放大电路中是否引入反馈和引入何种形式的反馈，对放大电路的性能影响是有很大区别的。因此，在具体分析反馈放大电路之前，首先要搞清楚是否有反馈，反馈量是直流还是交流？是电压还是电流？反馈到输入端后与输入信号是如何叠加的，是加强了原输入信号还是削弱了原输入信号？

1）正反馈与负反馈

凡是反馈信号削弱输入信号，也就是使净输入信号减小的反馈称为负反馈，负反馈有着抑制和稳定系统输出量变化的作用；反馈信号如能起到加强净输入量的作用，则称为正反馈。

2）直流反馈与交流反馈

反馈信号中只含直流成分的称为直流反馈；只含交流成分的，则称为交流反馈。直流反馈仅对放大电路的直流性能（如静态工作点）有影响；交流反馈则只对其交流性能有影响（如放大倍数、输入电阻、输出电阻等），而交、直流反馈则对二者均有影响。

3）电压反馈与电流反馈

根据反馈信号是反映输出量中的电压还是电流，有电压反馈和电流反馈之分。反馈信号取自输出电压的称为电压反馈，取自输出电流的则称为电流反馈。电压反馈时，反馈网络与基本放大电路在输出端并联连接，反馈信号正比于输出电压；电流反馈时，反馈网络与基本放大电路在输出端串联连接，反馈信号正比于输出电流。

一般来说，在放大电路中引入电压负反馈，可以稳定输出电压；引入电流负反馈，则可以稳定输出电流。判断电路中引入的是电压反馈还是电流反馈，通常采用“交流短路法”。具体方法是：假定将放大电路的输出端交流短路（即令 $u_o=0$），如果反馈信号 x_f 消失，则引入的是电压反馈，如果 x_f 依然存在，则为电流反馈，如图 2-7-2（a）和图 2-7-2（b）所示。

4）串联反馈与并联反馈

根据反馈信号与输入信号在输入回路的作用方式，反映在电路连接上是串联还是并联，有串联反馈和并联反馈之分。反馈信号与输入信号在输入回路中串联连接着，称为串联反馈；并联连接着则称并联反馈。在放大电路中引入串联负反馈，可以使放大电路的输入电阻增大；引入并联负反馈，则可以使放大电路的输入电阻减小。

判断电路中引入的是串联反馈还是并联反馈，可采用“交流短路法”。具体方法如下：

假定将放大电路的输入端交流短路，如果反馈信号 x_f 依然能加到基本放大电路的输入端，则为串联反馈，否则为并联反馈，如图 2-7-2（c）和图 2-7-2（d）所示。

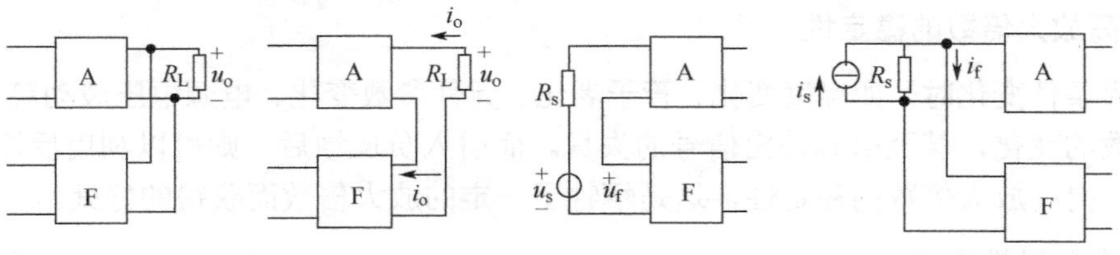

（a）电压负反馈　（b）电流负反馈　（c）串联负反馈　（d）并联负反馈

图 2-7-2　负反馈电路的四种组态

【例 2-7-1】 判断图 2-7-3 所示放大电路中引入的反馈是电压反馈，还是电流反馈；是串联反馈，还是并联反馈。

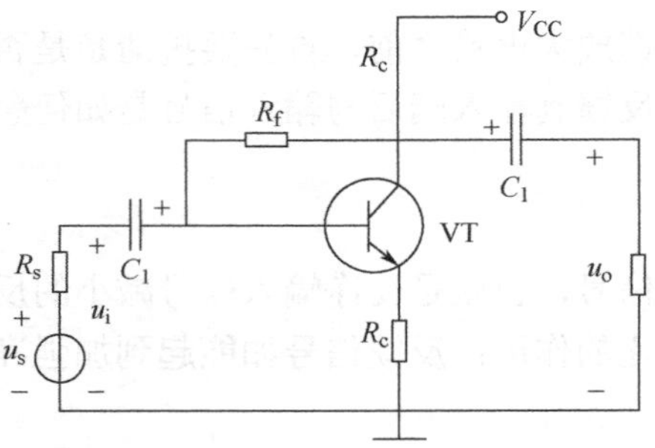

图 2-7-3 反馈放大电路

解： 先判断反馈信号的取样对象，用“交流短路法”进行；假设将图中电路的输出端交流短路，由于反馈网络 R_f 接在输出端（共发射极放大电路的集电极），因此短路后，反馈信号消失，说明反馈信号是取自于输出电压的，肯定是电压反馈。再判断反馈信号在输入端的连接方式，依“交流短路法”，假设将输入端交流短路，由于反馈网络 R_f 接在输入端（共发射极电路的基极），短路的结果使反馈信号不复存在，故是并联反馈。综合上述分析的结果、判断该电路引入的反馈为电压并联反馈。

由上例还可以看出，对于共发射极放大电路，只要看反馈网络与输入、输出回路的连接点即可判断出反馈形式。如反馈网络与输出端子（集电极）连接，肯定是电压反馈，否则为电流反馈；如反馈网络与输入端子（基极）连接，肯定是并联反馈，否则是串联反馈。

2.7.2 负反馈对放大电路性能的影响

负反馈放大电路中，反馈信号削弱了输入信号，使净输入信号减小，放大倍数下降。但是其他指标却可以因此而得到改善。

1. 降低放大倍数

由带有负反馈的放大电路方框图可见，在未引入负反馈时的放大倍数（称开环放大倍数）为 A。引入负反馈后的放大倍数为 A_f 则有

$$A_f = \frac{A}{1+AF} \tag{2-7-1}$$

反馈系数越大，闭环放大倍数 A_f 越小，甚至小于 1。

2. 提高放大倍数的稳定性

当外界条件变化时（如温度变化、管子老化、元件参数变化、电源电压波动等），会引起放大倍数的变化，甚至引起输出信号的失真。而引入负反馈后，则可以利用反馈量进行自我调节，提高放大倍数的稳定性，这是牺牲了一定的放大倍数而获得的好处。

3. 减小非线性失真

一个无负反馈的放大电路，即使设置了合适的静态工作点，由于存在三极管等非线性元件，也会产生非线性失真。当输入信号为正弦波时，输出信号不是正弦波，比如产生了正半周大而负半周小的非线性失真，如图 2-7-4（a）所示。

引入负反馈可以使非线性失真减小。因为引入负反馈后，这种失真了的信号经反馈网络又送回到输入端，与输入信号反相叠加，得到的净输入信号为正半周小而负半周大。这

样正好弥补了放大电路的缺陷，使输出信号比较接近于正弦波，如图 2-7-4（b）所示。

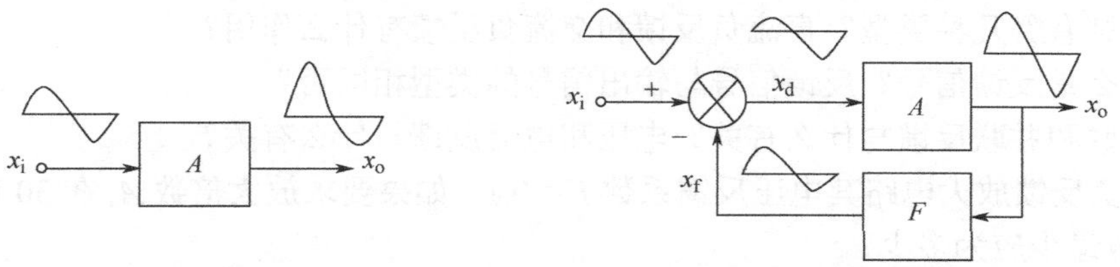

（a）无反馈时波形失真　　（b）加反馈时改善失真

图 2-7-4　负反馈对非线性失义的改善

4. 展宽通频带

前已述及，放大电路对不同频率信号的放大倍数不同，只有在通频带范围内的信号，放大倍数才可视为基本一致，可以得到正常的放大。因此，对于频率范围较宽的信号，通常要求放大电路具有较宽的通频带。负反馈电路能扩展放大电路的通频带宽度，使放大电路具有更好的通频特性。

5. 改变输入电阻和输出电阻

负反馈对输入电阻和输出电阻的影响，因反馈方式而异。

对输入电阻的影响仅与输入端反馈的连接方式有关。对于串联负反馈，由于反馈网络和输入回路串联，总输入电阻为基本放大电路本身的输入电阻与反馈网络的等效电阻两部分串联相加，因此可使放大电路的输入电阻增大。对于并联负反馈，由于反馈网络和输入回路并联，总输入电阻为基本放大电路本身的输入电阻与反馈网络的等效电阻两部分并联，因此可使放大电路的输入电阻减小。

对输出电阻的影响仅与输出端反馈的连接方式有关。对于电压负反馈，由于反馈信号正比于输出电压，反馈的作用是使输出电压趋于稳定，使其受负载变动的影响减小，也就是使放大电路的输出特性接近理想电压源特性，故而使输出电阻减小。对于电流负反馈，由于反馈信号正比于输出电流，反馈的作用是使输出电流趋于稳定，使其受负载变动的影响减小，也就是使放大电路的输出特性接近理想电流源特性，故而使输出电阻增大。

在电路设计中，可根据对输入电阻和输出电阻的具体要求，引入适当的负反馈。例如，若希望减小放大电路的输出电阻，可引入电压负反馈；若希望提高输入电阻，可引入串联负反馈等。

思考与练习

一、填空题

1．负反馈放大电路一般由__________、__________和__________三部分组成。

2．凡是反馈信号削弱输入信号的称为__________反馈，反馈信号加强输入信号的称为__________反馈。

3．根据反馈信号是反映输出量中的电压还是电流，有__________反馈和__________反馈之分。

二、综合题

1．反馈有哪几种类型？直流负反馈和交流负反馈有什么作用？

2．什么是反馈信号？反馈信号与输出信号的类型相同否？

3．串联和并联反馈与什么有关？电压和电流反馈与什么有关？

4．某负反馈放大电路其电压反馈系数 $F=0.1$，如果要求放大倍数 A_f 在 30 以上，其开环放大倍数最少应为多少？

5．负反馈对放大电路有什么影响？

6．如图 2-7-5 电路，分别指出反馈元件，并判断各引入哪种反馈类型。

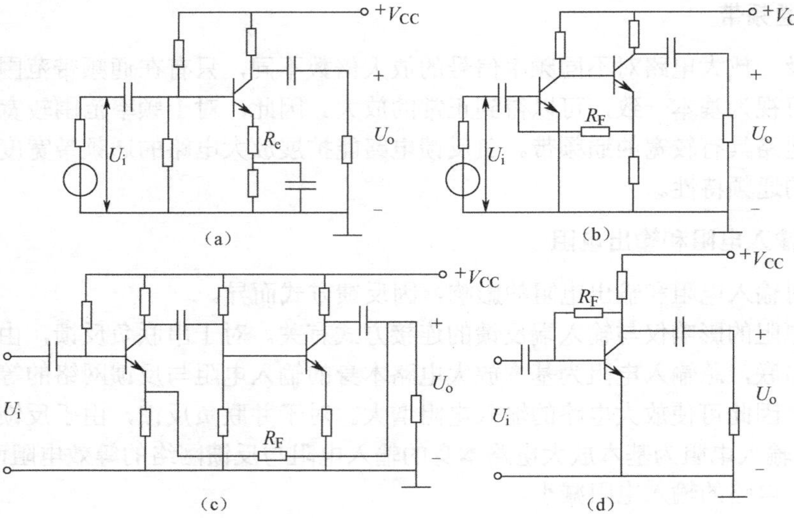

图 2-7-5　综合题 6 图

2.8　技能训练：三极管的判别与检测

1．技能目标

（1）掌握万用表电阻挡使用方法。

（2）掌握三极管极性的判别方法。

（3）能用万用表判别三极管极性、质量优劣。

2．工具和仪器

万用表和各类三极管。

3．相关知识

用万用表测量三极管的三个引脚的简单方法。

（1）找出基极，并判定管型（NPN 或 PNP）。

对于 PNP 型三极管，C、E 极分别为其内部两个 PN 结的正极，B 极为它们共同的负极，而对于 NPN 型三极管而言，则正好相反：C、E 极分别为两个 PN 结的负极，而 B 极则为它们共用的正极，根据 PN 结正向电阻小反向电阻大的特性就可以很方便地判断基极和管子的类型。具体方法如下：

将万用表拨在 R×100 或 R×1k 挡上。红表笔接触某一引脚，用黑表笔分别接另外两个引脚，这样就可得到三组（每组两次）的读数，当其中一组二次测量都是几百欧的低阻值时，若公共引脚是红表笔，所接触的是基极，则三极管的管型为 PNP 型；若公共引脚是黑表笔，所接触的也是基极，则三极管的管型为 NPN 型，如图 2-8-1 所示。

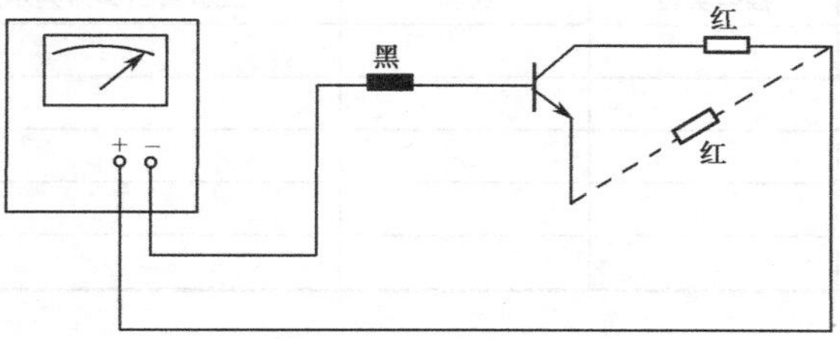

图 2-8-1　测量三极管极性及基极

（2）判别发射极和集电极。

由于三极管在制作时，两个 P 区或两个 N 区的掺杂浓度不同，如果发射极、集电极使用正确，三极管具有很强的放大能力，反之，如果发射极、集电极互换使用，则放大能力非常弱，由此即可把管子的发射极、集电极区别开来。

判断集电极和发射极的基本原理是把三极管接成单管放大电路，利用测量管子的电流放大系数β值的大小来判定集电极和发射极。

将万用表拨在 R×1k 挡上。用手（以人体电阻代替 100kΩ），将基极与另一引脚捏在一起（注意不要让电极直接相碰），为使测量现象明显，可将手指湿润一下，将红表笔接在与基极捏在一起的引脚上，黑表笔接另一引脚，注意观察万用表指针向右摆动的幅度。然后将两个引脚对调，重复上述测量步骤。比较两次测量中表针向右摆动的幅度，找出摆动幅度大的一次。对 PNP 型三极管，则将黑表笔接在与基极捏在一起的引脚上，重复上述实验，找出表针摆动幅度大的一次，对于 NPN 型，黑表笔接的是集电极，红表笔接的是发射极；对于 PNP 型，红表笔接的是集电极，黑表笔接的是发射极，如图 2-8-2 所示。

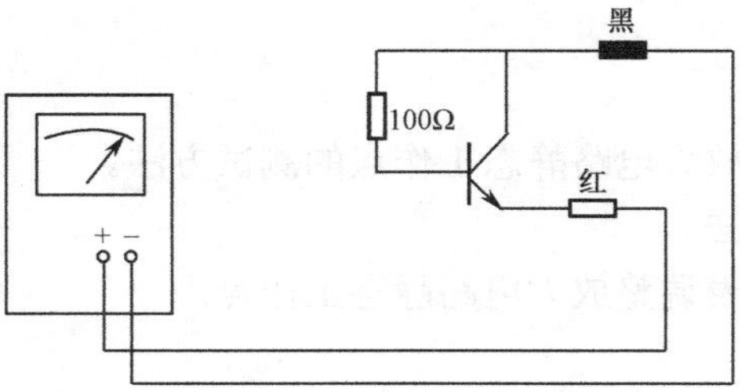

图 2-8-2　判别三极管 E、C 引脚

这种判别电极方法的原理是：利用万用表内部的电池，给三极管的集电极、发射极加上电压，使其具有放大能力。用手捏其基极、集电极时，就等于通过手的电阻给三极管加一正向偏流，使其导通，此时表针向右摆动幅度就反映出其放大能力的大小，因此可正确判别出发射极、集电极。

4．实训步骤

（1）对各个三极管的外观标识进行识读，并将识读结果填入表 2-8-1 中。

（2）用万用表分别对各三极管进行检测，判断其引脚和性能好坏，将测量结果填入表2-8-1中。

表2-8-1 三极管识别与检测记录表

编号	标识内容	封装类型	判断结果		根据万用表测试结果画三极管引脚排列示意图	性能好坏
			极型类型	材料		
1						
2						
3						
4						
5						

5．项目评价

项目考核评价表如表2-8-2所示。

表2-8-2 项目考核评价表

评价指标	评价要点					评价结果				
						优	良	中	合格	差
理论知识	三极管知识掌握情况									
技能水平	1．三极管外观识别									
	2．万用表使用情况，三极管极性判别情况									
	3．正确鉴定三极管质量好坏									
安全操作	万用表是否损坏，丢失或损坏二极管									
总评	评别	优 88～100分	良 75～87分	中 65～74分	合格 55～64分	差 ≤54分	总评 得分			

2.9 技能训练：用万用表调整放大电路静态工作点

1．技能目标

（1）掌握晶体三极管放大电路静态工作点的测试方法。

（2）掌握基本焊接方法。

（3）能正确使用万用表调整放大电路静态工作点。

2．工具和仪器

（1）万用表。

（2）三极管、电阻、电容等。

（3）电烙铁等常用电子装配工具。

3．实训步骤

1）工作原理与电路图

单级共射放大电路是三种基本放大电路组态之一，基本放大电路处于线性工作状态的必要条件是设置合适的静态工作点，工作点的设置直接影响放大器的性能。放大器的动态技术指标是在有合适的静态工作点时，保证放大电路处于线性工作状态下进行测试的。共射放大电路具有电压增益大、输入电阻较小、输出电阻较大、带负载能力强等特点，电路原理图如图 2-9-1 所示，其主要技术指标的表达式如下

$$A_u = -\frac{\beta R_L'}{r_{be} + \beta R_{C1}}, (R_L' = R_L // R_C)$$

$$r_i = R_b // (r_{be} + \beta R_{e1}), (R_b = R_{b1} // R_{b2})$$

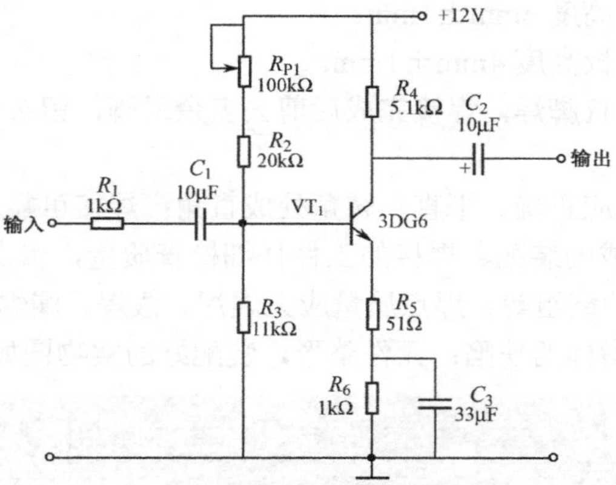

图 2-9-1　电路原理图

2）装配要求和方法

工艺流程：准备→熟悉工艺要求→绘制装配草图→核对元件数量、规格、型号→元件检测→元器件预加工→万能电路板装配、焊接→总装加工→自检。

（1）准备：将工作台整理有序，工具摆放合理，准备好必要的物品。

（2）熟悉工艺要求：认真阅读电路原理图和工艺要求。

（3）绘制装配草图：绘制装配草图的要求和方法如图 2-9-2 所示。

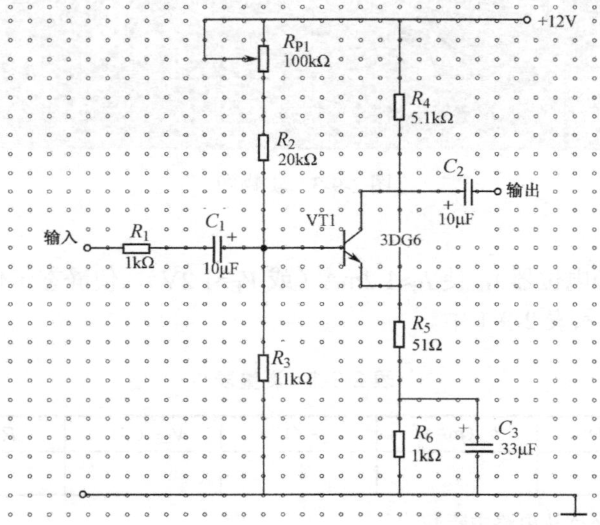

图 2-9-2　装配草图

（4）清点元件：核对元件的数量和规格，应符合工艺要求，如有短缺、差错应及时补缺和更换。

（5）元件检测：用万用表的电阻挡对元器件进行逐一检测，对不符合质量要求的元器件剔除并更换。

（6）元件预加工。

（7）万能电路板装配工艺要求。

① 电阻采用水平安装方式，紧贴板面。

② 三极管底部离板高度 6mm±1mm。

③ 电解电容底部离板高度 4mm±1mm。

④ 所有焊点均采用直脚焊，焊接完成后剪去多余引脚，留头在焊面以上 0.5～1mm，且不能损伤焊接面。

⑤ 万能接线板布线应正确、平直，转角处成直角；焊接可靠，无漏焊、短路等现象。

（8）自检：对已完成的装配、焊接的工件仔细检查质量，重点是装配的准确性，包括元件位置、电源变压器的绕组等；焊点质量应无虚焊、假焊、漏焊、搭焊及空隙、毛刺等；检查有无影响安全性能指标的缺陷；元件整形。装配好的实物图如图 2-9-3 所示。

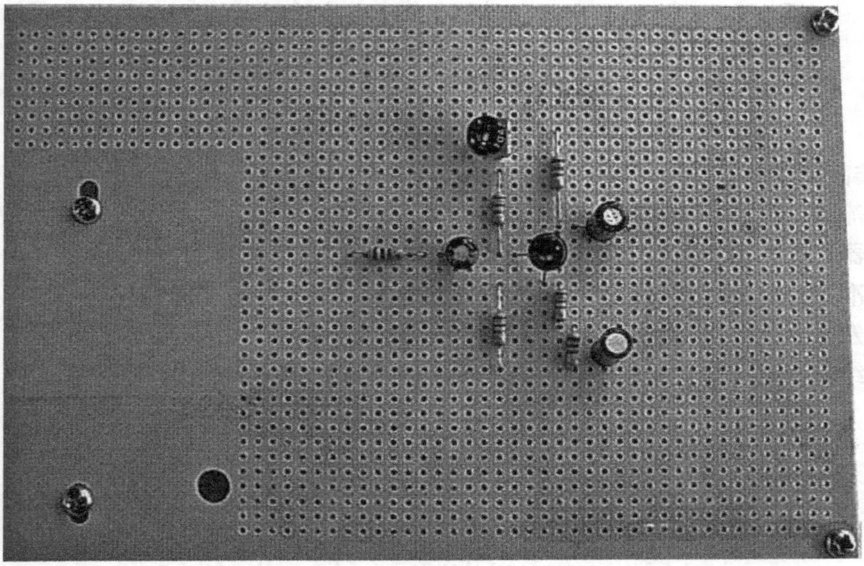

图 2-9-3　实物图

3）调试、测量

调节 R_{P1}（100kΩ电位器），使 I_E≈1.2mA（或 V_E=1.2V），使静态工作点选在交流负载线的中点，所得数据填入表 2-9-1 中。

表 2-9-1　测量表

I_B（μA）	V_E（V）	I_C（mA）	V_{CE}（V）	V_{BE}（V）	$R_{P1}+R_2$	β

注：$R_{P1}+R_2$ 测量时必须从电路中断开。

4．项目评价

项目考核评价表如表 2-9-2 所示。

表 2-9-2　项目考核评价表

评价指标	评价要点					评价结果				
						优	良	中	合格	差
理论知识	1．共射极放大电路知识掌握情况									
	2．装配草图绘制情况									
技能水平	1．元件识别与清点									
	2．课题工艺情况									
	3．课题调试测量情况									
安全操作	能否按照安全操作规程操作，有无发生安全事故，有无损坏仪表									
总评	评别	优	良	中	合格	差	总评得分			
		100~88 分	75~87 分	65~74 分	55~64 分	≤54 分				

2.10　技能训练：三极管放大器的安装与调试

1．技能目标

（1）掌握示波器的使用方法，能正确使用示波器测量电路波形。

（2）掌握 EE1641B 型函数信号发生器的使用方法。

（3）掌握基本焊接方法。

（4）能正确安装、调试三极管放大电路。

2．工具和仪器

（1）万用表、EM6520 双踪示波器、EE1641B 型函数信号发生器。

（2）三极管、电阻、电容等。

（3）电烙铁等常用电子装配工具。

3．相关知识

1）示波器的使用方法介绍

（1）EM6520 双踪示波器面板结构介绍。

EM6520 双踪示波器面板外形如图 2-10-1 所示，面板按钮如表 2-10-1 所示。

表 2-10-1　EM6520 双踪示波器面板按钮

1	电源开关（POWER）：电源的接通和关闭
2	聚焦旋钮（FOCUS）：轨迹清晰度的调节
3	轨迹旋转钮（TRACE ROTATION）：调节轨迹与水平刻度线的水平位置
4	校准信号（CAL）：提供幅度为 0.5V，频率为 1kHz 的方波信号，用于调整探头的补偿和检测垂直和水平电路的基本功能

续表

5	垂直位移（POSITION）：调整轨迹在屏幕中的垂直位置
6	垂直方式选择按钮，选择垂直方向的工作方式。通道 CH1、通道 CH2 或双踪选择（DUAL）：同时按下 CH1 和 CH2 按钮，屏幕上会出现双踪并自动以断续或交替方式同时显示 CH1 和 CH2 信号；叠加（ADD）：显示 CH1 和 CH2 输入的代数和
7	衰减开关（VOLT/DIV）：垂直偏转灵敏度的调节
8	垂直微调旋钮（VATIBLE）：用于连续调节垂直偏转灵敏度
9	通道 1 输入端（CH1 INPUT）：该输入端用于垂直方向的输入，在 X-Y 方式时，输入端的信号成为 X 轴信号
10	通道 2 输入端（CH2 INPUT）：该输入端与通道 1 一样用于垂直方向的输入，只是在 X-Y 方式时，输入端的信号成为 Y 轴信号
11	耦合方式（AC-GND-DC）：选择垂直放大器的耦合方式
12	CH2 极性开关（INVERT）：按下此键 CH2 显示反向电压值
13	CH2×5 扩展（CH2 5MAG）：按下×5 扩展按键，垂直方向的信号扩大 5 倍灵敏度为 1MV/DIV
14	扫描时间因数选择开关（TIME/DIV）：共 20 挡，在 0.1μs/DIV～0.2μs/DIV 范围内选择扫描速率
15	扫描微调旋钮（VARIABLE）：用于连续调节扫描速度
16	×5 扩展控制键（MAG×5）：按下此键扫描速度扩大 5 倍
17	水平移位（POSITION）调节轨迹在屏幕中的水平位置
18	交替扩展按键（ALT-MAG）：按下此键扫描因数×1、×5 交替显示，扩展以后的轨迹由轨迹分离控制键（31）移位离×1 轨迹 1.5DIV 或更远的地方。同时使用垂直双踪方式和水平扩展交替可在屏幕上同时显示四条轨迹
19	X-Y 控制键在 X-Y 工作方式时，垂直偏转信号接入 CH2 输入端，水平偏转信号接入 CH1 输入端
20	触发极性按钮（SLOPE）：用于选择信号的上升或下降沿触发扫描
21	触发电平旋钮（TRIG LEVEL）：用于调节被测信号在某一电平触发同步
22	触发方式选择开关（TRIG MODE）：用于选择触发方式
23	外触发输入插座（EXT INPUT）：用于外部触发信号的输入

（2）测量方法。

① 测量前的检查和调整。接通电源开关，电源指示灯亮，稍等一会儿，机器进行预热，屏幕中出现光迹，分别调节亮度旋钮和聚焦旋钮，使光迹的亮度适中、清晰，如图 2-10-2 所示。

在正常情况下，被显示波形的水平轴方向应与屏幕的水平刻度线平行，由于外界干扰等原因造成误差，可按下列步骤检查调整。

先预置仪器控制件，使屏幕获得一个扫描线；后调节垂直位移，看扫描基线与水平刻度线是否平行，如不平行，用螺丝刀调整前面板“轨迹旋转 TRACE ROTATION”控制件。

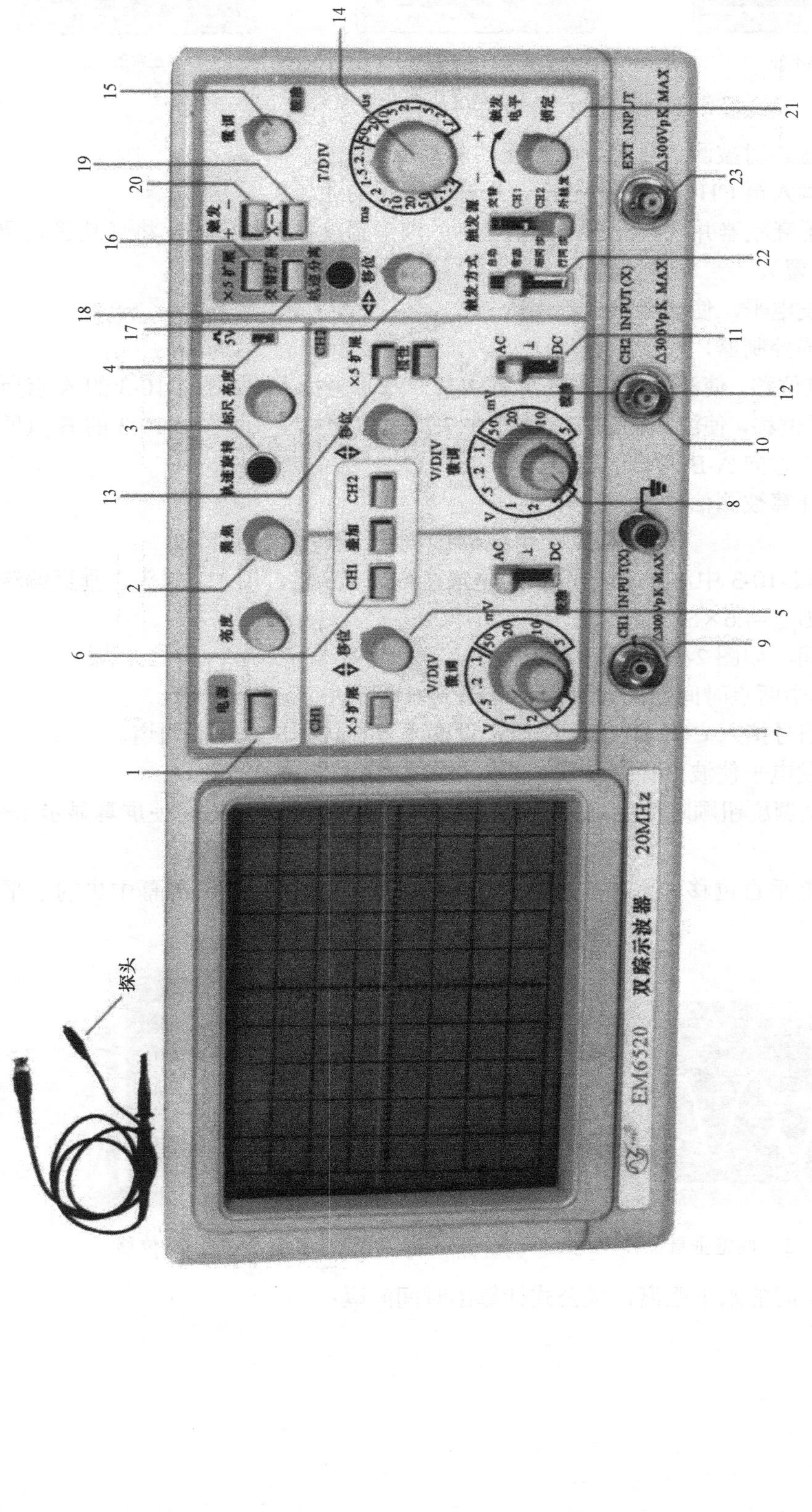

图 2-10-1　EM6520 双踪示波器

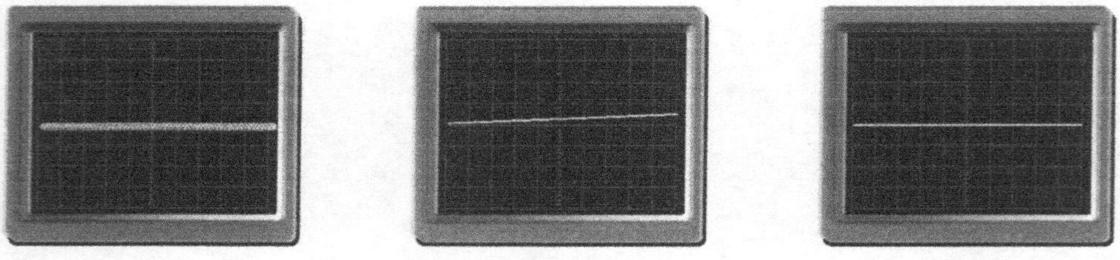

（a）聚焦不好　（b）扫描线与水平刻度不平行　（c）正常的扫描

图 2-10-2　调节亮度旋钮和聚焦旋钮

② 测量电压。对被测信号峰—峰电压的测量步骤如下。

a. 将信号输入至 CH1 或 CH2 插座，选择被选用的通道。

b. 设置电压衰减器并观察波形，使被显示的波形幅度在 5 格左右，将衰减器微调顺时针旋足（校正位置）。

c. 调整触发电平，使波形稳定。

d. 调整扫描控制器，使波形稳定。

e. 调整垂直位移，使波形的底部在屏幕中某一水平坐标上（如图 2-10-3 的 A 点所示）。

f. 调整水平位移，使波形的顶部在屏幕中央的垂直坐标上（如图 2-10-3 的 B 点所示）。

g. 测量垂直方向 A-B 两点的格数。

h. 按公式计算被测信号的峰—峰值：

$$U_{p\text{-}p}=\text{垂直方向的格数}\times\text{垂直偏转因数}$$

例如，在图 2-10-3 中测出 A-B 两点的垂直格数为 4.6 格，用 1:1 探头，垂直偏转因数为 5V/DIV。则 $U_{p\text{-}p}=4.6\times5=23$（V）。

③ 测量时间，如图 2-10-4 所示。

对一个波形中两点时间间隔的测量，可按下列步骤进行。

a. 将被测信号接入 CH1 或 CH2 插座，设置垂直方式为被选用的通道。

b. 调整触发电平使波形稳定显示。

c. 将扫描微调旋钮顺时针旋足（校正位置），调整扫速选择开关，使屏幕显示 1～2 个信号周期。

d. 分别调整垂直位移和水平位移，使波形中需测量的两点位于屏幕中央的水平刻度线上。

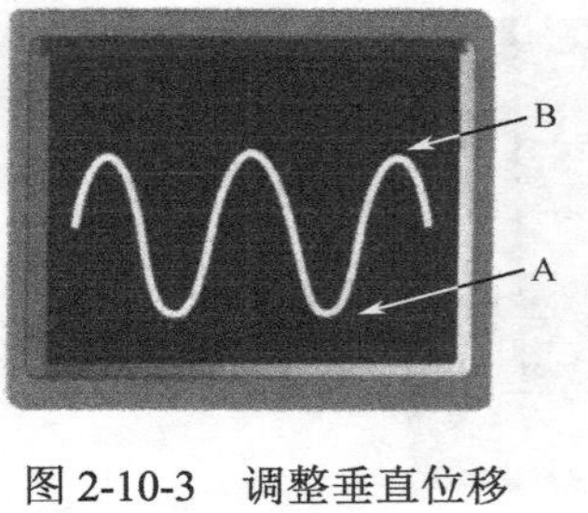

图 2-10-3　调整垂直位移

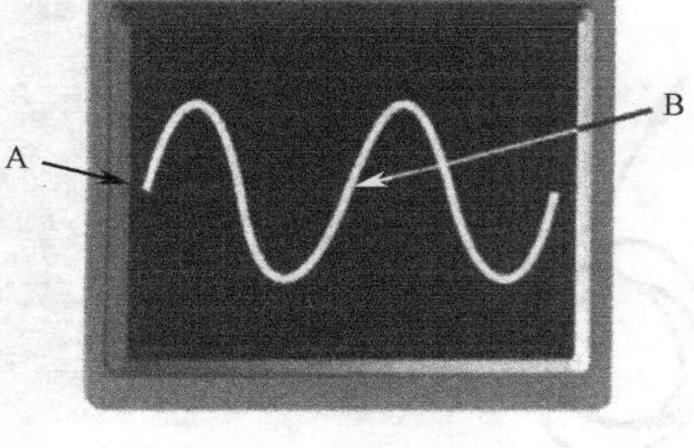

图 2-10-4　调整水平位移

e. 测量两点间的水平距离，按公式计算出时间间隔：

$$时间间隔(t)=\frac{两点间的水平距离（格）\times 扫描时间因数（时间/格）}{水平扩展因数}$$

例如，在图 2-10-4 中，测量 A、B 两点的水平距离为 5 格，扫描时间因数为 2ms/DIV，水平扩展为×1，则

$$t=5\ 格\times 2\text{ms/DIV}=10\ (\text{ms})$$

在图 2-10-4 的例子中，A、B 两点的时间间隔的测量结果即为该信号的周期（T），该信号的频率则为 $1/T$。例如，测出该信号的周期为 10ms，则该信号的频率为

$$f=\frac{1}{T}=\frac{1}{10\times 10^{-3}}=100\ (\text{Hz})$$

2）函数信号发生器的使用方法介绍

EE1641B 型函数信号发生器/计数器是一种精密的测试仪器，具有连续信号、扫频信号、函数信号、脉冲信号等多种输出信号和外部测频功能，在模拟电路及数字电路中提供输入信号，其面板如图 2-10-5 所示。

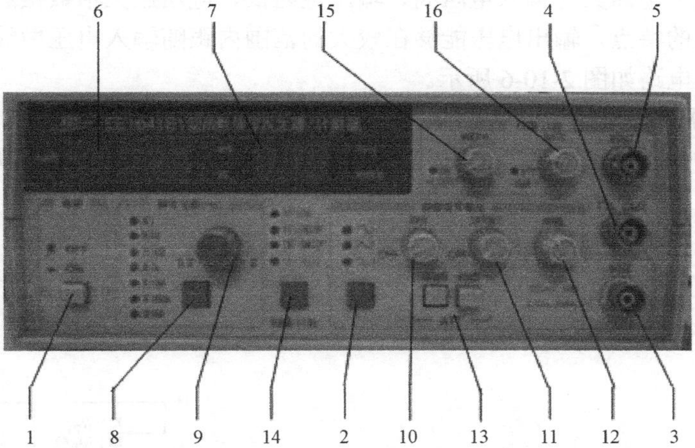

图 2-10-5　EE1641B 型函数信号发生器/计数器面板图

部分功能及使用方法如下。

1—电源开关：此按键按下时，机内电源接通，整机工作。此键释放为关机。

2—函数输出波形选择按钮：可选择正弦波、三角波、脉冲波输出。

3—函数信号输出端：输出多种波形受控的函数信号，输出幅度 $20U_{\text{p-p}}$（1MΩ负载），$10U_{\text{p-p}}$（50Ω负载）。

4—TTL 信号输出端：输出标准的 TTL 幅度的脉冲信号，输出阻抗为 600Ω。

5—外部输入插座：当“扫描/计数键”功能选择在外扫描计数状态时，外扫描控制信号或外测频信号由此输入。

6—频率显示窗口：显示输出信号的频率或外测频信号的频率。

7—幅度显示窗口：显示函数输出信号的幅度。

8—频率范围粗选择旋钮：调节此旋钮可粗调输出频率的范围。

9—频率范围精选择旋钮：调节此旋钮可精细调节输出频率的范围。

10—输出波形，对称性调节旋钮：调节此旋钮可改变输出信号的对称性。当电位器处

在“OFF”位置时，则输出对称信号。

11—函数信号发生器输出信号直流电平预置调节旋钮：调节范围为–5～+5V（50Ω负载），当电位器处在“OFF”位置时，则为 0 电平。

12—函数信号输出幅度调节旋钮：信号输出幅度调节范围为 20dB。

13—函数信号输出幅度衰减开关：“20dB”“40dB”键均不按下，输出信号不经衰减，直接输出到插座口。“20dB”“40dB”键分别按下，则可选择 20dB 或 40dB 衰减。

14—“扫描/计数”按钮：可选择多种扫描方式和外测频方式。

15—扫描宽度调节旋钮：调节此电位器可以改变内扫描的时间长短。在外测频时，逆时针旋到底（绿灯亮），为外输入测量信号经过衰低通开关进入测量系统。

16—速率调节旋钮：调节此电位器可调节扫频输出的频率宽度。在外测频时，逆时针旋到底（绿灯亮），为外输入测量信号经过衰减“20dB”进入测量系统。

4．实训步骤

1）工作原理与电路图

共发射极放大电路具有输入电阻高、输出电阻低、电压放大倍数接近于 1、输出电压与输入电压同相的特点，输出电压能够在较大的范围内跟随输入电压做线性变化，又称为射极跟随器。其电路如图 2-10-6 所示。

2）装配要求和方法

工艺流程：准备→熟悉工艺要求→绘制装配草图→核对元件数量、规格、型号→元件检测→元器件预加工→万能电路板装配、焊接→总装加工→自检。

（1）准备：将工作台整理有序，工具摆放合理，准备好必要的物品。

（2）熟悉工艺要求：认真阅读电路原理图和工艺要求。

（3）绘制装配草图，如图 2-10-7 所示。

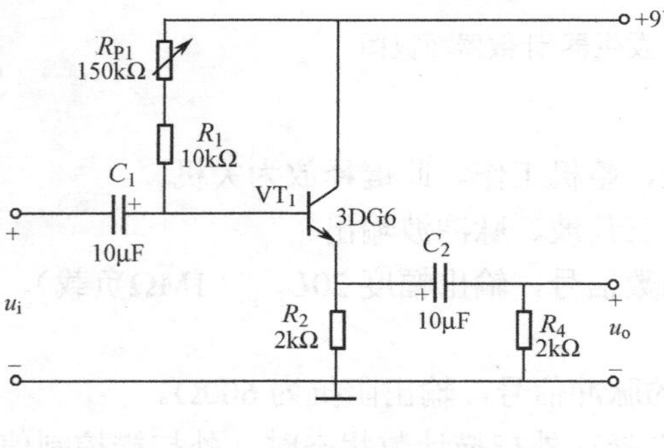

图 2-10-6　电路原理图

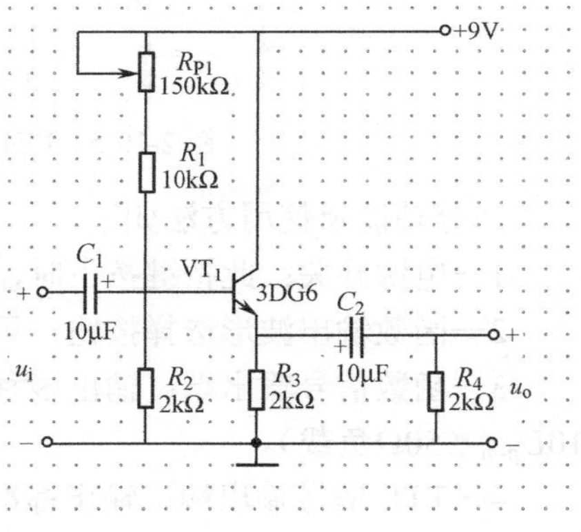

图 2-10-7　装配草图

（4）清点元件：核对元件的数量和规格，应符合工艺要求，如有短缺、差错应及时补缺和更换。

（5）元件检测：用万用表的电阻挡对元器件进行逐一检测，对不符合质量要求的元器件剔除并更换。

（6）元件预加工。

（7）万能电路板装配工艺要求。

① 电阻采用水平安装方式，紧贴板面。

② 三极管底部离板高度 6mm±1mm。

③ 电解电容底部离板高度 4mm±1mm。

④ 所有焊点均采用直脚焊，焊接完成后剪去多余引脚，留头在焊面以上 0.5～1mm，且不能损伤焊接面。

⑤ 万能接线板布线应正确、平直，转角处成直角；焊接可靠，无漏焊、短路等现象。

（8）自检：对已完成的装配、焊接的工件仔细检查质量，重点是装配的准确性，包括元件位置等；检查有无影响安全性能指标的缺陷；元件整形。装配好的实物图如图 2-10-8 所示。

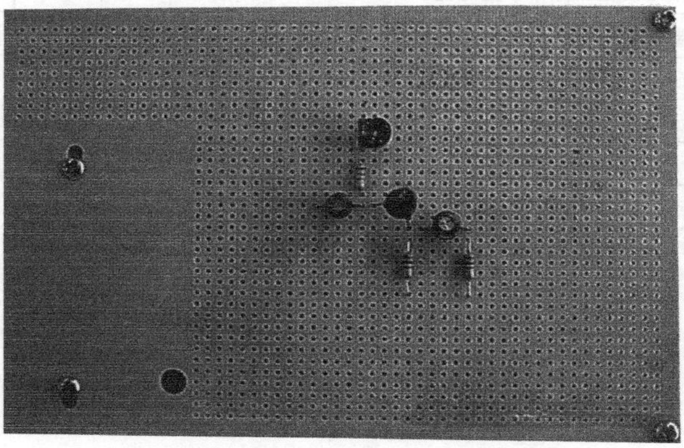

图 2-10-8　实物图

3）调试、测量

（1）静态工作点测量。

调节 R_{P1}（150kΩ电位器），使静态工作点选在交流负载线的中点，所得数据填入表 2-10-2、表 2-10-3 中。

表 2-10-2　测量表

V_C（V）	V_E（V）	V_B（V）	V_{CE}（V）	V_{BC}（V）	I_B（mA）	I_C（mA）	β

表 2-10-3　测量表

	U_i	U_o
波　形		
幅值（V）		
相位关系		

（2）动态指标测量。

从信号发生器输入 f=1kHz 的正弦信号，使有效值 U_i=1V，用示波器的通道 1 观察 U_i，通道 2 观察 U_o 的波形。画出 U_i 和 U_o 的波形，比较它们的相位关系和幅值大小。

5．项目评价

项目考核评价表如表 2-10-4 所示。

表 2-10-4　项目考核评价表

<table>
<tr><td rowspan="2">评 价 指 标</td><td rowspan="2" colspan="5">评 价 要 点</td><td colspan="5">评 价 结 果</td></tr>
<tr><td>优</td><td>良</td><td>中</td><td>合格</td><td>差</td></tr>
<tr><td rowspan="2">理论知识</td><td colspan="5">1．共集电极放大电路知识掌握情况</td><td></td><td></td><td></td><td></td><td></td></tr>
<tr><td colspan="5">2．装配草图绘制情况</td><td></td><td></td><td></td><td></td><td></td></tr>
<tr><td rowspan="5">技能水平</td><td colspan="5">1．元件识别与清点</td><td></td><td></td><td></td><td></td><td></td></tr>
<tr><td colspan="5">2．课题工艺情况</td><td></td><td></td><td></td><td></td><td></td></tr>
<tr><td colspan="5">3．课题调试测量情况</td><td></td><td></td><td></td><td></td><td></td></tr>
<tr><td colspan="5">4．低频信号发生器操作掌握情况</td><td></td><td></td><td></td><td></td><td></td></tr>
<tr><td colspan="5">5．示波器操作熟练度，测量波形读数是否准确</td><td></td><td></td><td></td><td></td><td></td></tr>
<tr><td>安全操作</td><td colspan="5">能否按照安全操作规程操作，有无发生安全事故，有无损坏仪表</td><td></td><td></td><td></td><td></td><td></td></tr>
<tr><td rowspan="2">总评</td><td rowspan="2">评别</td><td>优</td><td>良</td><td>中</td><td>合格</td><td colspan="2">差</td><td rowspan="2">总评得分</td><td rowspan="2" colspan="2"></td></tr>
<tr><td>88～100 分</td><td>75～85 分</td><td>65～74 分</td><td>55～64 分</td><td colspan="2">≤54 分</td></tr>
</table>

第 3 章 集成运算放大电路

3.1 集成运算放大器

学习目标

1. 了解集成运放的电路结构及抑制零点漂移的方法。

2. 理解差模与共模、共模抑制比的概念。

3. 掌握集成运放的符号及元件的引脚功能；了解集成运放的主要参数，了解理想集成运放的特点。

4. 能识读由理想集成运放构成的常用电路（反相输入、同相输入、差分输入运放电路和加法、减法运算电路），会估算输出电压值，能正确使用集成运放组成的应用电路。

5. 理解反馈的概念，了解负反馈应用于放大器中的类型。

3.1.1 认识集成运放

1. 零点漂移

1）零点漂移现象

用来放大直流信号的放大电路称为直流放大器，当放大电路处于静态时，即输入信号电压为零时，输出端的静态电压应为恒定不变的稳定值。但是在直流放大电路中，即使输入信号电压为零，输出电压也会偏离稳定值而发生缓慢的、无规则的变化，这种现象称为零点漂移，简称零漂，如图 3-1-1（b）所示。如图 3-1-1（a）所示直接耦合放大电路中，即使将输入端短路，在其输出端也会有变化缓慢的电压输出，即$\Delta U_i=0$，$\Delta U_o \neq 0$。

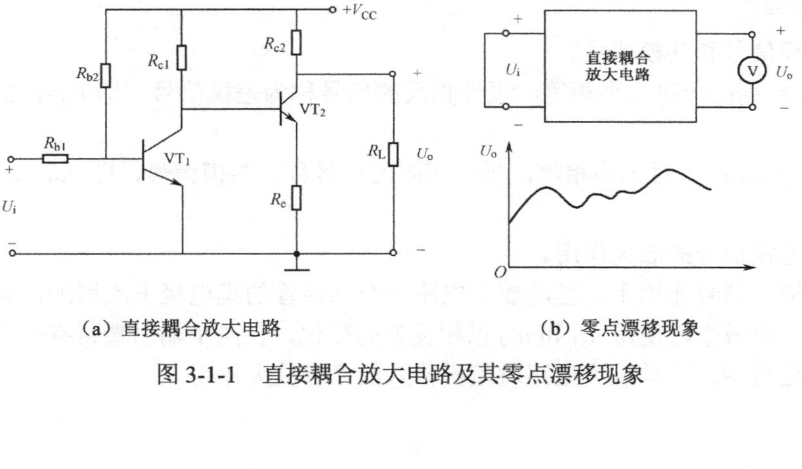

（a）直接耦合放大电路　　（b）零点漂移现象

图 3-1-1　直接耦合放大电路及其零点漂移现象

2）产生零点漂移的原因

产生零点漂移的原因有电源电压的波动、温度变化、元件老化等，其中温度变化是产生零漂的最主要的原因，因此也称为温度漂移。

3）抑制零点漂移的措施

（1）选用稳定性能好的高质量的硅管。

（2）采用高稳定性的稳压电源可以抑制由电源电压波动引起的零漂。

（3）利用恒温系统来减小由温度变化引起的零漂。

（4）利用两只特性相同的三极管组成差动放大器，它可以有效地抑制零漂。

2．差动放大电路

1）电路组成

图 3-1-2 所示是一个基本差动放大电路，它由两个特性相同的三极管 VT_1 和 VT_2 组成对称电路，电路参数均对称（如 $R_{c1}=R_{c2}$，$\beta_1=\beta_2$ 等）。电路中有两组电源 $+V_{CC}$ 和 $-V_{CC}$。两个三极管的发射极连接在一起，并接了一个恒流源，它提供恒定的发射极电流 I_o。这个电路有两个输入端和两个输出端，称为双端输入、双端输出差动放大电路。差动放大电路没有耦合电容，是直接耦合放大电路。

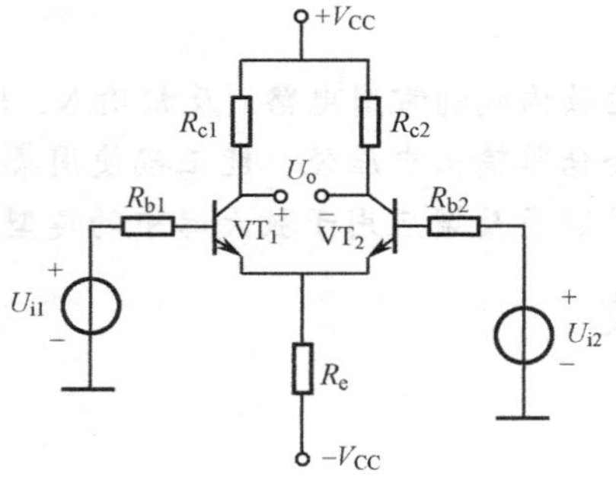

图 3-1-2　基本差动放大电路电路原理图

2）静态特性

当没有输入信号时，即 $u_{i1}=u_{i2}=0$ 时，由于电路完全对称，这时两个三极管的集电极电流相等，则有 $I_{c1}=I_{c2}=I_o/2$，而 $I_{c1}R_{c1}=I_{c2}R_{c2}$，故 $u_o=u_{o1}-u_{o2}=0$。也就是说，当输入信号为 0 时，其输出信号也为 0。

3）动态特性

（1）差模信号和共模信号。

差模信号 u_{iD}：一对大小相等，极性相反的信号称为差模信号，即 $u_{i1}=u_i/2$，$u_{i2}=-u_i/2$，$u_{iD}=u_{i1}-u_{i2}$。

共模信号 u_{iC}：一对大小相等，极性相同的信号称为共模信号，即 $u_{i1}=u_{i2}=u_i/2$，$u_{iC}=(u_{i1}+u_{i2})/2$。

（2）对差模信号的放大作用。

在差模输入信号作用下，差动放大电路一个三极管的集电极电流增加，而另一个三极管的集电极电流减少，使得 u_{o1} 和 u_{o2} 以相反方向变化，在两个输出端将有一个放大了的输出电压 u_o。这说明，差动放大电路对差模输入信号有放大作用。

（3）对共模信号的抑制作用。

在共模信号作用下，由于电路参数对称，两管集电极电流的变化是大小相等、方向相同，因此 u_{o1} 和 u_{o2} 相等，输出端 $u_o=u_{o1}-u_{o2}=0$。这说明，差动放大器电路对共模输入信号没有放大作用，起抑制作用。

4）共模抑制比

为了说明差动放大电路抑制共模信号的能力，常用共模抑制比 K_{CMR} 这项指标来衡量。共模抑制比 K_{CMR} 的定义为：放大电路对差模信号的电压放大倍数 A_d 和对共模信号的电压放大倍数 A_c 之比的绝对值，即

$$K_{CMR}=\left|\frac{A_d}{A_c}\right| \tag{3-1-1}$$

差模电压放大倍数越大，共模电压放大倍数越小，则共模抑制能力越强，放大电路的性能越优良，也就是说，希望 K_{CMR} 的值越大越好。共模抑制比通常用分贝（dB）数来表示

$$K_{CMR}=20\lg\left|\frac{A_d}{A_c}\right| \text{（dB）} \tag{3-1-2}$$

在图 3-1-2 所示的差动放大电路中，若电路参数完全对称，则共模电压放大倍数 $A_c=0$，其 K_{CMR} 将是一个很大的数值，理想情况下可以看成无穷大。

5）抑制零点漂移

在差动放大电路中，温度或电源电压的波动，会引起两管集电极电流相同的变化，其效果相当于共模输入方式。由于电路元件的对称性及发射极接有恒流源，在理想情况下，可使输出电压保持不变，从而抑制了零点漂移。当然，实际上要做到两管电流完全对称和理想恒流源是比较困难的，由于实际的电路元件存在微小的不对称，造成差动放大电路静态时的输出电压不为 0。但是，可以在差动放大电路中加上调零电路使静态时的输出电压为 0。

3．集成运算放大电路简介

在半导体制造工艺的基础上，把整个电路中的元件制作在一块半导体基片上，构成特定功能的电子电路，称为集成电路。集成电路的体积小，性能好。集成电路可分为模拟集成电路和数字集成电路两大类。模拟集成电路的种类繁多，有运算放大器、宽带放大器、功率放大器、直流稳压器以及电视机、收录机和其他电子设备中的专用集成电路等。在模拟集成电路中，集成运算放大器（简称集成运放）是应用最为广泛的一种。表 3-1-1 列出了四种不同引脚分布的集成电路外形图。

表 3-1-1　四种不同引脚分布集成电路外形示意图

名　　称	实 物 图	解　　说
单列直插集成电路		它的引脚只有一列，引脚是直的

续表

名　称	实 物 图	解　说
单列曲插集成电路		它的引脚只有一列，引脚是弯曲的
双列集成电路		它的引脚分成两列分布
四列集成电路		它的引脚分成四列分布

集成运放是一种有高电压放大倍数、高输入电阻和低输出电阻的多级直接耦合放大电路。

4. 集成运放的特点

（1）集成运放采用直接耦合方式，是高质量的直接耦合放大电路。

（2）集成运放采用差动放大电路克服零点漂移。由于在很小的硅片上制作很多元件，因此可使元件的特性达到非常好的对称性，加之采用其他措施，集成运放的输入级具有高输入电阻、高差模放大倍数、高共模抑制比等良好性能。

（3）用有源元件取代无源元件。用电流源电路提供各级静态电流，并以恒流源替代大阻值电阻。

（4）采用复合管以提高电流放大系数。

5. 集成运放的组成及各部分的作用

集成运放有两个输入端，一个称为同相输入端，一个称为反相输入端，一个输出端。符号如图 3-1-3（b）所示。图中，带“−”号的输入端称为反相输入端，带“+”号的输入端称为同相输入端，三角形符号表示运算放大器。“∞”表示开路增益极高。它的三个端分别用 U_{-}、U_{+} 和 U_{o} 来表示。一般情况下可以不画出电源连线。其输入端对地输入，输出端对地输出。

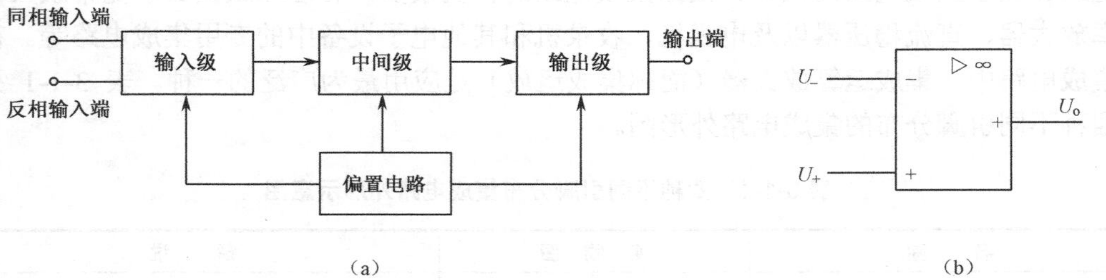

（a）　　　　（b）

图 3-1-3　集成运放的符号及内部电路框图

集成运放内部电路由四个部分组成，包括输入级、中间级、输出级和偏置电路，如图 3-1-3（a）所示。

1）输入级

输入级又称为前置级，它是一个高性能的差动放大电路。输入级的好坏影响着集成运放的大多数参数。一般要求其输入电阻高，放大倍数大，抑制温度漂移的能力强，输入电压范围大，且静态电流小。

2）中间级

中间级是整个电路的主放大器，主要功能是获得高的电压放大倍数。一般由多级放大电路组成，并以恒流源取代集电极电阻来提高电压放大倍数，其电压放大倍数可达千倍以上。

3）输出级

输出级应具有输出电压范围宽，输出电阻小，有较强的带负载能力，非线性失真小等特点。大多数集成运放的输出级采用准互补输出电路。

4）偏置电路

偏置电路用于设置集成运放各级放大电路的静态工作点。与分立元件电路不同，它采用电流源电路为各级提供合适的集电极静态电流，从而确定合适的管压降，以便得到合适的静态工作点。

6．集成运放的主要参数

为了合理地选用和正确使用集成运放，必须了解表征其性能的主要参数（或称技术指标）的意义。

1）开环差模电压放大倍数 A_{od}

集成运放不外接反馈电路，输出不接负载时测出的差模电压放大倍数，称为开环差模电压放大倍数 A_{od}。此值越高，所构成的运算电路越稳定，运算精度也越高。A_{od} 一般为 10^4～10^7，即 80～140dB。

2）输入失调电压 U_{io}

理想的集成运算放大器，当输入电压为 0（即反相输入端和同相输入端同时接地）时，输出电压应为 0。但在实际的集成运放中，由于元件参数不对称等原因，当输入电压为 0 时，输出电压 $U_o \neq 0$。如果这时要使 $U_o=0$，则必须在输入端加一个很小的补偿电压，它就是输入失调电压 U_{io}。U_{io} 的值一般为几微伏至几毫伏，显然它越小越好。

3）输入失调电流 I_{io}

当输入信号为 0 时，理想的集成运放两个输入端的静态输入电流应相等，而实际上并不完全相等，定义两个静态输入电流之差为输入失调电流 I_{io}。$I_{io}=\left|I_{B1}-I_{B2}\right|$。$I_{io}$ 越小越好，一般为几纳安到 1 微安之间。

4）最大输出电压 U_{omax}

最大输出电压指集成运放工作在不失真情况下能输出的最大电压。

5）最大输出电流 I_{omax}

最大输出电流指集成运放所能输出的正向或负向的峰值电流。通常给出输出端短路的电流。

除以上介绍的指标外，还有差模输入电阻、开环输出电阻、共模抑制比、带宽、转换速度等。

3.1.2 常见集成运放芯片介绍

1. LM324

LM324 是在一个芯片上集成了 4 个通用运算放大器，适合需要使用多个运算放大器且输入电压范围相同的运算电路。主要技术参数如下：增益带宽为 1MHz，直流电压增益为 100dB，输入偏移电压为 2mV，输入偏移电流为 45nA，单电源供电电压为 32V，双电源输入电压为±16V，输入电流为 50mA,输入电压为 0～30V（单电源供电）或-15～15V（双电源供电），工作温度为 0～70℃。

2. MC4558C

MC4558C 是在一个芯片上集成了两个通用运算放大器。主要技术参数如下：增益带宽为 2MHz，直流电压增益为 90dB，输入偏移电压为 2mV，输入偏移电流为 80nA，电源供电电压为±18V，输入电流为 50mA，输入电压为 0～30V（单电源供电）或-15～15V（双电源供电），工作温度为 0～70℃。其引脚图如图 3-1-4 所示。

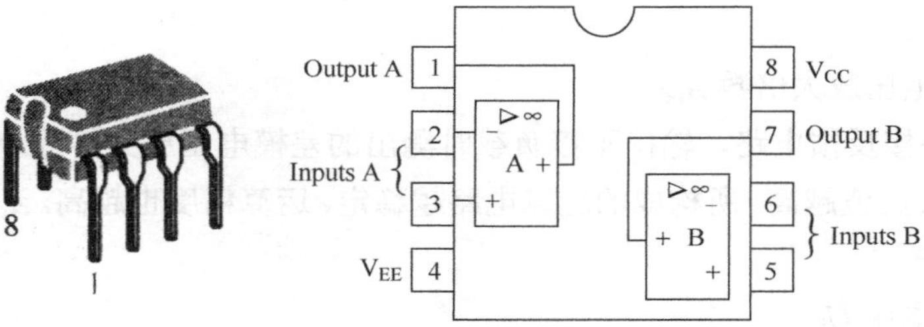

图 3-1-4 MC4588C 引脚图

其他常见的集成运放有 OP07、LF353、AD508 等，我们可以查询相关元器件手册，了解供电电压，输入电压、电流等参数。

3.1.3 理想运算放大器

尽管集成运放的应用是多种多样的，但是其工作区域只有两个。在电路中，它不是工作在线性区，就是工作在非线性区。而且，在一般分析计算中，都将其看成为理想运放。

1. 理想运放

所谓理想运放，就是将各项技术指标都理想化的集成运放，即认为：

（1）开环电压放大倍数 $A_{od}\to\infty$；

（2）差模输入电阻 $r_{id}\to\infty$；

（3）输出电阻 $r_o\to 0$；

（4）共模抑制比 $K_{CMR}\to\infty$；

（5）输入偏置电流 $I_{B1}=I_{B2}=0$。

其等效电路如图 3-1-5 所示。

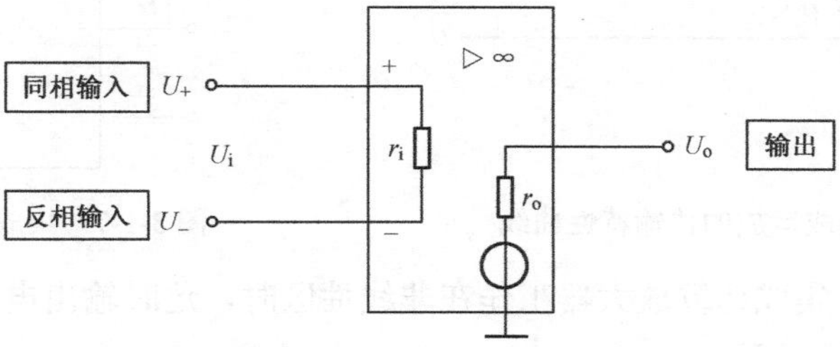

图 3-1-5　理想运放等效电路

由以上理想特性可以推导出如下两个重要结论。

① 虚短路原则（简称虚短）。集成运放工作在线性区，其输出电压 U_o 是有限值，而开环电压放大倍数 $A_{od}\to\infty$，则

$$U_i=\frac{U_o}{A_{od}}\approx 0$$

即

$$U_-=U_+ \tag{3-1-3}$$

式中的"U_+"为集成运放同相输入端电位，"U_-"为集成运放反相输入端电位。反相端电位和同相端电位几乎相等，近似于短路又不可能是真正的短路，称为虚短。

② 虚断路原则（简称虚断）。理想集成运放输入电阻 $r_{id}\to\infty$，这样，同相、反相两端没有电流流入运算放大器内部，即

$$I_-=I_+=0 \tag{3-1-4}$$

式中的"I_+"为集成运放同相输入端电流，"I_-"为集成运放反相输入端电流。输入电流好像断开一样，称为虚断。

虚短和虚断原则简化了集成运算放大器的分析过程。由于许多应用电路中集成运算放大器都工作在线性区，因此，上述两条原则极其重要，应牢固掌握。

2．集成运放的传输特性

表示输出电压与输入电压之间关系的特性曲线称为传输特性曲线，如图 3-1-6 所示，可分为线性区和非线性区。集成运算放大器可工作在线性区，也可工作在非线性区，两个区的分析方法不同。

（1）线性区。工作在线性区时，U_o 和 U_i 是线性关系，即

$$U_o=A_{od}U_i=A_{od}（U_- -U_+） \tag{3-1-5}$$

式中，A_{od} 是开环电压放大倍数。由于 A_{od} 很大，即使输入毫伏级以下电压的信号，也足以使输出电压 U_o 饱和，其饱和值 $+U_{om}$ 和 $-U_{om}$ 接近正、负电源电压值。所以，只有引入

负反馈后，才能保证输出不超出线性范围，集成运放接入负反馈网络，电路如图 3-1-7 所示。负反馈的相关知识参阅后文，其输出输入关系可用式（3-1-5）分析计算。

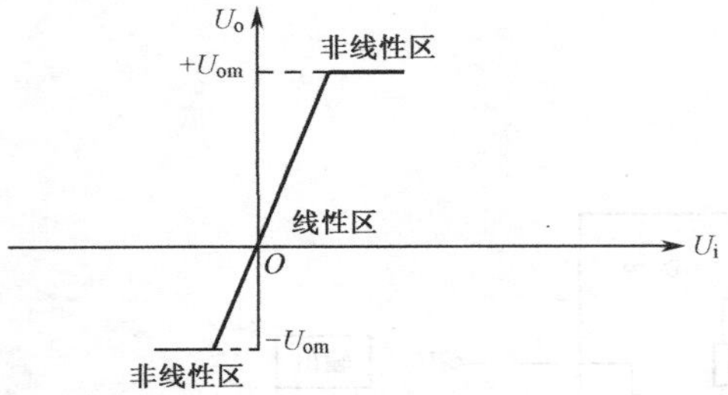

图 3-1-6　集成运放的传输特性曲线

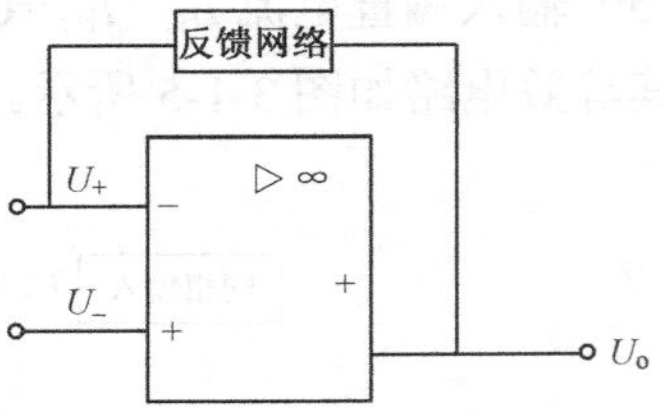

图 3-1-7　集成运放工作在线性区

（2）非线性区。集成运算放大器工作在非线性区时，这时输出电压只有两种可能。

当 $U_- > U_+$时，$U_o = -U_{om}$。

当 $U_- < U_+$时，$U_o = +U_{om}$。

此时虚短原则不成立，$U_- \neq U_+$，虚断原则仍然成立，即有 $I_- = I_+ = 0$。

思考与练习

一、填空题

1．造成直流放大器零点漂移的主要原因是________________。

2．差模信号是指________________，共模信号是指________________，差分放大电路的共模抑制比 K_{CMR}=________________。共模抑制比越小，抑制零漂的能力越________________。

3. 对称式差分放大器中，当温度升高时，因电路对称，共模输出电压 u_o=______________，故此电路有抑制零漂的能力。

4. 差动放大器中的差模输入是指两输入端各加大小______________、相位______________的信号；共模输入是指两输入端各加大小______________、相位______________的电压信号。

5．差分放大电路中，温度变化使每管引起的温漂的方向大小都相同，可视为________________信号，差分放大电路对共模信号的抑制能力也反映了对________________抑制的水平。

6．差分放大电路如果两边完全对称，双端输出的共模电压为 0。实际上差分放大电路不可能______________对称，其共模输出电压______________为零。显然差分放大电路对称性越好，对温漂抑制越______________。

7．理想集成运放的 A_{od}=________________；r_{id}=______________；r_o=______________；K_{CMR}=________________。

8．集成运放应用于信号运算时工作在______________区域。

9．集成运算放大器主要是由____________、____________、____________、____________四部分组成的。

10．集成运算放大器的一个输入端为____________，其极性与输出端____________；另一个输入端为___________，其极性与输出端___________。

二、综合题

1. 解释什么是共模信号、差模信号、共模放大倍数、差模放大倍数、共模抑制比？
2. 集成运放由哪几个部分组成？试分析各自的作用。
3. 什么是“虚短”、“虚断”、“虚地”？
4. 运算放大器工作在线性区时，为什么通常要引入深度电压负反馈？
5. 集成运放的输入级为什么采用差分放大电路？对集成运放的中间级和输出级各有什么要求？一般采用什么样的电路形式？

3.2　集成运算放大器的基本运算电路

集成运放外接不同的反馈电路和元件等，就可以构成比例、加减、积分、微分等各种运算电路。

3.2.1　反相比例运算电路

1. 电路结构

反相比例运算电路如图 3-2-1 所示，输入信号 U_i 从反相输入端与地之间加入，R_F 是反馈电阻，接在输出端和反相输入端之间，将输出电压 U_o 反馈到反相输入端，实现负反馈。R_1 是输入耦合电阻，R_2 是补偿电阻（也称为平衡电阻），$R_2=R_1//R_F$。

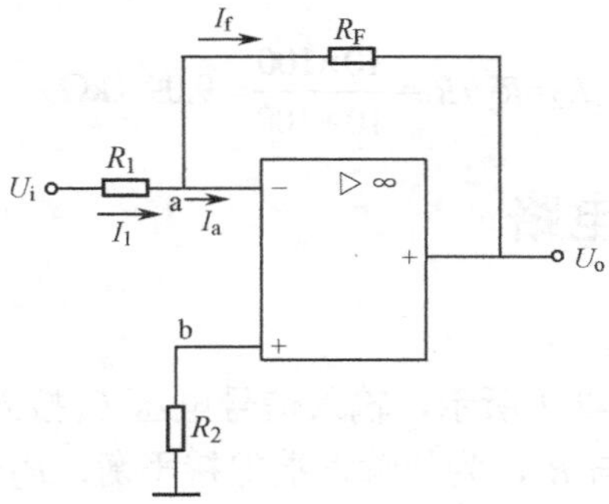

图 3-2-1　反相比例运算电路原理图

2. 输出与输入的关系

由前面学习的虚断可知 $I_-=I_+=0$，所以图 3-2-1 电路中的 $I_1\approx I_f$，同时 R_2 上电压降等于零，即同相输入端与地等电位；根据虚短有 $U_-=U_+\approx 0$，则反相输入端也与地等电位，即反相端近于接地，称为反相输入端为“虚地”，即并非真正“接地”。“虚地”是反相比例运算电路的一个重要特点。

由上述分析可得其电压放大倍数

$$A_{of}=\frac{U_o}{U_i}=\frac{-R_F I_f}{R_1 I_1}=-\frac{R_F}{R_1} \tag{3-2-1}$$

因此输出电压与输入电压的关系为

$$U_o = -\frac{R_F}{R_1}U_i \tag{3-2-2}$$

可见输出电压与输入电压存在着比例关系，比例系数为$-\frac{R_F}{R_1}$，负号表示输出电压 U_o 与输入电压 U_i 相位相反。只要开环放大倍数 A_{od} 足够大，那么闭环放大倍数 A_{of} 就与运算电路的参数无关，只决定于电阻 R_F 与 R_1 的比值。故该放大电路通常称为反相比例运算放大器。

3．实际应用（反相器）

根据反相比例运算放大器输入与输出的关系：$U_o = -\frac{R_F}{R_1}U_i$，若式中 $R_F=R_1$，则电压放大倍数等于−1，输出与输入的关系为$U_o = -U_i$。

上式表明，该电路无电压放大作用，输出电压 U_o 与输入电压 U_i 数值相等，但相位是相反的。所以它只是把输入信号进行了一次倒相，因此把它称为反相器。

【例 3-2-1】 反相比例运算电路如图 3-2-1 所示，已知 U_i=0.3V，R_1=10kΩ，R_F=100kΩ，试求输出电压 U_o 及平衡电阻 R_2。

解：（1）根据式（3-2-2）可得

$$U_o = -\frac{R_F}{R_1}U_i = -0.3\times\frac{100}{10} = -3\text{（V）}$$

（2）平衡电阻

$$R_2=R_1//R_F=\frac{10\times100}{10+100}=9.09\text{（kΩ）}$$

3.2.2 同相比例运算电路

1．电路结构

同相比例运算电路如图 3-2-2 所示，输入信号电压 U_i 接入同相输入端，输出端与反相输入端之间接有反馈电阻 R_F 与 R_1，为使输入端保持平衡，$R_2=R_1//R_F$。

2．输出与输入的关系

根据虚断可知，流入放大器的电流趋近于零；根据虚短可知，反相输入端与同相输入端的电位近似相等。

所以

$$\frac{0-U_-}{R_1}=\frac{U_- - U_o}{R_F}$$

即

$$-\frac{U_i}{R_1}=\frac{U_i-U_o}{R_F}$$

得输出电压与输入电压的关系为

$$U_o = (1+\frac{R_F}{R_1})U_i \qquad (3\text{-}2\text{-}3)$$

同相放大器的电压放大倍数为

$$A_{uf} = \frac{U_o}{U_i} = 1+\frac{R_F}{R_1} \qquad (3\text{-}2\text{-}4)$$

可见输出电压与输入电压也存在着比例关系，比例系数为$\left(1+\frac{R_F}{R_1}\right)$，而且输出电压 U_o 与输入电压 U_i 相位相同。只要开环放大倍数 A_{od} 足够大，那么闭环放大倍数 A_{of} 就与运算电路的参数无关，只决定于电阻 R_F 与 R_1。故该放大电路通常称为同相比例运算电路。

3．实际应用（电压跟随器）

在前面学习的同相比例运算电路中，当反馈电阻 R_F 短路或 R_1 开路的情况下，由式（3-2-3）、式（3-2-4）可知，其电压放大倍数等于 1，输出与输入的关系为

$$U_o = U_i$$

即输出电压的幅度和相位均随输入电压幅度和相位的变化而变化，故称为电压跟随器，它是同相比例运算电路的一种特例。电路如图 3-2-3 所示。

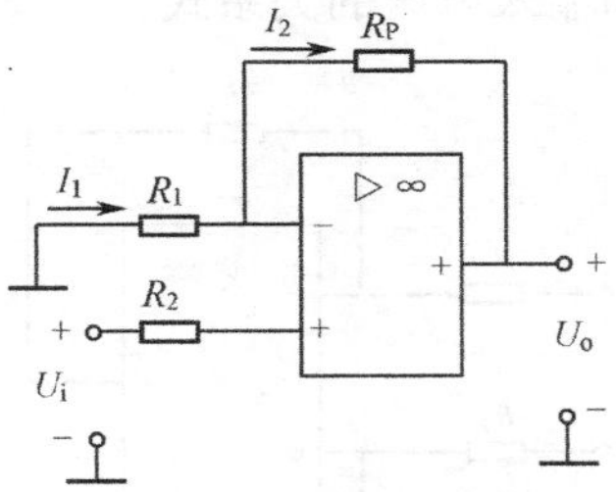

图 3-2-2　同相比例运算电路原理图

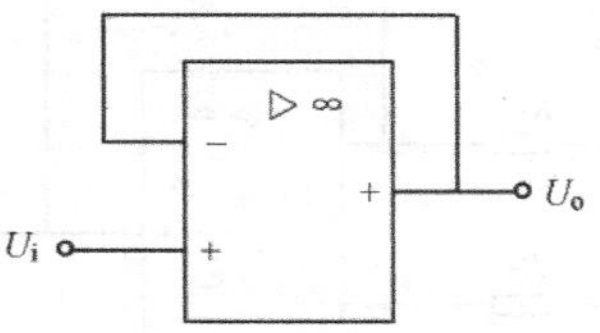

图 3-2-3　电压跟随器

【例 3-2-2】试求图 3-2-4 所示电路中输出电压 U_o 的值。

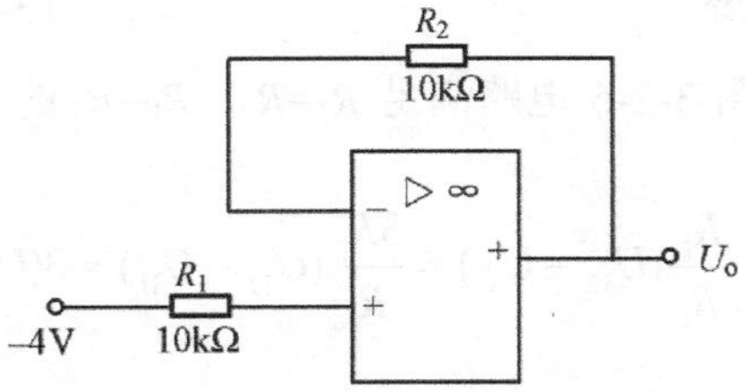

图 3-2-4　例 3-2-2 图

解：分析电路可知，该电路是一个电压跟随器，它是同相比例运算电路的特例。所以输出电压与输入电压大小相等，相位相同，即

$$U_o = U_i = -4\text{（V）}$$

3.2.3 差动比例（减法）运算电路

1. 电路结构

差动比例运算电路如图 3-2-5 所示，它是把输入信号同时加到反相输入端和同相输入端，使反相比例运算和同相比例同时进行，集成运算放大器的输出电压叠加后，即是减法运算结果。

2. 输出与输入电压关系

根据理想运放的虚断、虚短可得

$$U_o=\left(1+\frac{R_F}{R_1}\right)\left(\frac{R_3}{R_2+R_3}\right)U_{i2}-\frac{R_F}{R_1}U_{i1}$$

当 $R_1=R_2$ 且 $R_F=R_3$ 时，上式变为

$$U_o=\frac{R_F}{R_1}(U_{i2}-U_{i1}) \tag{3-2-5}$$

上式说明，该电路的输出电压与两个输入电压之差成正比例，因此该电路称为减法比例运算电路，比例系数为 $\frac{R_F}{R_1}$。

【例 3-2-3】试写出图 3-2-6 所示电路中输出电压和输入电压的关系式。

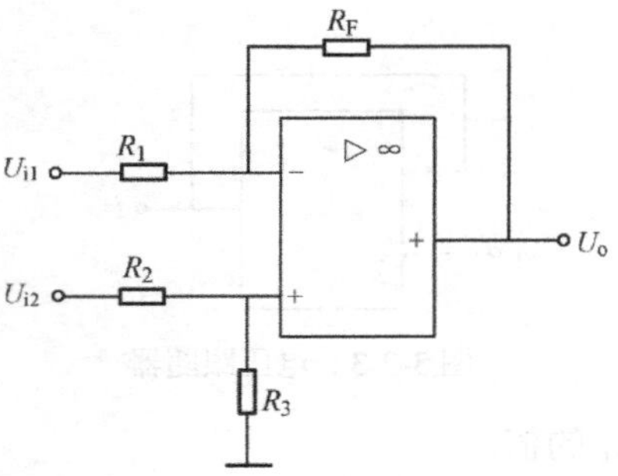

图 3-2-5 减法运算电路

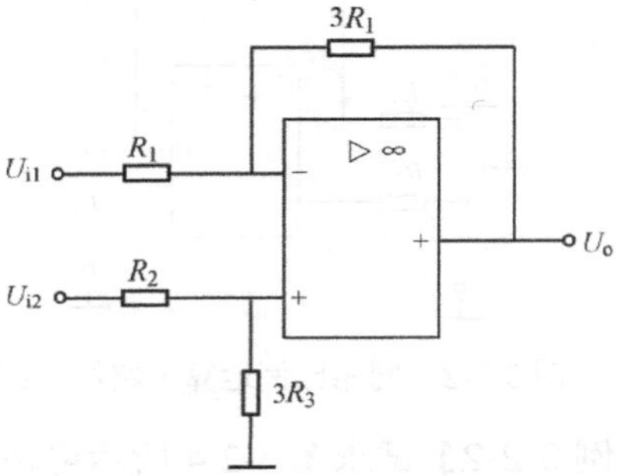

图 3-2-6 例 3-2-3 图

解：与图 3-2-5 比较，图 3-2-6 电路满足 $R_1=R_2$、$R_F=R_3$ 的条件，因此输出与输入的关系为

$$U_o=\frac{R_F}{R_1}(U_{i2}-U_{i1})=\frac{3R_1}{R_1}(U_{i2}-U_{i1})=3(U_{i2}-U_{i1})$$

3.2.4 加法运算电路（加法器）

1. 电路结构

这里介绍的加法运算电路实际上是在反相比例运算电路基础上又多加了几个输入端构成的。图 3-2-8 所示的是有三个输入信号的反相加法运算电路。R_1、R_2、R_3 为输入电阻，R_4 为平衡电阻，其值 $R_4=R_1//R_2//R_3//R_F$。

2．输出与输入的关系

根据虚断、虚短可得

$$U_o = -I_f R_F = -R_F\left(\frac{U_{i1}}{R_1}+\frac{U_{i2}}{R_2}+\frac{U_{i3}}{R_3}\right) \qquad (3\text{-}2\text{-}6)$$

当 $R_1=R_2=R_F=R_3$ 时，有

$$U_o = -(U_{i1}+U_{i2}+U_{i3})$$

上式表明，图 3-2-7 所示电路的输出电压 U_o 为各输入信号电压之和，由此完成加法运算。式中的负号表示输出电压与输入电压相位相反。若在同相输入端求和，则输出电压与输入电压相位相同。

【例 3-2-4】 试写出图 3-2-8 所示电路中输出电压和输入电压的关系式。

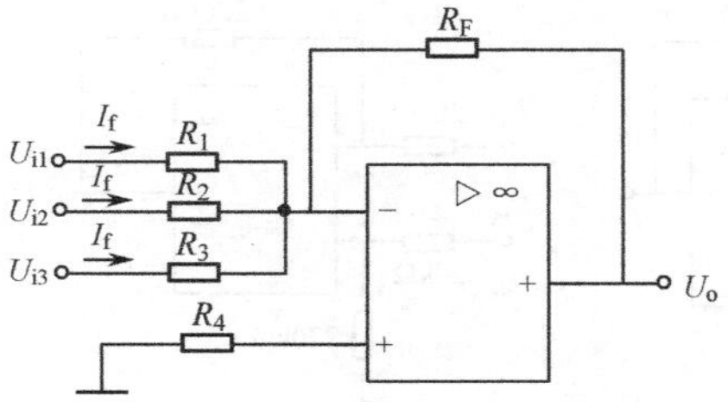

图 3-2-7　加法运算电路

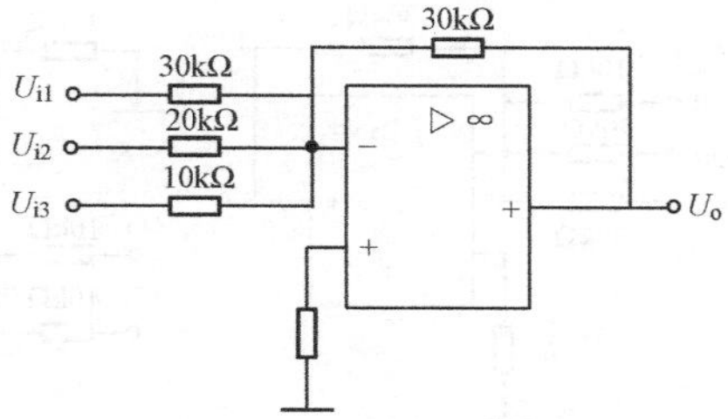

图 3-2-8　例 3-2-4 图

解：根据式（3-2-6）有

$$U_o = -I_f R_F = -R_F\left(\frac{U_{i1}}{R_1}+\frac{U_{i2}}{R_2}+\frac{U_{i3}}{R_3}\right) = -30\left(\frac{U_{i1}}{10}+\frac{U_{i2}}{20}+\frac{U_{i3}}{30}\right)$$
$$= -(3U_{i1}+1.5U_{i2}+U_{i3})$$

思考与练习

一、综合题

1．试求图 3-2-9 所示各电路中输出电压 U_o 的值。

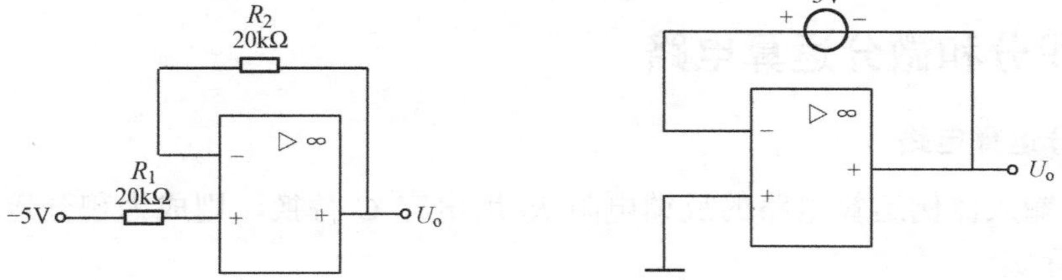

（a）　　（b）

图 3-2-9　综合题 1 图

2．设同相比例电路中，R_1=5kΩ，若希望它的电压放大倍数等于 10，试估算电阻 R_F 和 R_2 各应取多大？

3．试写出图 3-2-10 所示电路中输出电压和输入电压的关系式。

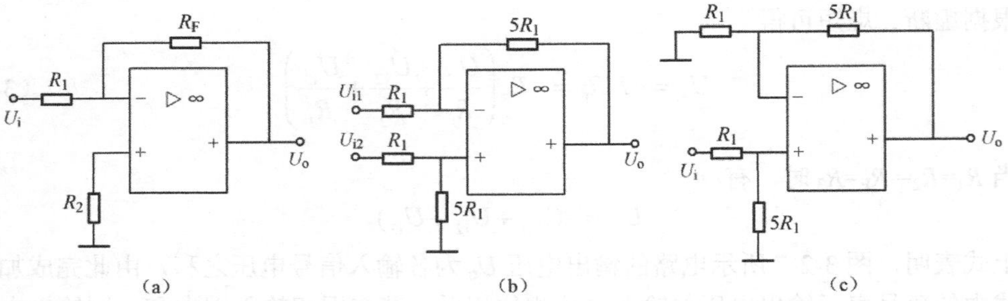

图 3-2-10　综合题 3 图

4．试写出图 3-2-11 所示电路中输出电压和输入电压的关系式。

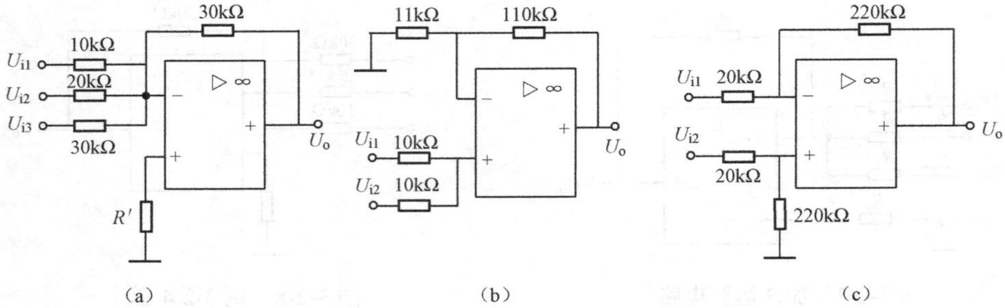

图 3-2-11　综合题 4 图

3.3　集成运算放大器的应用

学习目标

1．了解积分和微分运算电路的电路结构及应用。

2．了解电压比较器、正弦波振荡器的电路结构及应用。

集成运算放大器具有可靠性高、使用方便、放大性能好（如极高的放大倍数、较宽的通频带、很低的零漂等）等特点，是应用最广泛的集成电路，目前已经应用于自动控制、精密测量、通信、信号运算、信号处理及电源等电子技术应用的各个领域。

3.3.1　积分和微分运算电路

1．积分运算电路

将反相输入比例运算电路的反馈电阻 R_F 用电容 C 替换，则成为积分运算电路，如图 3-3-1 所示。

由于反相输入端虚地，且 $i+=i-=0$，由图可得

$$i_R = i_C$$

$$i_R = \frac{u_i}{R}$$

$$u_o = -\frac{1}{RC}\int u_i \mathrm{d}t$$

输出电压与输入电压对时间的积分成正比。

若 u_i 为恒定电压 U，则输出电压 u_o 为

$$u_o = -\frac{U}{RC}t$$

输出电压与时间成正比，设 t=0 时输出电压为零，则波形如图 3-3-2 所示。最大输出电压可达 $\pm U_{OM}$。

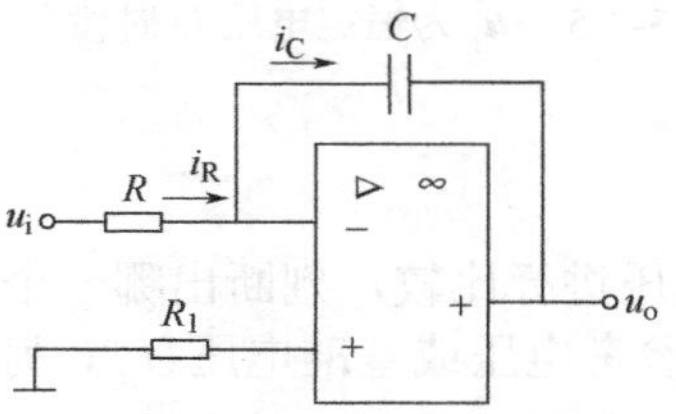

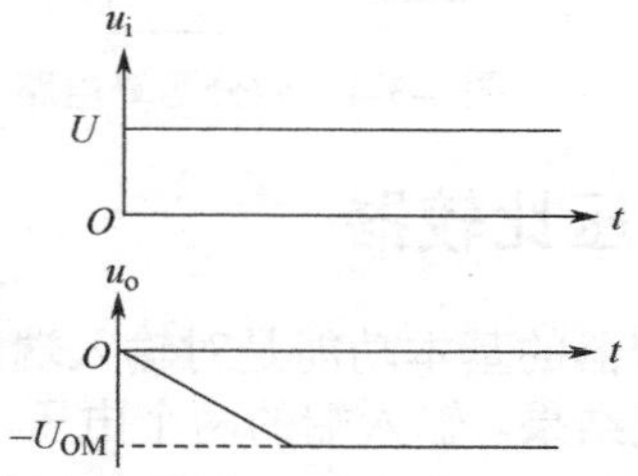

图 3-3-1　积分运算电路　　图 3-3-2　u_i 为恒定电压 U 时积分电路 u_o 的波形

积分电路应用很广，除了积分运算外，还可用于方波—三角波转换、示波器显示和扫描、模/数转换和波形发生器等。图 3-3-3 是将积分电路用于方波—三角波转换时的输入电压 u_i（方波）和输出电压 u_o（三角波）的波形。

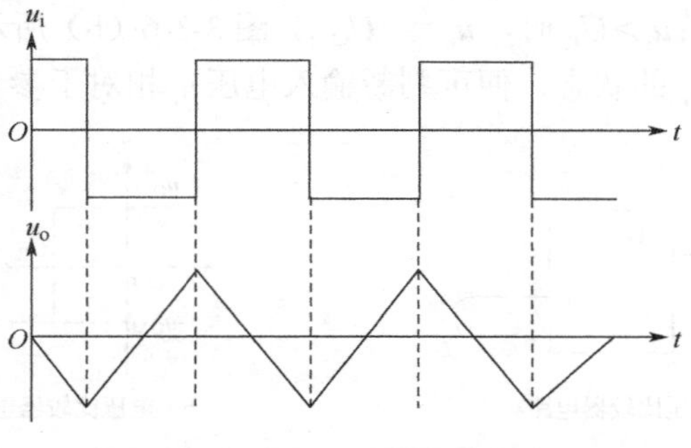

图 3-3-3　积分电路输入输出波形

2. 微分运算电路

将积分运算电路的 R、C 位置对调即为微分运算电路，如图 3-3-4 所示。由于反相输入端虚地，且 $i_+ = i_- = 0$，由图可得

$$i_R = i_C$$

$$i_R = -\frac{u_o}{R}$$

$$i_C = C\frac{\mathrm{d}u_C}{\mathrm{d}t} = C\frac{\mathrm{d}u_i}{\mathrm{d}t}$$

输出电压与输入电压对时间的微分成正比。

若 u_i 为恒定电压 U，则输出电压 u_o 为

$$u_o = -\frac{U}{RC}t$$

若u_i为恒定电压 U，则在u_i作用于电路的瞬间，微分电路输出一个尖脉冲电压，波形如图 3-3-5 所示。

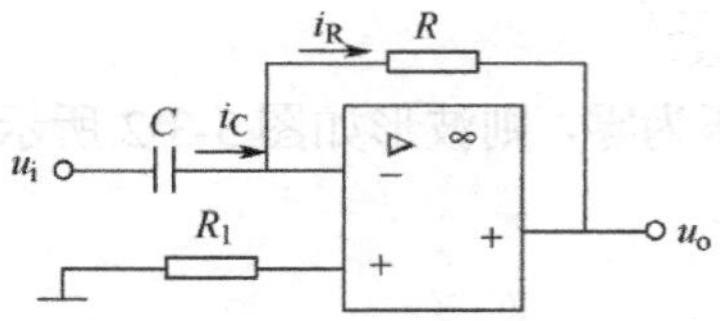

图 3-3-4　微分运算电路

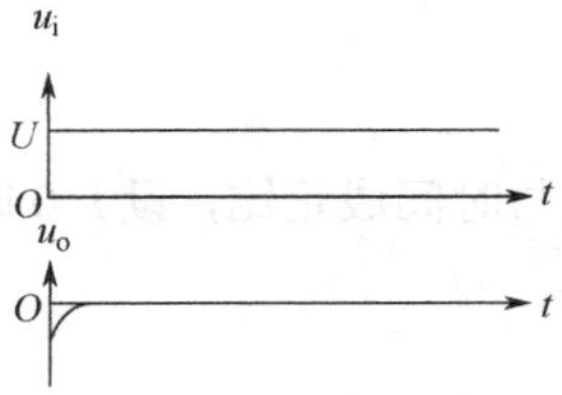

图 3-3-5　u_i为恒定电压 U 时微分电路 u_o 的波形

3.3.2　电压比较器

电压比较器的基本功能是对输入端的两个电压进行比较，判断出哪一个电压大，在输出端输出比较结果。输入端的两个电压，一个为参考电压或基准电压U_R，另一个为被比较的输入信号电压u_i。作为比较结果的输出电压u_o，则是两种不同的电平，高电平或低电平，即数字信号 1 或 0。

图 3-3-6（a）所示为一简单的电压比较器，参考电压U_R加在同相输入端，输入电压u_i加在反相输入端。图中的运算放大器工作于开环状态，由于开环电压放大倍数极高，因此输入端之间只要有微小电压，运算放大器便进入非线性工作区域，使输出电压饱和。即当$u_i < U_R$时，$u_o = U_{OM}$；当$u_i > U_R$时，$u_o = -U_{OM}$。图 3-3-6（b）所示是电压比较器的电压传输特性。根据输出电压u_o的状态，便可判断输入电压u_i相对于参考电压U_R的大小。

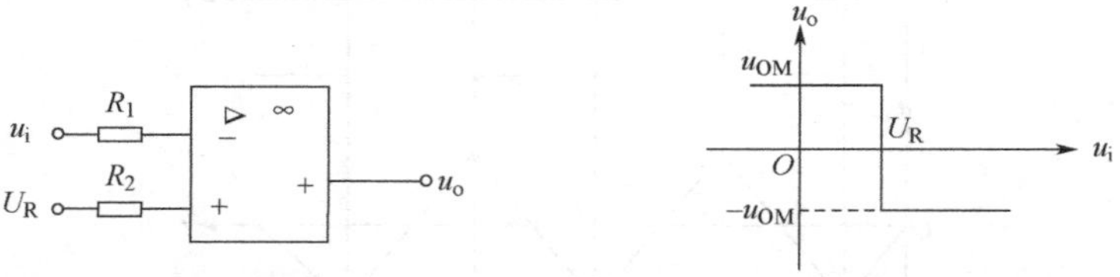

（a）电压比较器电路　　（b）电压比较器电压传输特性

图 3-3-6　电压比较器及其电压传输特性

当基准电压$U_R = 0$时，称为过零比较器，输入电压u_i与零电位比较，电路图和电压传输特性如图 3-3-7 所示。

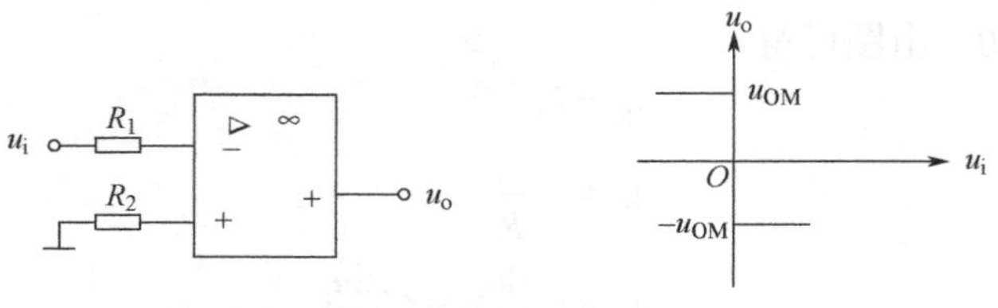

（a）过零比较器电路　　（b）过零比较器电压传输特性

图 3-3-7　过零比较器及其电压传输特性

为了限制输出电压u_o的大小，以便和输出端连接的负载电平相配合，可在输出端用稳压管进行限幅，如图 3-3-8（a）所示。图中稳压管的稳定电压为U_Z，忽略正向导通电压，

当 $u_i < U_R$ 时，稳压管正向导通，$u_o=0$；当 $u_i > U_R$ 时，稳压管反向击穿，$u_o=U_Z$，电压传输特性如图 3-3-8（b）所示。

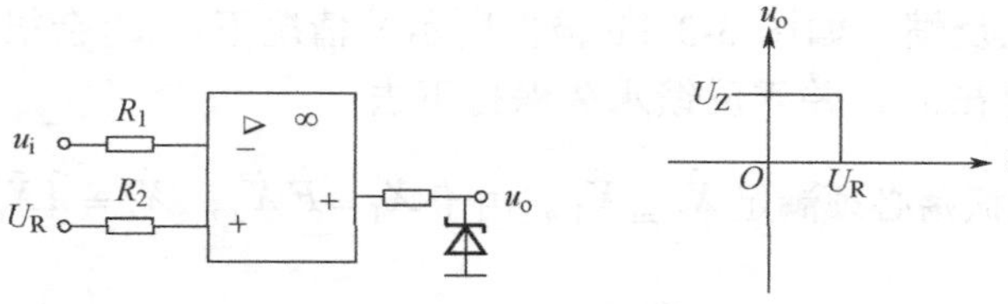

（a）单向限幅比较器电路　　（b）单向限幅比较器电压传输特性

图 3-3-8　单向限幅比较器及其电压传输特性

图 3-3-9 所示为双向限幅比较器，其电压传输特性请读者自行分析。

集成电压比较器是把运算放大器和限幅电路集成在一起的组件，与数字电路（如 TTL）器件可直接连接，广泛应用在模/数转换器、电平检测及波形变换等领域。图 3-3-10 所示为由图 3-3-7（a）所示的过零比较器把正弦波变换为矩形波的例子。

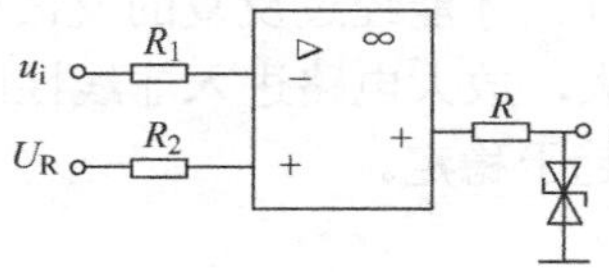

图 3-3-9　双向限幅比较器

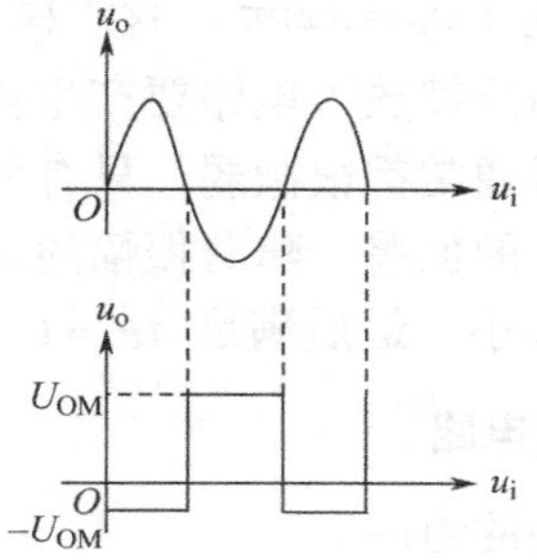

图 3-3-10　波形变换

3.3.3　正弦波振荡器

1. 正弦波振荡器的工作原理

在测量、自动控制、无线电等技术领域中，常常需要各种类型的信号源。用于产生信号的电子电路称为信号发生器。由于信号发生器是依靠电路本身的自激振荡来产生输出信号的，因此又称为振荡器。

按产生的波形不同，振荡器可分为正弦波振荡器和非正弦波（如方波、三角波等）振荡器。本书仅介绍正弦波振荡器。

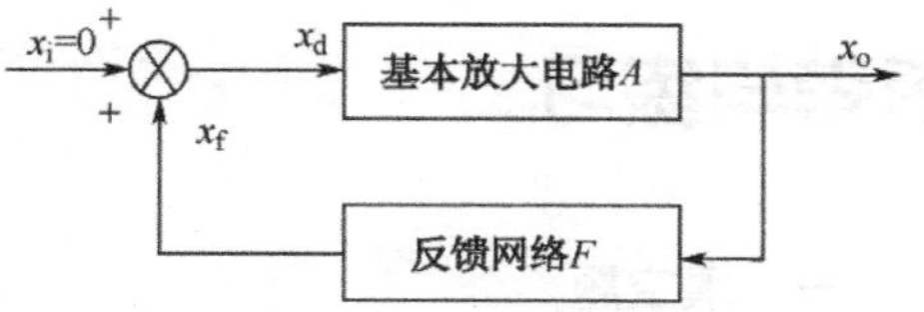

图 3-3-11　振荡器的原理图

一个放大电路的输入端不外接输入信号，在输出端仍有一定频率和幅值的信号输出的现象称为自激振荡。放大电路必须引入正反馈并满足一定的条件才能产生自激振荡。

放大电路产生自激振荡的条件，可以用　图 3-3-11 所示反馈放大电路的方框图说明。在无输入信号（$u_i=0$）时，电路中的噪扰电压（如元件的热噪声、电路参数波动引起的电压及电流的变化、电源接通时引起的瞬变过程等）使放大电路产生瞬间输出

x'_o，经反馈网络反馈到输入端，得到瞬间输入 x_d，再经基本放大电路放大，又在输出端产生新的输出信号 x'_o，如此反复。在无反馈或负反馈情况下，输出 x'_o 会逐渐减小，直到消失。但在正反馈（如图 3-3-11 极性所示）情况下，x'_o 会很快增大，最后由于饱和等原因输出稳定在 x_o，并靠反馈永久保持下去。

可见产生自激振荡必须满足 $\dot{X}_f = \dot{X}_d$。由于 $\dot{X}_f = \dot{F}\dot{X}_o$，$\dot{X}_o = \dot{A}\dot{X}_d$，由此可得产生自激振荡的条件为

$$\dot{A}\dot{F} = 1$$

由于 $\dot{A} = A\angle\varphi_A$　$\dot{F} = F\angle\varphi_F$，因此

$$\dot{A}\dot{F} = A\angle\varphi_A\ F\angle\varphi_F = AF\angle(\varphi_A + \varphi_F) = 1$$

于是自激振荡条件又可分为：

幅值条件：$|\dot{A}\dot{F}| = 1$，表示反馈信号与输入信号的大小相等。

相位条件：$\varphi_A + \varphi_F = \pm 2n\pi$，表示反馈信号与输入信号的相位相同，即必须是正反馈。

幅值条件表明反馈放大电路要产生自激振荡，还必须有足够的反馈量。事实上，由于电路中的干扰信号通常都很微弱，只有使 $\dot{A}\dot{F} > 1$，才能经过反复的反馈放大，使幅值迅速增大而建立起稳定的振荡，随着振幅的逐渐增大，放大电路进入非线性区，使放大电路的放大倍数 A 逐渐减小，最后满足 $\dot{A}\dot{F} = 1$，振幅趋于稳定。

2.正弦波振荡电路

（1）振荡电路的组成。

① 放大电路：由三极管、场效应管、运放等构成的各种基本放大电路。

② 选频网络：有 LC 选频网络、RC 选频网络等，这部分决定了正弦波发生器的振荡频率。

③ 反馈网络：有变压器反馈、LC 反馈网络、RC 反馈网络及其组合电路。

（2）正弦波振荡器的分类。

根据选频网络的不同，可将振荡器分为 RC 振荡器（振荡频率范围为几十赫兹至几十千赫兹）；LC 振荡器（振荡频率的范围为几千赫兹至几百千赫兹）；石英晶体振荡器（约为兆赫兹数量级）。每一类电路中，放大电路和反馈网络又可采用各种不同的电路形式。

思考与练习

一、填空题

1．自激振荡电路是指__________的一种电路。

2．正弦波振荡电路的振幅平衡条件是__________，相位平衡条件是__________。

3．电压比较器与放大电路、运算电路的主要区别是：电压比较器电路的集成运放工作在__________或__________，因此它的输出只有__________和__________两个稳定状态。（三态比较器除外）

4．无论是用集成运放还是集成电压比较器构成的电压比较电路，其输出电压与两个输入端的电位关系相同，即只要反相输入端的电位高于同相输入端的电位，则输出为________电平。相反，若同相输入端的电位高于反相输入端的电位，则输出为__________电平。

5．电压比较器中，集成运放工作在__________状态。

二、综合题

1．图 3-3-12 所示各电路中，运算放大器的 $u_{oM}=\pm 12V$，稳压管的稳定电压 U_Z 为 6V，正向导通电压 u_o 为 0.7V，试画出各电路的电压传输特性曲线。

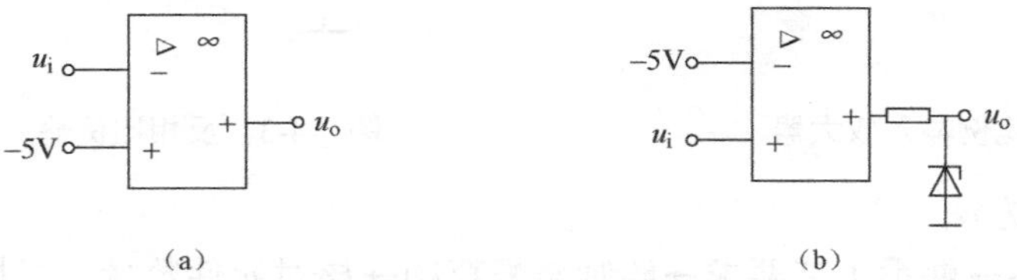

图 3-3-12　综合题 1 图

2．正弦波振荡电路由哪几部分组成？试说明产生自激振荡必须满足哪些条件，正弦波振荡电路中为什么要有选频电路？没有它是否也能产生振荡？

3.4　技能训练：集成运算放大器的使用与测试

1．技能目标

（1）能熟练在万能板上进行合理布局布线。

（2）了解集成运放的使用常识，根据要求，能正确选用元件。

（3）会正确安装和调试集成运放电路。

2．工具、元件和仪器

（1）电烙铁等常用电子装配工具。

（2）LM358（引脚排列如图 3-4-1 所示）、电阻等。

（3）万用表、示波器。

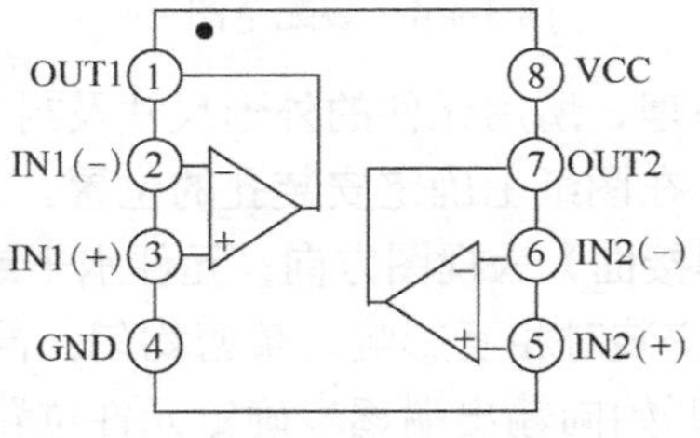

图 3-4-1　LM358 引脚排列图

3．实训步骤

1）工作原理

集成运算放大器电路原理图如图 3-4-2 和图 3-4-3 所示。

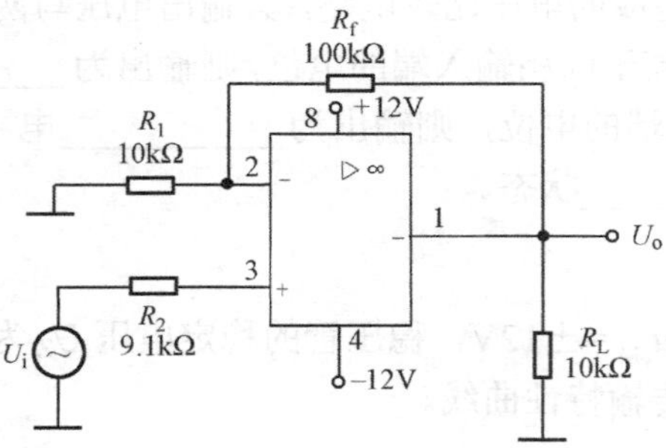

图 3-4-2　同相比例输入放大器

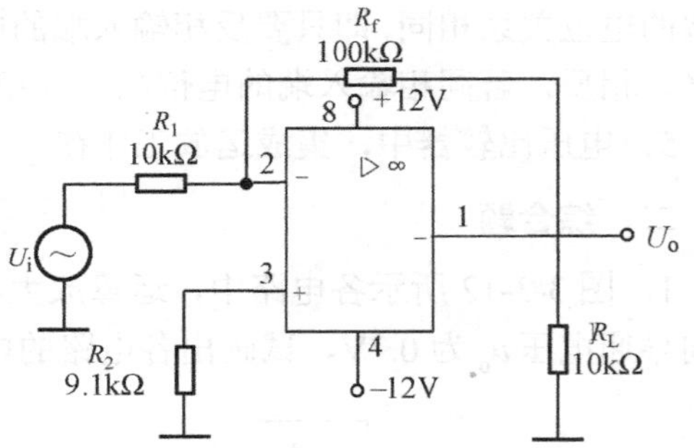

图 3-4-3　反相比例输入放大器

2）装配要求和方法

工艺流程：准备→熟悉工艺要求→绘制装配草图→核对元件数量、规格、型号→元件检测→元件预加工→装配、焊接→总装加工→自检。

（1）准备：将工作台整理有序，工具摆放合理，准备好必要的物品。

（2）熟悉工艺要求：认真阅读电路原理图和工艺要求。

（3）绘制装配草图：绘制装配草图的要求和方法，如图 3-4-4 所示。

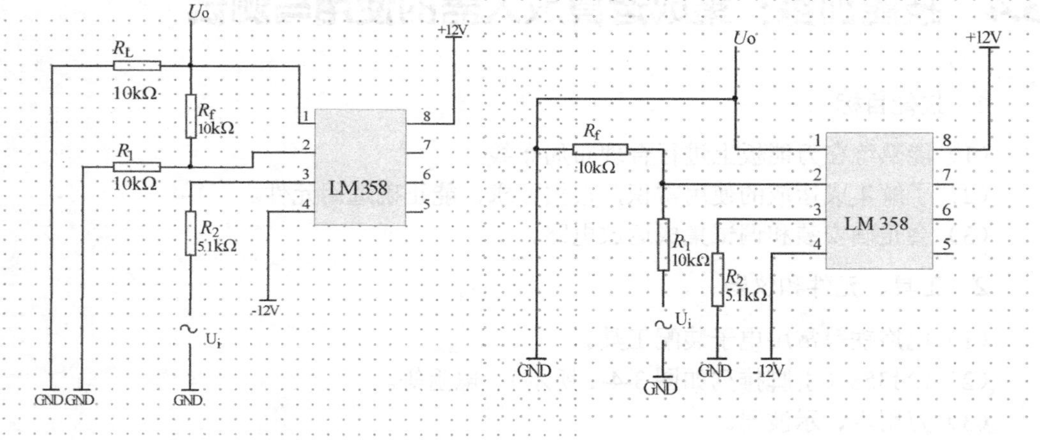

图 3-4-4　装配草图

① 设计准备：熟悉电路原理、所用元件的外形尺寸及封装形式。

② 按万能电路板实样 1:1 在图纸上确定安装孔的位置。

③ 装配草图以导线面（焊接面）为视图方向；元件水平或垂直放置，不可斜放；布局时应考虑元件外形尺寸，避免安装时相互影响，疏密均匀；同时注意电路走向应基本和电路原理图一致，一般由输入端开始向输出端逐步确定元件位置，相关电路部分的元件应就近安放，按一字排列，避免输入/输出之间的影响；每个安装孔只能插一个元件引脚。

④ 按电路原理图的连接关系布线，布线应做到横平竖直，导线不能交叉（确需交叉的导线可在元件下穿过）。

⑤ 检查绘制好的装配草图上的元件数量、极性和连接关系应与电路原理图完全一致。

（4）清点元件：核对元件的数量和规格，应符合工艺要求，如有短缺、差错应及时补缺和更换。

（5）元件检测：用万用表的电阻挡对元件进行逐一检测，对不符合质量要求的元件剔除并更换。

（6）元件预加工。

（7）万能电路板装配工艺要求。

① 电阻采用水平安装方式，紧贴印制板，色码方向一致。

② 所有焊点均采用直脚焊，焊接完成后剪去多余引脚，留头在焊面以上 0.5～1mm，且不能损伤焊接面。

③ 万能接线板布线应正确、平直，转角处成直角；焊接可靠，无漏焊、短路等现象。

基本方法：

a．将导线理直。

b．根据装配草图用导线进行布线，并与每个有元件引脚的安装孔进行焊接。

c．焊接可靠，剪去多余导线。

（8）自检：对已完成的装配、焊接的工件仔细检查质量，重点是装配的准确性，包括元件位置等；焊点质量应无虚焊、假焊、漏焊、搭焊及空隙、毛刺等；检查有无影响安全性能指标的缺陷。

3）调试、测量

（1）验证同相比例运算关系。

电路如图 3-4-2 所示，将测量结果填入表 3-4-1 中。输入信号为 f=1kHz 的正弦波。

表 3-4-1　测量结果表（1）

U_o(V) / U_i（V）	U_o（测试）	U_o（理论）
0.1		
0.2		

同时用示波器观察输入、输出波形，其相位关系是__________________。

（2）验证反相比例运算关系。

电路如图 3-4-3 所示，将测量结果填入表 3-4-2 中。输入信号为 f=1kHz 的正弦波。

表 3-4-2　测量结果表（2）

U_o（V） / U_i（V）	U_o（测试）	U_o（理论）
0.1		
0.2		

同时用示波器观察输入、输出波形，其相位关系是__________________。

4．项目评价

项目考核评价表如表 3-4-3 所示。

表 3-4-3　项目考核评价表

<table>
<tr><td rowspan="2">评价指标</td><td rowspan="2" colspan="5">评价要点</td><td colspan="5">评价结果</td></tr>
<tr><td>优</td><td>良</td><td>中</td><td>合格</td><td>差</td></tr>
<tr><td rowspan="2">理论知识</td><td colspan="5">1．同相、反相比例放大电路知识掌握情况</td><td></td><td></td><td></td><td></td><td></td></tr>
<tr><td colspan="5">2．装配草图绘制情况</td><td></td><td></td><td></td><td></td><td></td></tr>
<tr><td rowspan="5">技能水平</td><td colspan="5">1．元件识别与清点</td><td></td><td></td><td></td><td></td><td></td></tr>
<tr><td colspan="5">2．课题工艺情况</td><td></td><td></td><td></td><td></td><td></td></tr>
<tr><td colspan="5">3．课题调试测量情况</td><td></td><td></td><td></td><td></td><td></td></tr>
<tr><td colspan="5">4．低频信号发生器操作熟练度</td><td></td><td></td><td></td><td></td><td></td></tr>
<tr><td colspan="5">5．示波器操作熟练度</td><td></td><td></td><td></td><td></td><td></td></tr>
<tr><td>安全操作</td><td colspan="5">能否按照安全操作规程操作，有无发生安全事故，有无损坏仪表</td><td></td><td></td><td></td><td></td><td></td></tr>
<tr><td>总评</td><td>评别</td><td>优
88～100 分</td><td>良
75～87 分</td><td>中
65～74 分</td><td>合格
55～64 分</td><td>差
≤54 分</td><td colspan="2">总评
得分</td><td colspan="2"></td></tr>
</table>

第 4 章 直流稳压电源

4.1 整流电路及其应用

学习目标

1. 熟悉单相整流电路的组成，了解整流电路的工作原理。
2. 掌握单相整流电路的输出电压和电流的计算方法，并能通过示波器观察整流电路输出电压的波形。
3. 能从实际电路中识读整流电路，通过估算，能合理选用整流元器件。

4.1.1 认识整流电路

电源电路中的整流电路主要有半波整流电路、全波整流电路和桥式整流电路三种。

1．图解单相半波整流电路（图 4-1-1）

电路名称	电路原理图	波形图
单相半波整流电路	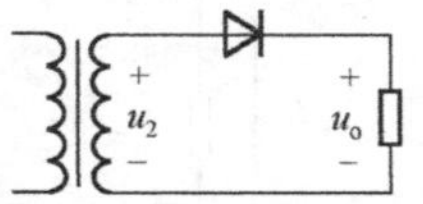	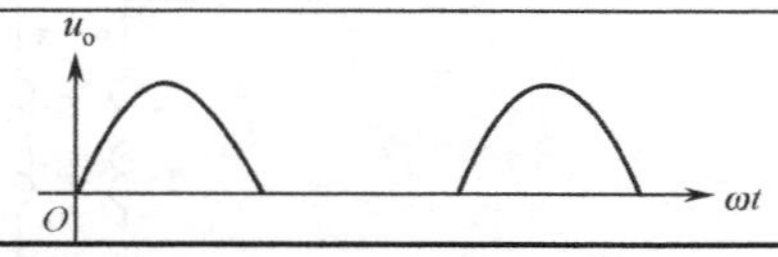

图 4-1-1　单相半波整流电路原理图及波形图

半波整流电路是电源电路中一种最简单的整流电路，它的电路结构最为简单，只用一只整流二极管。由于这一整流电路的输出电压只是利用了交流输入电压的半周，因此被称为半波整流电路。半波整流电路是各种整流电路的基础，掌握了这种整流电路工作原理的分析思路，便能分析其他的整流电路。

2．图解单相全波整流电路（图 4-1-2）

电路名称	电路原理图	波形图
单相全波整流电路	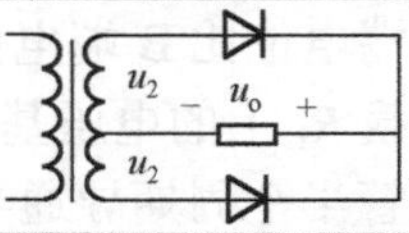	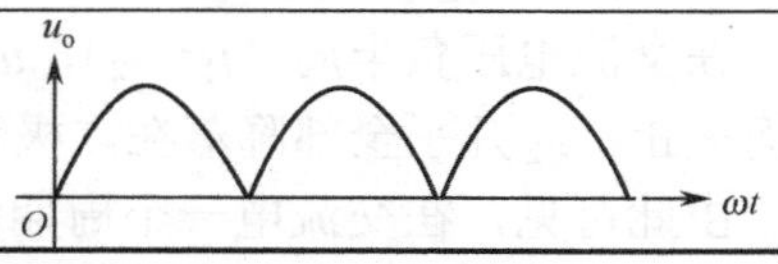

图 4-1-2　单相全波整流电路原理图及波形图

全波整流电路使用两只整流二极管构成一组全波整流电路，且要求电源变压器有中心抽头。全波整流电路的效率高于半波整流电路，因为交流输入电压的正、负半周都被作为输出电压输出了。本电路二极管极性不能接反，否则会烧毁二极管。

3．图解单相桥式整流电路（图 4-1-3）

<table>
<tr><th>电 路 名 称</th><th>电路原理图</th><th>波 形 图</th></tr>
<tr><td>单相桥式整流电路</td><td>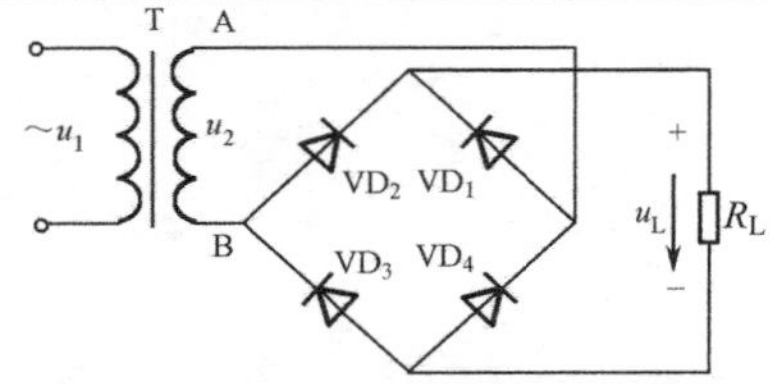
</td><td>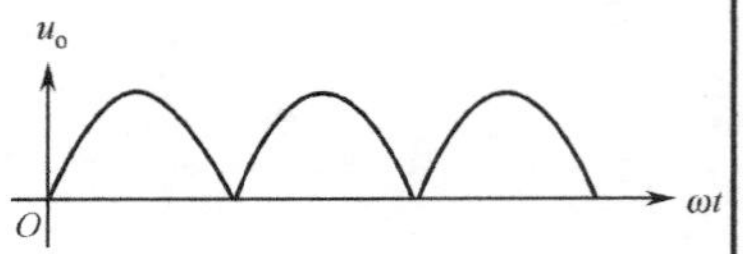
</td></tr>
</table>

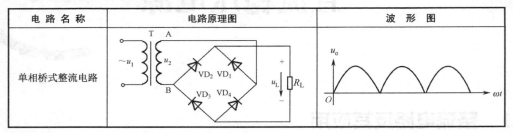

图 4-1-3　单相桥式整流电路原理图及波形图

单相桥式整流电路的变压器次级绕组不用设中心抽头，但要用四只整流二极管。从整流电路的输出电压波形中可以看出，通过桥式整流电路，可以将交流电压转换成单向脉动性的直流电压，这一电路作用同全波整流电路一样，也是将交流电压的负半周转到正半周。

4.1.2　整流电路的工作原理

1．单相半波整流电路

单相半波整流电路如图 4-1-4 所示。整流变压器将电压 u_1 变为整流电路所需的电压 u_2，它的瞬时表达式为 $u_2 = \sqrt{2}\,U_2\sin\omega t$，波形如图 4-1-5（a）所示。

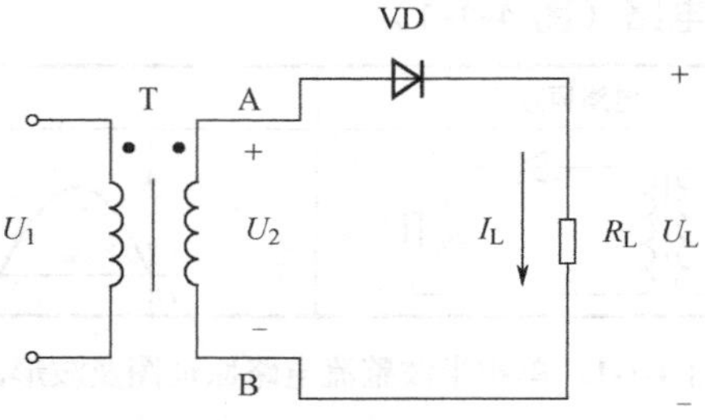

图 4-1-4　单相半波整流电路电路原理图

1）工作原理

设在交流电压正半周（$0 \sim t_1$），$u_2 > 0$，A 端电位比 B 端电位高，二极管 VD 因加正向电压而导通，电流 I_L 的路径是 A→VD→R_L→B→A。注意到，忽略二极管正向压降时，A 点电位与 B 点电位相等，则 u_2 几乎全部加到负载 R_L 上，R_L 上电流方向与电压极性如图 4-1-4 所示。

在交流电压负半周（$t_1 \sim t_2$），$u_2 < 0$，A 端电位比 B 端电位低，二极管 VD 承受反向电压而截止，u_2 几乎全部降落在二极管上，负载 R_L 上的电压基本为零。

由此可见，在交流电一个周期内，二极管半个周期导通半个周期截止，以后周期性地重复上述过程，负载 R_L 上电压和电流波形如图 4-1-5（b）、（c）所示。

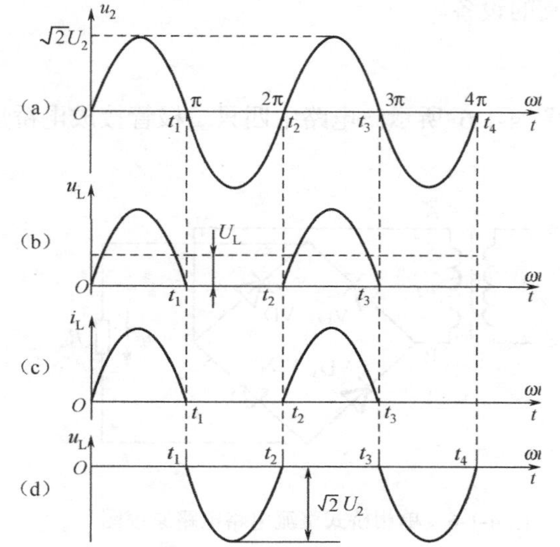

图 4-1-5　单相半波整流电路波形图

利用整流二极管的单向导电性将双向的交流电路变成单方向的脉动直流电，这一过程称为整流。由于输出的脉动直流电的波形是输入的交流电波形一半，故称为半波整流电路。

2）负载 R_L 上的直流电压和电流的计算

依据数学推导或实验都可以证明，单相半波整流电路中，负载 R_L 上的半波脉动直流电压平均值可按下式计算

$$U_L \approx 0.45U_2$$

式中，U_2 为整流输入端的交流电压有效值。

为了便于计算，有时依据负载 R_L 上的电压 U_L 来求得整流变压器副边电压 U_2，这时，

$$U_2 \approx \frac{1}{0.45}U_L \approx 2.22U_L$$

流过负载 R_L 的直流电流平均值 I_L 可根据欧姆定律求出，即

$$I_L = \frac{U_L}{R_L} \approx 0.45\frac{U_2}{R_L}$$

3）整流二极管上的电流和最大反向电压

二极管导通后，流过二极管的平均电流 I_F 与 R_L 上流过的平均电流相等，即

$$I_F = I_L \approx 0.45\frac{U_2}{R_L}$$

由于二极管在 u_2 负半周时截止，承受全部 u_2 反向电压，因此二极管所承受的最大反向电压 U_{RM} 就是 u_2 的峰值，即

$$U_{RM} = \sqrt{2}U_2 \approx 1.41U_2$$

整流二极管所承受的电压波形如图 4-1-5（d）所示。

单相半波整流的特点是：电路简单，使用的器件少，但是输出电压脉动大。由于只利用了正弦半波，理论计算表明其整流效率仅 40%左右，因此只能用于小功率以及对输出电

压波形和整流效率要求不高的设备。

2. 单相桥式整流电路

单相桥式整流电路如图 4-1-6 所示。电路中四只二极管接成电桥形式，所以称为桥式整流电路。

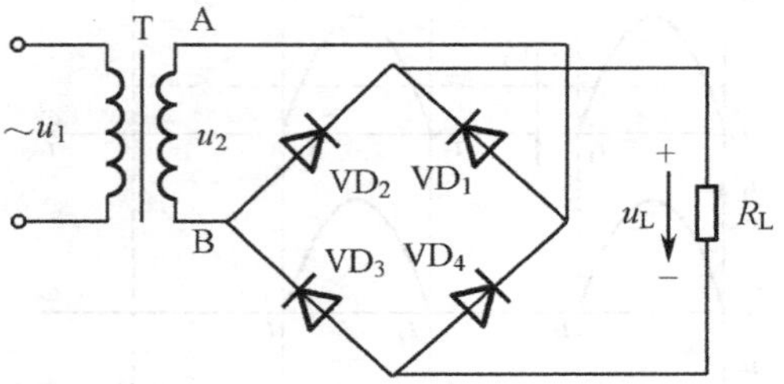

图 4-1-6 单相桥式整流电路电路原理图

1）工作原理

变压器二次绕组电压 u_2 波形如图 4-1-7（a）所示。设在交流电压正半周（0～t_1），u_2>0，A 点电位高于 B 点电位。二极管 VD_1、VD_3 正偏导通，VD_2、VD_4 反偏截止，电流 I_{L1} 通路是 A→VD_1→R_L→VD_3→B→A，如图 4-1-8（a）所示。这时，负载 R_L 上得到一个半波电压，如图 4-1-7（b）中（0～t_1）段。

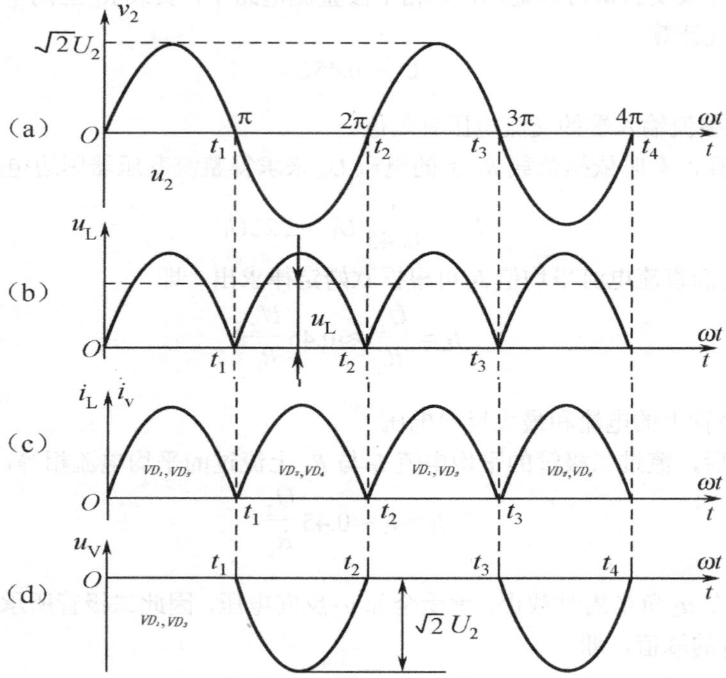

图 4-1-7 单相桥式整流电路波形图

在交流电压负半周（t_1～t_2），u_2<0，B 点电位高于 A 点电位，二极管 VD_2、VD_4 正偏导通，二极管 VD_1、VD_3 反偏截止，电流 I_{L2} 通路是 B→VD_2→R_L→VD_4→A→B，如图 4-1-8

(b) 所示。同样，在负载 R_L 上得到一个半波电压，如图 4-1-7 (b) 中 ($t_1 \sim t_2$) 段。

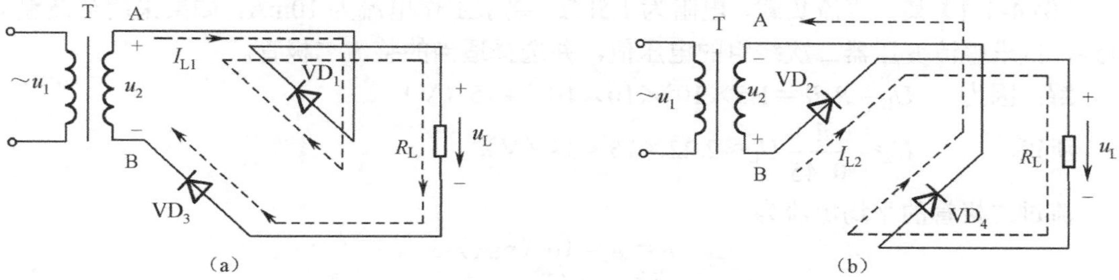

图 4-1-8　单相桥式整流电路的电流通路

2）负载 R_L 上直流电压和电流的计算

在单相桥式整流电路中，交流电在一个周期内的两个半波都有同方向的电流流过负载，因此在同样的 U_2 时，该电路输出的电流和电压均比半波整流大一倍。输出电压为

$$U_L \approx 0.9U_2$$

依据负载 R_L 上的电压 U_L 求得整流变压器副边电压为

$$U_2 \approx \frac{1}{0.9} U_L \approx 1.11U_L$$

流过负载 R_L 的直流电流平均值

$$I_L = \frac{U_L}{R_L} \approx 0.9 \frac{U_2}{R_L}$$

3）整流二极管上的电流和最大反向电压

在桥式整流电路中，由于每只二极管只有半周是导通的，因此流过每只二极管的平均电流只有负载电流的一半，即

$$I_F = \frac{1}{2} I_L \approx 0.45 \frac{U_2}{R_L}$$

要注意的是，在单相桥式整流电路中，每只二极管承受的最大反向电压也是 u_2 的峰值，即

$$U_{RM} = \sqrt{2}\, U_2 \approx 1.41U_2 = \frac{\sqrt{2}}{0.9} U_L \approx 1.57U_L$$

3．整流电路的作用

整流电路是电源电路中的核心部分，无论什么类型的电源电路，都需要整流电路来完成交流电至直流电的转换。整流电路的类型比较少，但具体电路的变化比较多，电子电路中基本的整流电路有半波整流电路、全波整流电路和桥式整流电路。

4.1.3　整流电路的应用

1．单相半波整流电路二极管的选择

在单相半波整流电路中，二极管中的电流等于输出电流，所以在选用二极管时，二极管的最大整流电流 I_F 应大于负载电流 I_L。二极管的最高反向电压就是变压器副边电压的最大值。根据 I_F 和 U_{RM} 的值，查阅半导体手册就可以选择到合适的二极管。

【例 4-1-1】 某一直流负载，电阻为 1.5kΩ，要求工作电流为 10mA，如果采用半波整流电路，试求整流变压器二次绕组的电压值，并选择适当的整流二极管。

解： 因为 $U_L = R_L I_L = 1.5\times10^3\times10\times10^{-3} = 15$（V）

所以 $U_2 \approx \dfrac{1}{0.45} U_L \approx 2.22\times15 \approx 33$（V）

流过二极管的平均电流为

$$I_F = I_L = 10\text{（mA）}$$

二极管承受的最大反向电压为

$$U_{RM} = \sqrt{2}\,U_2 \approx 1.41\times33 \approx 47\text{（V）}$$

根据以上参数，查晶体管手册，可选用一只额定整流电流为 100mA，最高反向工作电压为 50V 的 2CZ82B 型整流二极管。

2．单相桥式整流电路中二极管的选择

【例 4-1-2】 有一直流负载，要求电压为 U_o=36V，电流为 I_o=10A，采用图 4-1-6 所示的单相桥式整流电路。（1）试选用所需的整流元件；（2）若 VD_2 因故损坏开路，求 U_o 和 I_o，并画出其波形；（3）若 VD_2 短路，会出现什么情况？

解：（1）根据给定的条件 I_o=10A，整流元件所通过的电流

$$I_D = \frac{1}{2} I_o = 5\text{（A）}$$

变压器副边电压有效值

$$U_2 = \frac{U_o}{0.9} = \frac{36}{0.9} = 40\text{（V）}$$

负载电阻 R_L=3.6（Ω）

整流元件所承受的最大反向电压

$$U_{RM} = \sqrt{2}U_2 = 1.41\times40 = 56\text{（V）}$$

因此选用的整流元件，必须是额定整流电流大于 5A，最高反向工作电压大于 56V 的二极管，可选用额定整流电流为 10A，最高反向工作电压为 100V 的 2CZ10 型的整流二极管。

（2）当 VD_2 开路时，只有 VD_1 和 VD_2 在正半周时导通，而负半周时，VD_1、VD_3 均截止，VD_4 也因 VD_2 开路而截止，故电路只有半周是导通的，相当于半波整流电路，输出为桥式整流电路输出电压、电流的一半。所以有

$$U_o = 0.45U_2 = 0.45\times40 = 18\text{（V）}$$

$$I_o = \frac{U_o}{R_L} = 5\text{（A）}$$

而流过二极管的电流 I_D 和其最大反向电压 U_{RM} 与（1）中相同，输出 u_o 和 i_o 波形如图 4-1-9 所示。

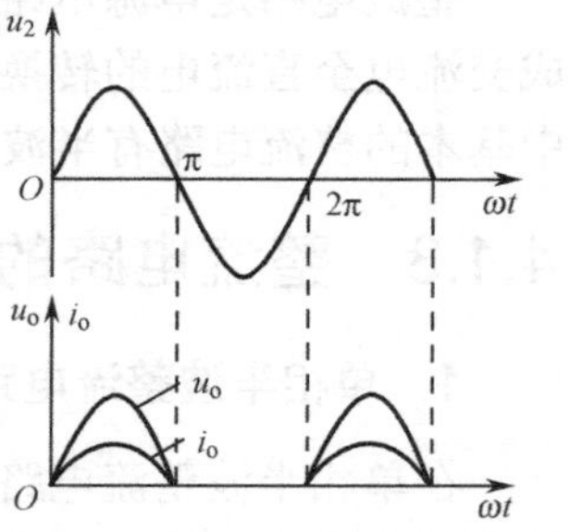

图 4-1-9　例 4-1-2 题图

（3）当 VD_2 短路后，在正半周中电流的流向为 A→VD_1→VD_3→B，一只二极管的导通压降只有 0.6V，因此变压器二次电流迅速增加，容易烧坏变压器和二极管。

二极管作为整流元件，要根据不同的整流方式和负载大小加以选择。如选择不当，则或者不能安全工作，甚至烧了管子；或者大材小用，造成浪费。

思考与练习

一、填空题

1．整流电路是利用二极管的__________，将正负交替的正弦交流电压变换成单方向的脉动电压。

2．在单相全波整流电路中，所用整流二极管的数量是__________只。

3．在整流电路中，设整流电流平均值为 I_o，则流过每只二极管的电流平均值 $I_D = I_o$ 的电路是单相__________整流电路。

4．整流电路如图 4-1-10 所示，变压器副边电压有效值为 U_2，二极管 VD 所承受的最高反向电压是__________。

5．整流电路如图 4-1-11 所示，输出电流平均值 $I_o = 50$ mA，则流过二极管的电流平均值 I_D 是__________。

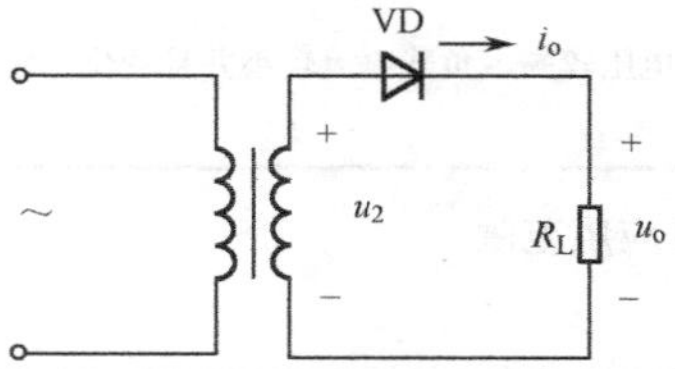

图 4-1-10　填空题 4 图

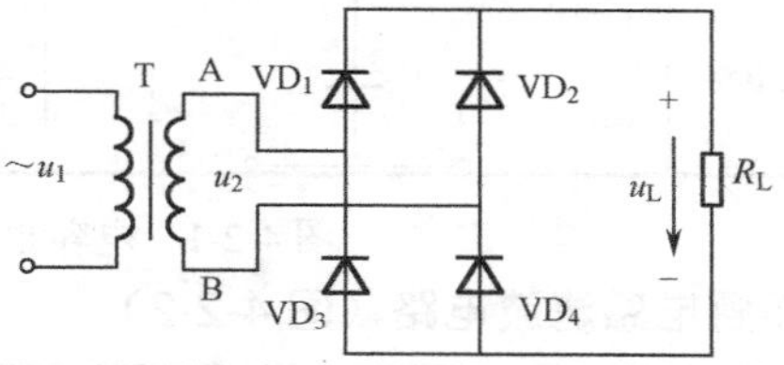

图 4-1-11　填空题 5 图

二、综合题

1．什么叫整流？整流电路主要需要什么元器件？

2．半波整流电路、桥式整流电路各有什么特点？

3．在图 4-1-12 所示电路中，已知 R_L=8kΩ，直流电压表 V_2 的读数为 110V，二极管的正向压降忽略不计，求：

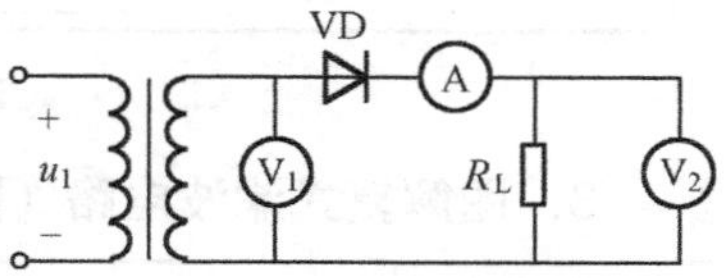

图 4-1-12　综合题 3 图

（1）直流电流表 A 的读数；

（2）整流电流的最大值；

（3）交流电压表 V_1 的读数；

4．在单相桥式整流电路（见图 4-1-6）中，问：（1）如果二极管 VD_2 接反，会出现什么现象？（2）如果输出端发生短路时，会发生什么情况？（3）如果 VD_1 开路，又会出现什么现象？

5．在单相桥式整流电路中，已知变压器副边电压有效值 U_2=60V，R_L=2kΩ，若不计二极管的正向导通压降和变压器的内阻，求：（1）输出电压平均值 U_o；（2）通过变压器二次绕组的电流有效值 I_2；（3）确定二极管的 I_D、U_{RM}。

4.2 滤波电路及其应用

学习目标

1．能识读电容滤波、电感滤波、复式滤波电路图；了解滤波电路的应用实例。

2．了解滤波电路的作用及工作原理。

3．通过示波器观察滤波电路的输出电压波形，会估算电容滤波电路的输出电压。

4.2.1 认识滤波电路

单相半波和单相桥式整流电路，虽然都可以把交流电转换为直流电，但是所输出的都是脉动直流电压，其中含有较大的交流成分，因此这种不平滑的直流电仅能在电镀、电焊、蓄电池充电等要求不高的设备中使用，而对于有些仪器仪表及电气控制装置等，往往要求直流电压和电流比较平滑，因此必须把脉动的直流电变为平滑的直流电。保留脉动电压的直流成分，尽可能滤除它的交流成分，这就是滤波。这样的电路称为滤波电路（也称为滤波器）。滤波电路直接接在整流电路后面，它通常由电容器、电感器和电阻器按照一定的方式组合而成。

1．图解电容滤波电路（图 4-2-1）

电路名称	电路图	应用范围
电容滤波电路	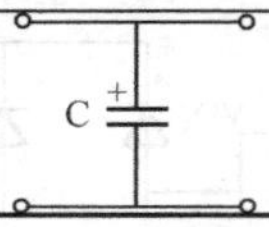	用于要求输出电压较高，负载电流较小并且变化也较小的场合

图 4-2-1　电容滤波电路图及应用范围

2．图解电感滤波电路（图 4-2-2）

电路名称	电路图	应用范围
电感滤波电路	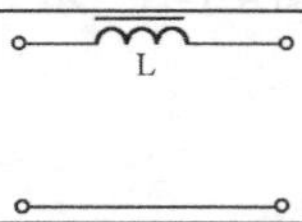	用于低电压、大电流的场合

图 4-2-2　电感滤波电路图及应用范围

3．图解复式滤波电路（图 4-2-3）

电路名称	电路图	应用场合
复式滤波电路	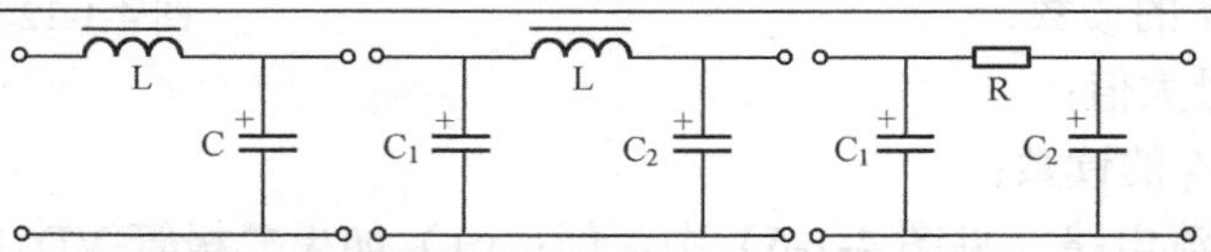	不同的滤波器，特性不一，应用场合也不一样

图 4-2-3　复式滤波电路图及应用范围

4.2.2 滤波电路的工作原理及应用

1．电容滤波电路

1）电路结构

在桥式整流电路输出端并联一个电容量很大的电解电容器，就构成了它的滤波电路，如图 4-2-4 所示。

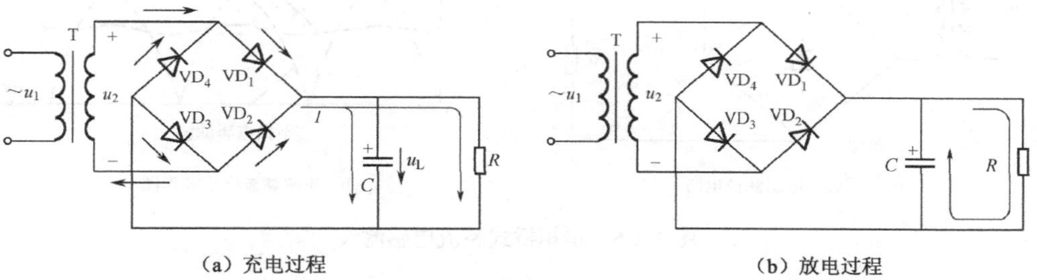

图 4-2-4　单相桥式整流电容滤波电路图

2）电容滤波工作原理

单相桥式整流电路，在不接电容器 C 时，其输出电压波形如图 4-2-5（a）所示。在接上电容器 C 后，当输入次级电压为正半周上升段期间，电容充电；当输入次级电压 u_2 由正峰值开始下降后，电容开始放电，直到电容上的电压 $u_C < u_2$，电容又重新充电；当 $u_2 < u_C$ 时，电容又开始放电，电容器 C 如此周而复始进行充放电，负载上便得到近似如图 4-2-5（b）所示的锯齿波的输出电压。

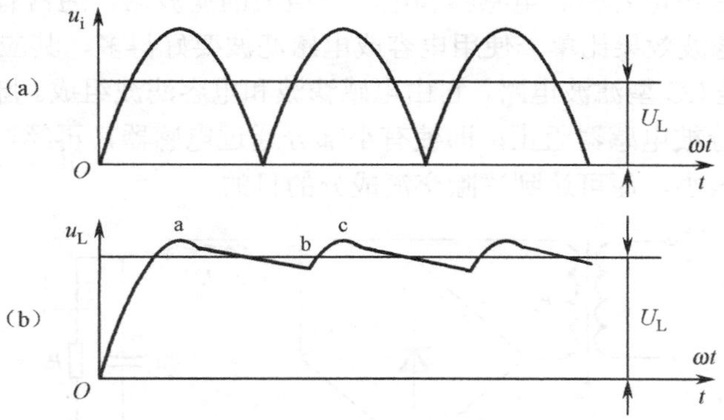

图 4-2-5　单相桥式整流电容滤波波形图

从上面分析可知，电容滤波的特点是电源电压在一个周期内，电容器 C 充放电各两次。比较图 4-2-5（a）和图 4-2-5（b）可知，经电容器滤波后，输出电压就比较平滑了，交流成分大大减少，而且输出电压平均值得到提高，这就是滤波的作用。

2．电感滤波电路

当一些电气设备需要脉动小、输出电流大的直流电时，往往采用电感滤波电路，即在整流输出电路中串联带铁芯的大电感线圈。这种线圈称为阻流圈，如图 4-2-6（a）所示。

由于电感线圈的直流电阻很小，脉动电压中直流分量很容易通过电感线圈，几乎全部加到负载上；而电感线圈对交流的阻抗很大，因此脉动电压中交流分量很难通过电感线圈，大部分降落在电感线圈上。根据电磁感应原理，线圈通过变化的电流时，它的两端要产生自感电动势来阻碍电流变化，当整流输出电流增大时，它的抑制作用使电流只能缓慢上升；而整流输出电流减小时，它又使电流只能缓慢下降，这样就使得整流输出电流变化平缓，其输出电压的平滑性比电容滤波好，如图 4-2-6（b）所示。

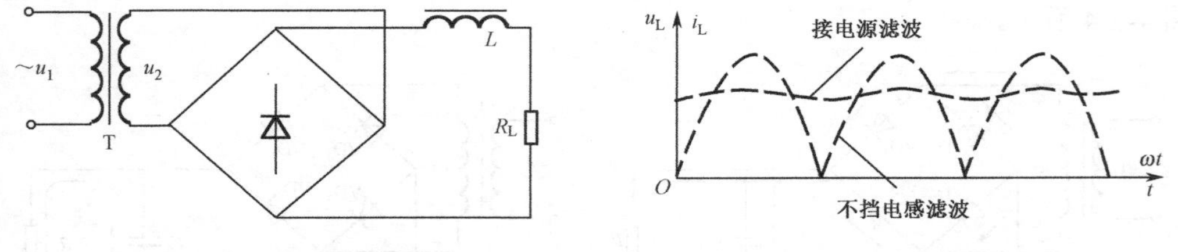

（a）电感滤波电路　　　　（b）电感滤波电压波形图

图 4-2-6　单相桥式整流电感滤波

一般来说，电感越大，滤波效果越好，但是电感太大的阻流圈其铜线直流电阻相应增加，铁芯也需增大，结果使滤波器铜耗和铁耗均增加，成本上升，而且输出电流、电压下降。所以滤波电感常取几亨到几十亨。如果忽略电感线圈的铜阻，滤波电路输出电压为 $U_o \approx 0.9U_2$。

有的整流电路的负载是电动机线圈、继电器线圈等电感性负载，那就如同串入了一个电感滤波器一样，负载本身就能起到平滑脉动电流的作用，这时可以不另加滤波器。

3. 复式滤波电路

复式滤波电路是用电容器、电感器和电阻器组成的滤波器，通常有 LC 型、LCπ型、RCπ型几种。它的滤波效果比单一使用电容或电感滤波要好得多，其应用较为广泛。

图 4-2-7 所示是 LC 型滤波电路，它由电感滤波和电容滤波组成。脉动电压经过双重滤波，交流分量大部分被电感器阻止，即使有小部分通过电感器，再经过电容滤波，这样负载上的交流分量也很小，便可达到滤除交流成分的目的。

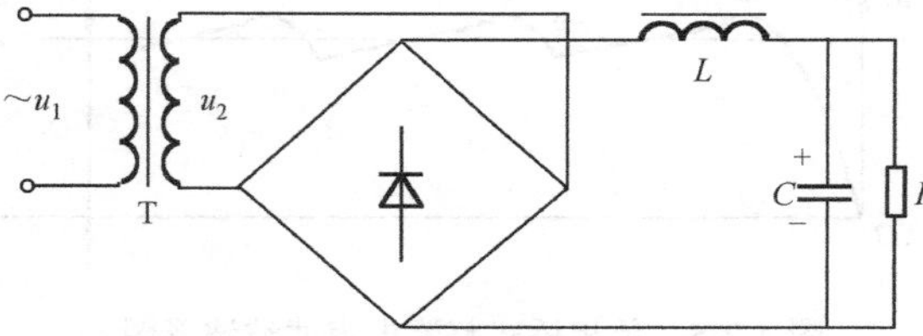

图 4-2-7　LC 型滤波电路

图 4-2-8 所示是 LCπ型滤波电路，可看成是电容滤波和 LC 型滤波电路的组合，因此滤波效果更好，在负载上的电压更平滑。由于 LCπ型滤波电路输入端接有电容，在通电瞬间因电容器充电会产生较大的充电电流，所以一般取 $C_1 < C_2$，以减小浪涌电流。

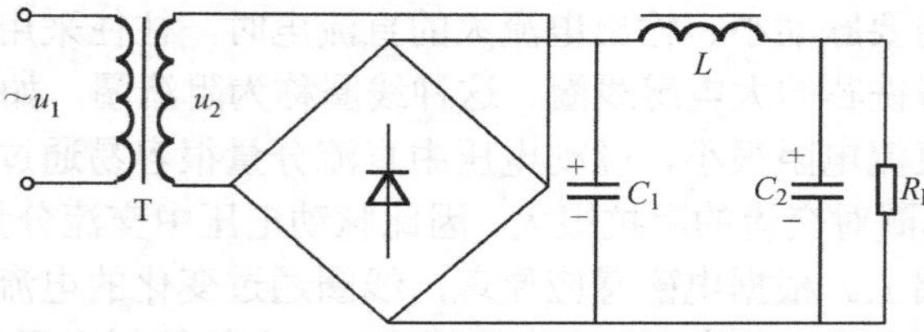

图 4-2-8　LCπ型滤波电路

图 4-2-9 所示是 RCπ型滤波电路。在负载电流不大的情况下，为降低成本，缩小体积，

减轻重量，选用电阻器 R 来代替电感器 L。一般 R 取几十欧到几百欧。

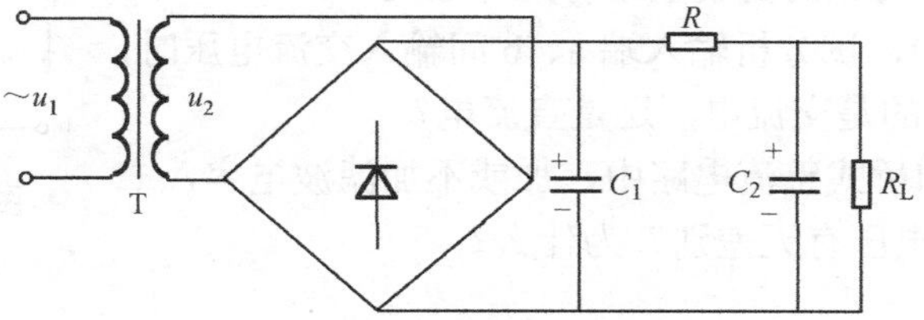

图 4-2-9　RCπ型滤波电路

当使用一级复式滤波达不到对输出电压的平滑性要求时，可以增添级数，如图 4-2-10 所示。

以上讨论了常见的几种滤波器，它们的特性不一，电容滤波、RCπ型滤波流过整流器件的电流是间断的脉冲形式，峰值较大，外特性较差，适用于小功率而且负载变化较小的设备；电感滤波、LC 型滤波流经整流器件的电流平稳连续，无冲击现象，外特性较好，适用于大功率而且负载变化较大的设备；电子滤波只能在小电流情况中应用。

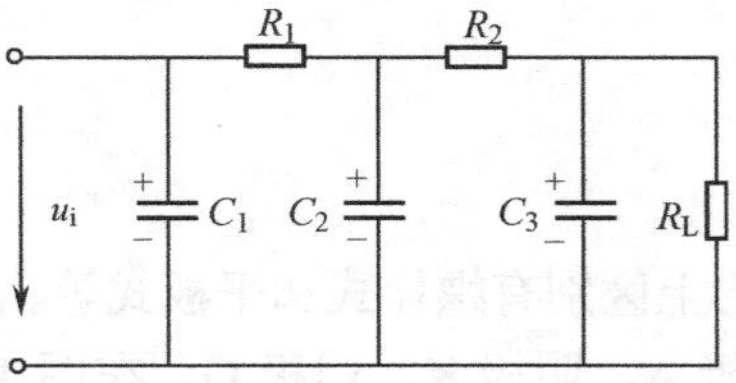

图 4-2-10　多级 RC 型滤波电路

思考与练习

一、填空题

1．滤波的作用是将__________直流电变为__________直流电。

2．滤波电路通常由__________、__________和__________按照一定的方式组合而成。

3．桥式整流电容滤波电路中，已知 U_2=10V，空载时其输出电压 U_o=__________。

4．桥式整流电容滤波电路如图 4-2-11 所示，请回答下面的问题：

（1）S 断开，U_L=__________；

（2）S 断开，VD_1 的一端脱焊，U_L=__________；

（3）S 闭合，U_L=__________；

（4）S 闭合，U_{RM}=__________；

（5）S 闭合，R_L 开路，U_L=__________。

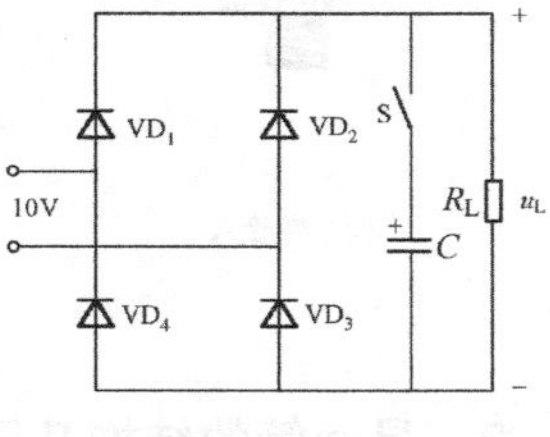

图 4-2-11　填空题 4 图

5．整流电路接入电容滤波器后，输出电压的直流成分__________，交流成分__________。

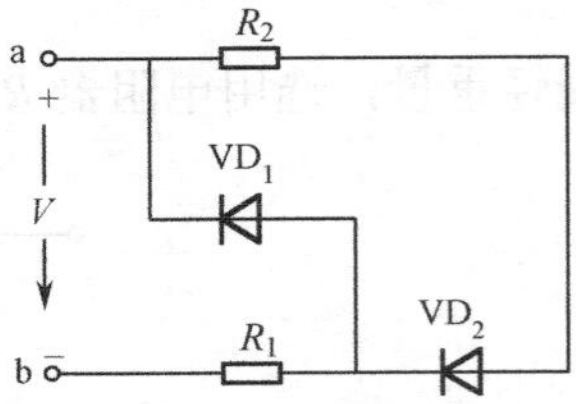

图 4-2-12　综合题 2 图

二、综合题

1．什么叫滤波？常见的滤波电路有几种形式？

2．在图 4-2-12 中，试分析输入端 a、b 间输入交流电压时，通过 R_1、R_2 两电阻上的是交流电，还是直流电？

3．在单相半波和桥式整流电路中，加或不加滤波电容，二极管承受的反向工作电压有无差别？为什么？

4.3　晶闸管可控整流电路

学习目标

1．了解晶闸管的基本结构、符号、引脚排列、伏安特性和主要参数。

2．掌握晶闸管的工作原理及工作特点。

3．掌握单相可控整流电路的可控原理和整流电压与电流的波形，了解特殊晶闸管的应用。

4.3.1　晶闸管

1．晶闸管的外形与符号

晶闸管又称可控硅，从外形上区别有螺栓式和平板式等。晶闸管的外形及符号如图 4-3-1 所示。晶闸管有三个电极：阳极 A、阴极 K、门极 G。在图 4-3-1（a）中带有螺栓的一端是阳极 A，利用它和散热器固定，另一端是阴极 K，细引线为门极 G。在图 4-3-1（b）中所示出大功率的平板式晶闸管，其中间金属环连接出来的引线为门极，离门极较远的端面是阳极 A，较近的端面是阴极 K，安装时用两个散热器把平板式晶闸管夹在中间，以保证它具有较好的散热效果。塑封普通晶闸管的中间引脚为阳极，且多与自带散热片相连，如图 4-3-1（c）所示。晶闸管的电路图形符号如图 4-3-1（d）所示，文字符号为 VT。

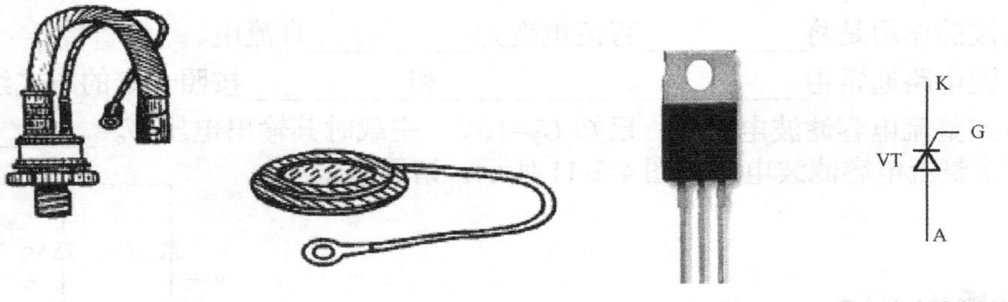

（a）螺栓式　（b）平板式　（c）塑封式　（d）电路图形符号

图 4-3-1　晶闸管的外形与电路图形符号

2．晶闸管的结构及导电特性

1）结构

不论哪种结构形式的晶闸管，管芯都是由四层三端器件（P1 N1 P2 N2）和三端（A、G、K）引线构成的。因此它有三个 PN 结 J1，J2，J3，由最外层的 P 层和 N 层分别引出阳极和阴极，中间的 P 层引出门极，如图 4-3-2 所示。普通晶闸管不仅具有与硅整流二极管正向导通、反向截止相似的特性，更重要的是它的正向导通是可以控制的，起这种控制作用的就是门极的输入信号。

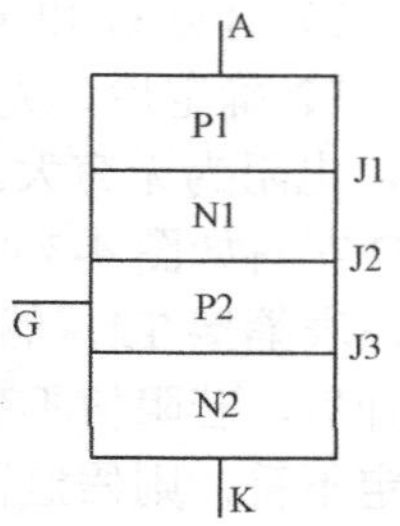

图 4-3-2　晶闸管的结构示意图

2）导电特性

单向晶闸管可以理解为一个受控制的二极管，由其符号可见，它也具有单向导电性，不同之处是除了应具有阳极与阴极之间的正向偏置电压外，还必须给控制极加一个足够大的控制电压，在这个控制电压作用下，晶闸管就会像二极管一样导通了，一旦晶闸管导通，控制电压即使取消，也不会影响其正向导通的工作状态。

3．晶闸管的应用

晶闸管既有单向导电的作用，又可以作控制开关使用，具有弱电控制强电的功能。例如，在可控整流电路中，它把交流电变换成可调的直流电压，还可以在可控开关、变频电源、交直流电动调速系统等方面得到广泛应用。本节中主要介绍晶闸管在单相可控整流电路中的应用。

4.3.2　晶闸管的测量

1．单向晶闸管的识别与测量

目前国内常见晶闸管主要有螺栓型、平板型和塑封型，前两种三个电极的形状区别很大，可以直观识别出来。只有塑封晶闸管需要用万用表检测识别。

如果外形不能判别晶闸管的引脚，可以用万用表电阻挡进行测量。使用万用表 R×100 挡，将黑表笔接某一电极，红表笔依次接触另外的电极，如果有一次阻值很小，约为几百欧姆，而另一次阻值很大约为几千欧姆，则黑表笔接的是控制极 G。在阻值小的那次测量中，红表笔接的是阴极 K，剩余一脚为阳极 A。

2．双向晶闸管的测量

1）T2 的识别

由图 4-3-3 可知，G 极靠近 T1 极，距 T2 极较远。因此 G-T1 极间的正、反向电阻值都很小。在用万用表 R×1 挡检测任意两脚之间的正、反向电阻时，其中若测得两个电极间的正、反向电阻都呈现低阻，约为几十欧姆，则被测两极为 G、T1，剩余的引脚就是 T2。

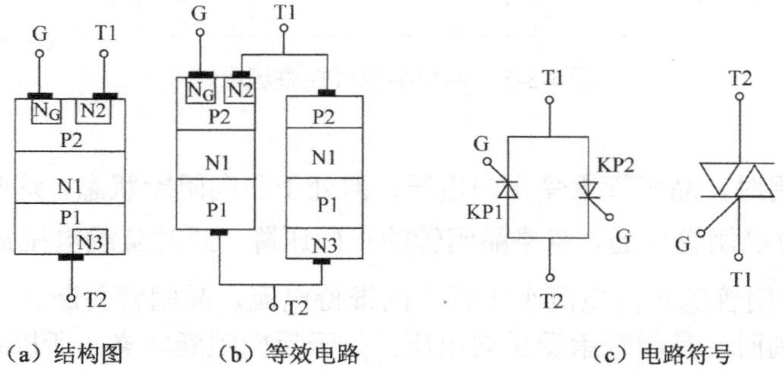

图 4-3-3　双向晶闸管

2）区分 G 和 T1 极

T2 确定后，先假定两脚中一脚为 T1 极，另一脚为 G 极，把黑表笔接 T1，红表笔接 T2，电阻为无穷大。接着用红表笔短接 T2 和 G 短路，给 G 极加上负触发信号，阻值应为 10Ω 左右如图 4-3-4 所示。证明双向晶闸管已导通，其方向为 T1→T2。再用红表笔接 T1，用黑表笔接 T2，然后使 T2 和 G 短路，给 G 加上正触发信号，电阻仍为 10Ω 左右，在 G 脱开后，若阻值不变，说明双向晶闸管触发后，在 T2→T1 方向上能维持导通。若现象与假定不符，则假定错误，据此判别出 T1 与 G 极。

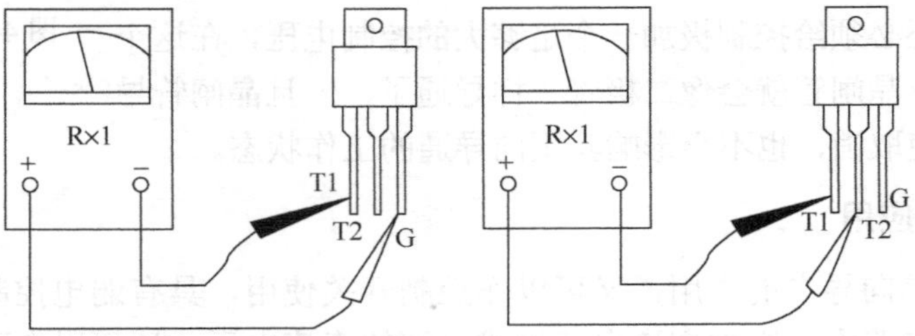

图 4-3-4　区分 T1、G 极检测电路

4.3.3　晶闸管单相可控整流电路

用晶闸管代替二极管组成的整流电路可以将正弦交流电转变成大小可调的直流电，这种电路称为可控整流电路。可控整流有几种电路形式，如单相半波、单相全波和单相桥式可控整流电路等。当功率较大时，常采用三相交流电源组成三相半波或三相桥式可控整流电路。本节只以单相可控整流电路进行讨论。

1．单相半波可控整流电路

1）电路结构

单向半波可控整流电路如图 4-3-5 所示。其中 u_2 为交流电源变压器的二次电压，变压器 TR 起变换电压和电气隔离作用；R_L 为电阻负载，负载电压随电流的变化而变化。

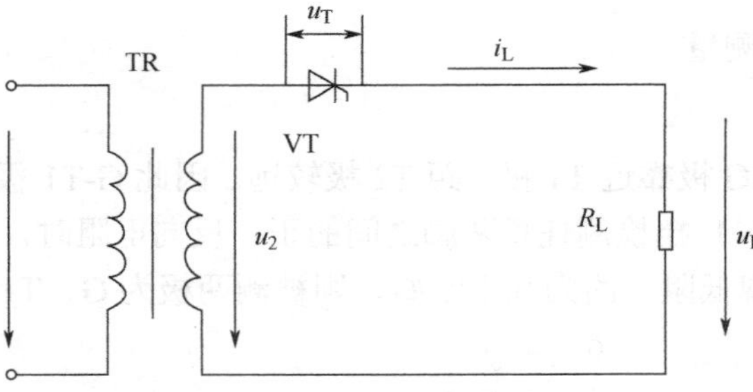

图 4-3-5　单相半波可控整流电路

2）工作原理

当 u_2 在正半周时，晶闸管承受正向电压，但处于正向阻断状态，这时只要门极加一个触发脉冲电压 u_g 时晶闸管导通，忽略晶闸管的正向压降，此时负载电压 $u_o = u_2$。当 u_2 下降到接近于零时，晶闸管的正向电流小于管子的维持电流，晶闸管关断。

当 u_2 在负半周时，晶闸管承受反向电压，处于反向阻断状态，所以 $u_o = 0$。直到 u_2 的下一个电压周期到来，控制极的第二个触发脉冲来临时，晶闸管再次导通。如此循环重复，负载上就得到一个稳定的缺角的半波电压，波形如图 4-3-6 所示。

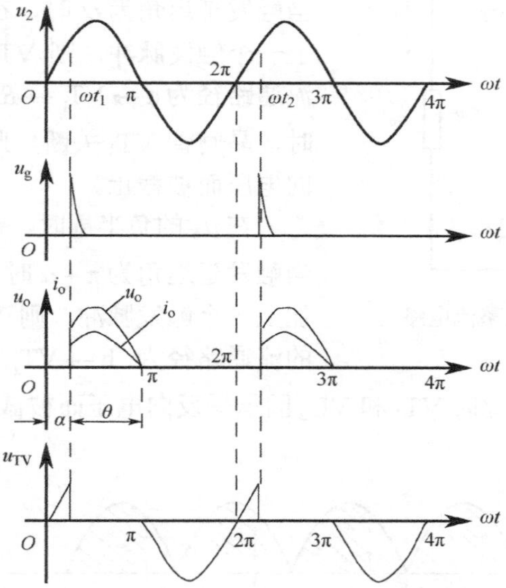

图 4-3-6　单相半波可控整流电路负载波形

从图 4-3-6 可知，从晶闸管开始承受正向电压起到施加触发脉冲前的电角度，称为触发延迟角（又称为控制角或移相角），用 α 表示。晶闸管在一个电源周期内处于导通范围的电角度称为导通角，用 θ 表示。因为 $\theta=\pi-\alpha$，所以改变触发延迟角 α 就能改变输出的电压值。α 越大，θ 越小，输出的电压就越低；α 越小，θ 就越大，输出的电压就越高。整流后负载的输出电压平均值可以用触发延迟角表示，即

$$U_o=\frac{1}{2\pi}\int_\alpha^\pi \sqrt{2}U_2\sin\omega t\mathrm{d}(\omega t)=\frac{\sqrt{2}}{2\pi}U_2(1+\cos\alpha)=0.45U_2\frac{1+\cos\alpha}{2} \tag{4-3-1}$$

由式（4-3-1）可知，当 $\alpha=0°$、$\theta=180°$ 时，晶闸管导通，相当于二极管单相半波整流电路，$U_o=0.45U_2$；当 $\alpha=180°$、$\theta=0°$ 时，晶闸管关断，$U_o=0$。

整流输出电流的平均值为

$$I_o=\frac{U_o}{R_L}=0.45\frac{U_2}{R_L}\frac{1+\cos\alpha}{2} \tag{4-3-2}$$

流过晶闸管的平均电流为

$$I_T=I_o \tag{4-3-3}$$

从图 4-3-6 可以看出，晶闸管承受的正向峰值电压和最高反向电压都是电源电压的最大值，即

$$U_{TM}=\sqrt{2}U_2 \tag{4-3-4}$$

2．单相桥式可控整流电路

在二极管的单相桥式整流电路中，把其中两个二极管替换成晶闸管，就构成了单相半控桥式整流电路。晶闸管 VT_1、VT_2 的阴极接在一起为共阴极连接法。即使触发脉冲电压 U_{g1}、U_{g2} 同时触发两管时，使阳极电位高的管子导通，而另一只管子承受反压而阻断。VD_1、VD_2 的阳极接在一起为共阳极连接法，总是阴极电位低的导通。如图 4-3-7 所示电路结构。

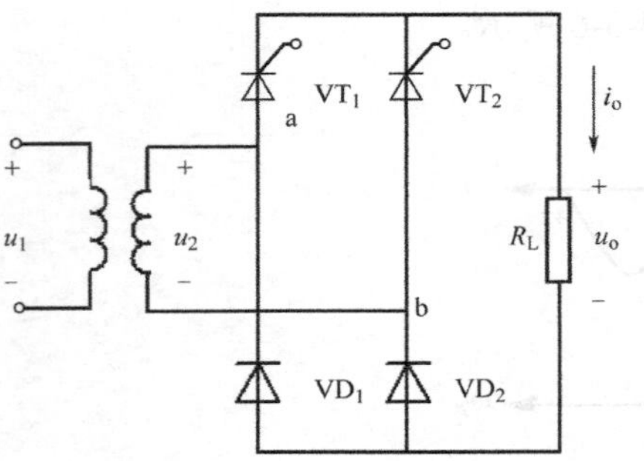

图 4-3-7　单相桥式半控整流电路

在u_2的正半周时，晶闸管 VT_1 承受正向电压，当触发延迟角为α时，在晶闸管 VT_1 的门极上加上一个触发脉冲，则 VT_1 和 VD_2 导通，其电流的流通路径为 $a \to VT_1 \to R_L \to VD_2 \to b$。当$u_2$过零时，晶闸管 VT_1 关断。此时 VT_2 和 VD_1 因承受反向电压而被截止。

在u_2的负半周时，晶闸管 VT_2 承受正向电压，当触发延迟角为$\pi+\alpha$时，在晶闸管 VT_2 的门极上加上一个触发脉冲，则 VT_2 和 VD_1 导通，其电流的流通路径为：$b \to VT_2 \to R_L \to VD_1 \to a$。当$u_2$过零时，晶闸管 VT_2 关断。此时 VT_1 和 VD_2 因承受反向电压而被截止。波形如图 4-3-8 所示。

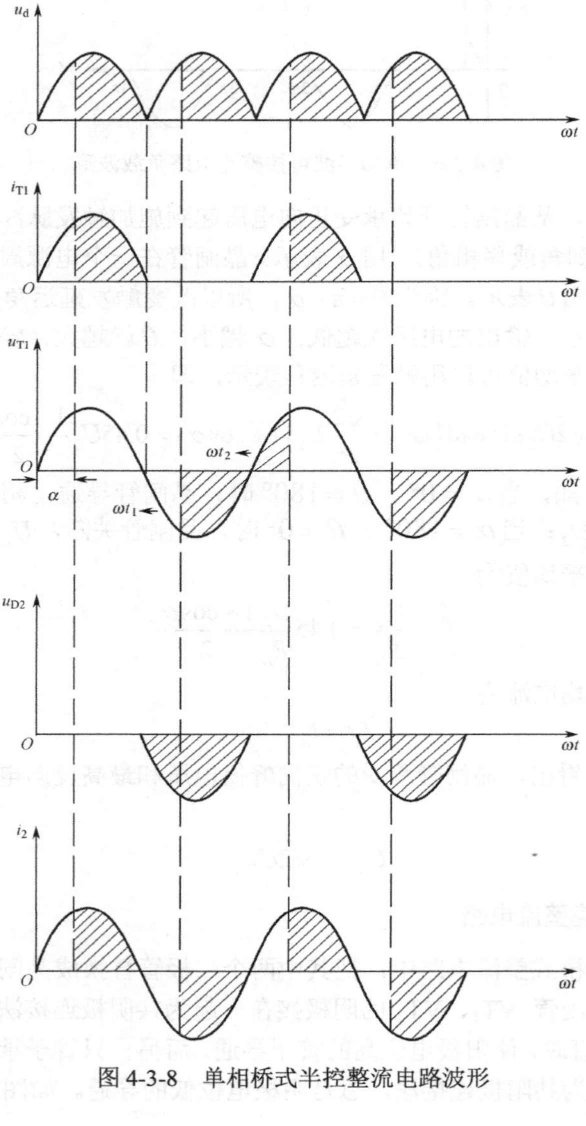

图 4-3-8　单相桥式半控整流电路波形

通过以上分析可知，单相桥式半控整流电路的输出电压的平均值为

$$U_o = \frac{1}{\pi}\int_{\alpha}^{\pi} \sqrt{2}U_2 \sin\omega t\mathrm{d}(\omega t) = \frac{\sqrt{2}}{\pi}U_2(1+\cos\alpha) = 0.9U_2\frac{1+\cos\alpha}{2} \tag{4-3-5}$$

整流输出电流的平均值为

$$I_o = \frac{U_o}{R_L} = 0.9\frac{U_2}{R_L}\frac{1+\cos\alpha}{2} \tag{4-3-6}$$

流过晶闸管和二极管的平均电流为输出电流的一半：

$$I_T = I_D = \frac{1}{2}I_o \tag{4-3-7}$$

从图 4-3-8 可以看出，晶闸管承受的正向峰值电压、最高反向电压和二极管的最高反向电压都为电源电压的最大值，即

$$U_{TM} = U_{RM} = \sqrt{2}U_2 \tag{4-3-8}$$

【例 4-3-1】已知一单相半波可控整流电路，接在 220V 的交流电源上，负载电阻 $R_L = 12\Omega$，要求直流控制可调电压范围为 $30 \sim 90\,\text{V}$，求晶闸管导通角的变化范围。

解：由式（4-3-1）可知

$$\cos\alpha = \frac{2U_o}{0.45U_2} - 1$$

当整流输出的电压为 30V 时，

$$\cos\alpha_1 = \frac{2U_o}{0.45U_2} - 1 = \frac{2\times 30}{0.45\times 220} - 1 = -0.39$$

$$\alpha_1 = 113.2°$$

$$\theta_1 = \pi - \alpha = 180° - 113.2° = 66.8°$$

当整流输出的电压为 90V 时，

$$\cos\alpha_1 = \frac{2U_o}{0.45U_2} - 1 = \frac{2\times 90}{0.45\times 220} - 1 = 0.82$$

$$\alpha_1 = 35.1°$$

$$\theta_1 = \pi - \alpha = 180° - 35.1° = 144.9°$$

所以导通角 θ 的变化范围为 $66.8° \sim 144.9°$。

思考与练习

一、填空题

1．晶闸管有三个电极，分别为__________、__________、__________。

2．单向半波可控整流电路的最大控制角为__________，最大导通角为__________。

3．单向桥式可控整流电路的最大控制角为__________，最大导通角为__________。

二、综合题

1．晶闸管导通和关断的条件是什么？

2．什么叫控制角？什么叫导通角？两者有什么关系？

3．单相半波可控整流电路的特点是什么？

4．试说明单相桥式可控整流电路的工作原理。

5．由一个晶闸管组成的单相桥式可控整流电路如图 4-3-9 所示，设α=60°，试画出输出电压 u_o 的波形。

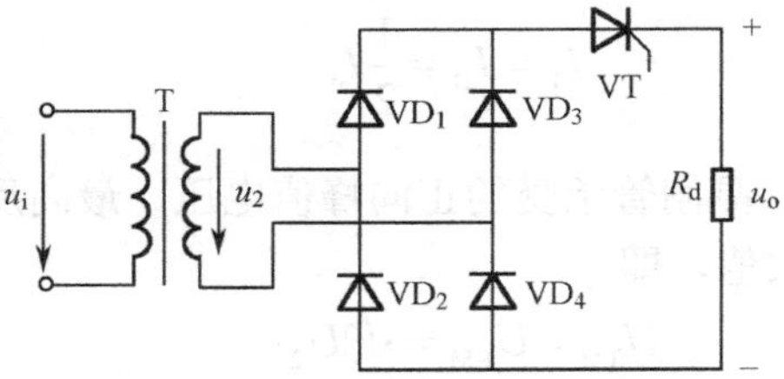

图 4-3-9　综合题 5 图

6．晶闸管整流与二极管整流的主要区别是什么？

4.4 稳压电路

学习目标

1．了解硅稳压管稳压电路的稳压原理及应用。

2．了解串联型晶体管稳压电路的电路结构及稳压原理。

3．了解三端集成稳压器件的种类、主要参数。

4．掌握集成稳压器的典型应用。

5．能识别三端集成稳压器件的引脚。

前面已经介绍的整流、滤波电路虽然能把交流电变为较平滑的直流电，但输出的电压仍是不稳定的。交流电网电压的波动、负载电流变化、温度的影响等，都会使整流滤波后输出的直流电压随之变化。为了保持输出电压稳定，通常需在滤波电路之后接入稳压电路。稳压电路的具体形式有并联型稳压电路、串联型稳压电路和开关型稳压电路等。

4.4.1 硅稳压管稳压电路

硅稳压管是特殊二极管之一，它工作在二极管伏安特性陡峭的反向击穿区，使稳压管在工作电流范围内保持两端电压基本不变。利用稳压管的这一特性可实现电源的稳压功能。

1．电路组成

图 4-4-1 所示的是硅稳压管稳压电路。图中可见稳压管 VD_Z 并联在负载 R_L 两端，因此它是一个并联型稳压电路。电阻 R 是稳压管的限流电阻，是稳压电路中不可缺少的元件。稳压电路的输入电压 U_i 是整流、滤波电路的输出电压。

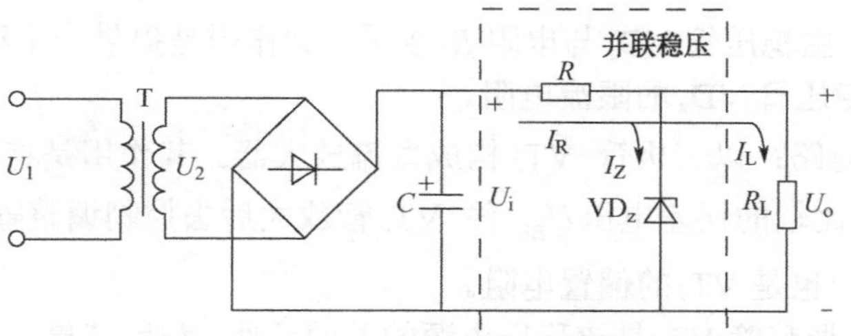

图 4-4-1 硅稳压管稳压电路

2．稳压原理

稳压管是利用调节流过自身的电流大小（端电压基本不变）来满足负载电流的改变，并和限流电阻配合将电流的变化转换成电压的变化，以适应电网电压的波动。

当电网电压波动或负载变化时，设使得输出电压U_o下降，则流过稳压二极管的反向电流I_Z也减小，导致通过限流电阻R上的电流也减小，这样使R上的压降U_R也下降，根据$U_o = U_i - U_R$的关系，使输出U_o的下降受到限制，上述过程可用符号表达为

$$U_o \downarrow \rightarrow I_Z \downarrow \rightarrow I_R \downarrow \rightarrow U_R \downarrow \rightarrow U_o \uparrow$$

3．电路特点

硅稳压管稳压电路结构简单，元件少。但输出电压由稳压管的稳压值决定，不可随意调节，因此输出电流的变化范围较小，只适用于小型的电子设备中。

4.4.2 串联型晶体管稳压电路

为了提高稳压电路的稳压性能，可采用三极管串联型直流稳压电路。

1．电路结构

图 4-4-2 为三极管串联稳压电路原理图，它由取样电路、基准电压、比较放大器及调整元件等环节组成，其方框图如图 4-4-3 所示。

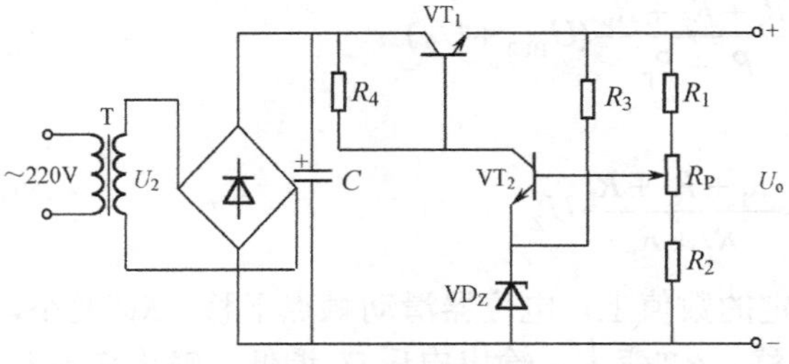

图 4-4-2 三极管串联型稳压电源电路原理图

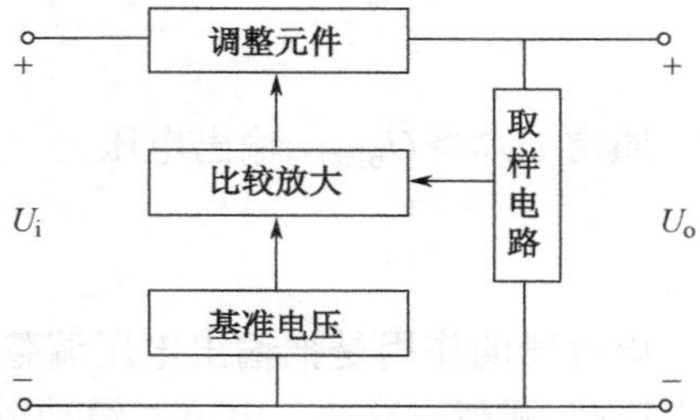

图 4-4-3 串联型稳压电源方框图

2．电路中各部分的作用

（1）取样电路：由R_1、R_P、R_2组成，取出输出电压U_o的一部分送到比较放大电路VT_2的基极。

（2）基准电压：由稳压管 VD_Z 与电阻 R_3 组成。其作用是提供一个稳定性较高的直流电压 U_2。其中 R_3 为稳压管 VD_Z 的限流电阻。

（3）比较放大电路：以三极管 VT_2 构成直流放大器。其作用是将取样电压 U_{B2} 和基准电压 U_Z 进行比较，比较的误差电压 U_{BE2} 经 VT_2 管放大后去控制调整管 VT_1。R_4 既是 VT_2 的集电极负载电阻，也是 VT_1 的偏置电阻。

（4）调整电路：调整管 VT_1 是该稳压电源的关键元件，利用其集—射之间的电压 U_{CE} 受基极电流控制的原理，与负载 R_L 串联，用于调整输出电压。

3．稳压原理

当电网电压升高或负载电阻增大而使输出电压有上升的趋势时，取样电路的分压点升高，因 U_Z 不变，所以 U_{BE2} 升高，I_{C2} 随之增大，U_{C2} 降低，则调整管 U_{B1} 降低，发射结正偏电压 U_{BE1} 下降，I_{B1} 下降，I_{C1} 随着减小，U_{CE1} 增大，从而使输出电压 U_o 下降。因此使输出电压上升的趋势受到遏制而保持稳定。上述稳压过程可用下式表示为

$$\left.\begin{matrix} U_1\uparrow \\ R_L\uparrow \end{matrix}\right\}\rightarrow U_o\uparrow\rightarrow U_{B2}\uparrow\rightarrow U_{BE2}\uparrow\rightarrow I_{C2}\uparrow\rightarrow U_{C2}\uparrow\rightarrow U_{B1}\downarrow\rightarrow U_{CE1}\uparrow\rightarrow U_o\downarrow$$

当电网电压下降或负载变小时，输出电压有下降的趋势，电路的稳压过程与上面情形相反。

4．输出电压的调节

调节电位器 R_P 可以调节输出电压 U_o 的大小，使其在一定的范围内变化。若将电位器 R_P 分为上下两部分，R_P' 为电位器上部分电阻，R_P'' 为电位器下部分电阻。则由原理图可知：

$$U_{B2}=\frac{R_2+R_P''}{R_1+R_2+R_P}U_o$$

根据上式整理可得

$$U_o=\frac{R_1+R_2+R_P}{R_2+R_P''}U_{B2}$$

$$=\frac{R_1+R_2+R_P}{R_2+R_P''}(U_{BE2}+U_Z)$$

通常 $U_Z \gg U_{BE2}$，输出电压为

$$U_o=\frac{R_1+R_2+R_P}{R_2+R_P''}U_Z$$

电位器的作用是把输出电压调整在额定的数值上。电位器滑动触点下移，R_P'' 变小，输出电压 U_o 调高。反之，电位器滑动触点上移，R_P'' 变大，输出电压 U_o 调低。输出电压 U_o 调节范围是有限的，其最小值不可能调到零，最大值不可能调到输入电压 U_i。

【例 4-4-1】 串联型直流稳压电路如图 4-4-4 所示，其中 R_1=600Ω，R_2=300Ω，R_P=300Ω，U_Z=5.3V，U_{BE2}=0.7V，求输出电压的可调范围。

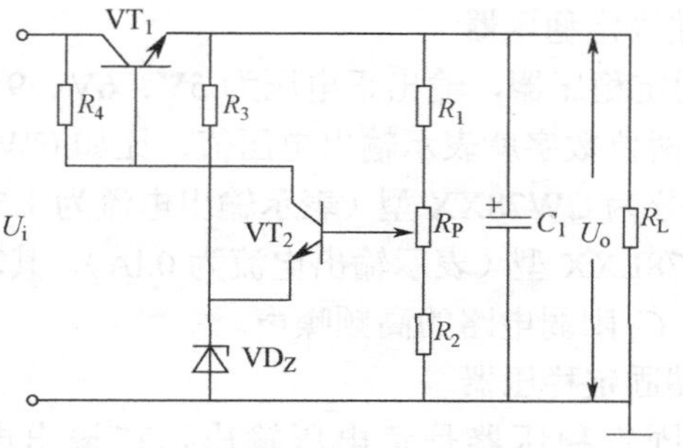

图 4-4-4　例 4-4-1 图

解： 电位器滑动端滑到最上端时，输出电压为

$$U_o = \frac{R_1+R_2+R_P}{R_2+R_P''}U_{B2} = \frac{R_1+R_2+R_P}{R_2+R_P''}(U_{BE2}+U_Z)$$

$$= \frac{600+300+300}{300}\times(0.7+5.3)=12\text{（V）}$$

电位器滑动得到最下端时，输出电压为

$$U_o = \frac{R_1+R_2+R_P}{R_2+R_P''}U_{B2} = \frac{R_1+R_2+R_P}{R_2+R_P''}(U_{B2}+U_Z)$$

$$= \frac{600+300+300}{300}\times(0.7+5.3)\text{V}=24\text{（V）}$$

该电路输出电压的可调范围为 12～24V

4.4.3　集成稳压电路

集成稳压器具有体积小、使用方便、电路简单、可靠性高、调整方便等优点，近年来已得到广泛的应用。集成稳压器的类型很多，按工作方式可分为串联型、并联型和开关型，按输出电压类型可分为固定式和可调式。本节只介绍两种常用的集成稳压器。

1. 三端固定集成稳压器

三端固定集成稳压器的输出电压是固定的，且它只有三个接线端，即输入端、输出端及公共端。它有两个系列 CW78XX、CW79XX，如图 4-4-5 所示。CW78XX 系列输出是正电压，CW79XX 系列输出是负电压。CW78XX 的 1 脚为输入端，2 脚为公共端，3 脚为输出端。CW79XX 的 1 脚为公共端，2 脚为输入端，3 脚为输出端。

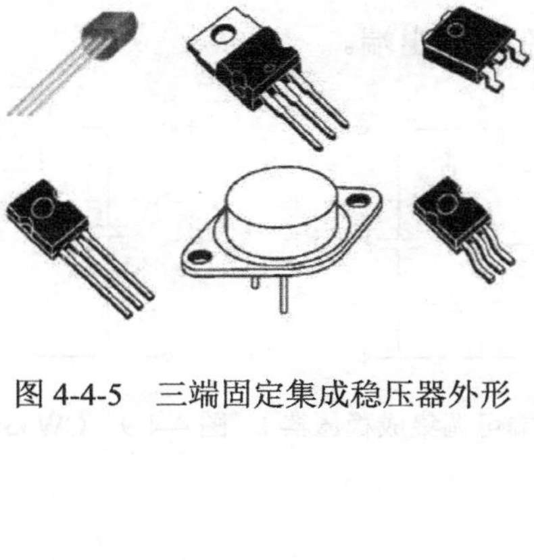

图 4-4-5　三端固定集成稳压器外形

1）输出正电压的三端固定稳压器

CW78XX 系列三端固定稳压器，输出正电压为 5V、6V、9V、12V、15V、18V 和 24V 七个挡级。它们型号的后两位数字就表示输出电压值，比如 CW7805 表示输出电压为 5V。根据输出电流的大小又可分为 CW78XX 型（表示输出电流为 1.5A）、CW78MXX 型（表示输出电流为 0.5A）和 CW78LXX 型（表示输出电流为 0.1A）。其功能图如图 4-4-6 所示。图中 C_1 防止产生自激振荡，C_2 削弱电路的高频噪声。

2）输出负电压的三端固定稳压器

CW79XX 系列三端固定稳压器是负电压输出，在输出电压、电流挡级等方面与 CW78XX 的规定一样。它们型号的后两位数字表示输出电压值，比如 CW7905 表示输出电压为−5V。其功能图如图 4-4-7 所示，“2”为输入端，“3”为输出端，“1”为公共端。

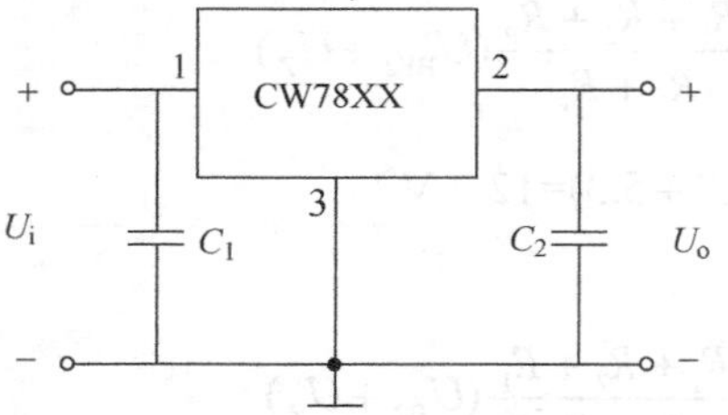

图 4-4-6　CW78XX 系列集成稳压器

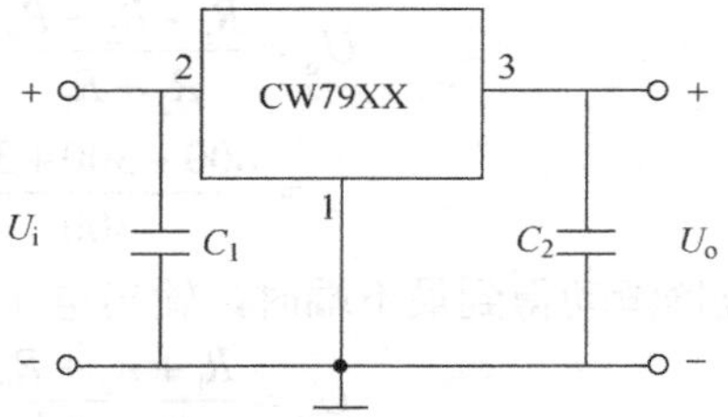

图 4-4-7　CW79XX 系列集成稳压器

2．三端可调集成稳压器

三端可调集成稳压器不仅输出电压可调，而且稳压性能比固定式更好，它也分为正电压输出和负电压输出两种。

1）输出正电压的可调集成稳压器

CW117、CW217、CW317 系列是正电压输出的三端可调集成稳压器，输出电压在 1.2～37V 范围内连续可调，由电位器 R_P 和电阻 R_1 组成取样电阻分压器，接稳压器的调整端 1 脚，改变 R_P 可调节输出电压 U_o 的大小。其功能图如图 4-4-8 所示。集成稳压器的“1”为调整端，“2”为输出端，“3”为输入端。在输入端并联电容 C_1 旁路整流电路输出的高频干扰信号，电容 C_2 可消除 R_P 上的纹波电压，使取样电压稳定，C_3 起消振作用。

（2）输出负电压的可调集成稳压器

CW137、CW237、CW337 系列是负电压输出的三端可调集成稳压器，输出电压在−1.2～−37V 范围内连续可调，由电位器 R_P 和电阻 R_1 组成取样电阻分压器，接稳压器的调整端 1 脚，改变 R_P 可调节输出电压 U_o 的大小，其功能图如图 4-4-9 所示。集成稳压器的“1”为调整端，“2”为输入端，“3”为输出端。

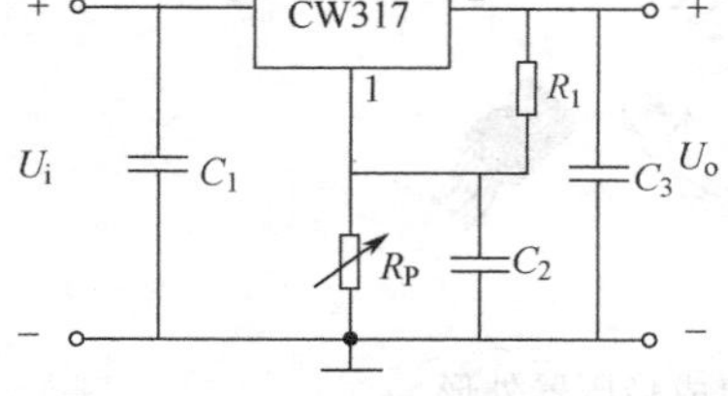

图 4-4-8　CW317 三端可调集成稳压器

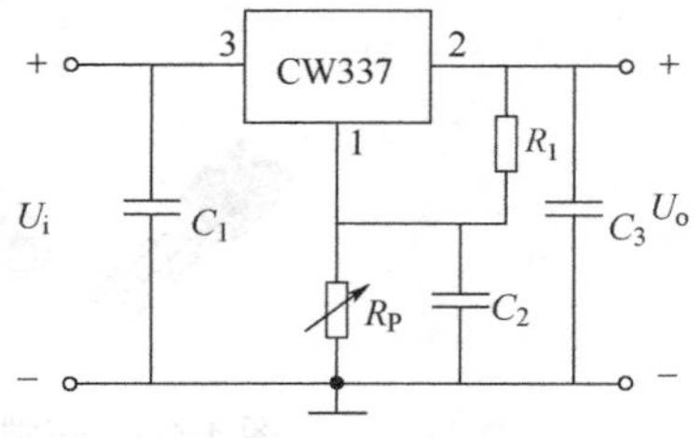

图 4-4-9　CW337 三端可调集成稳压器

思考与练习

一、填空题

1．硅稳压管组成的并联型稳压电路的优点______________；缺点是______________。

2．在图 4-4-10 所示电路中，调整元件是______________，比较放大器是______________，提供基准电压的元器件是______________和______________，采样电路是由______________、______________和______________三个元件构成的。

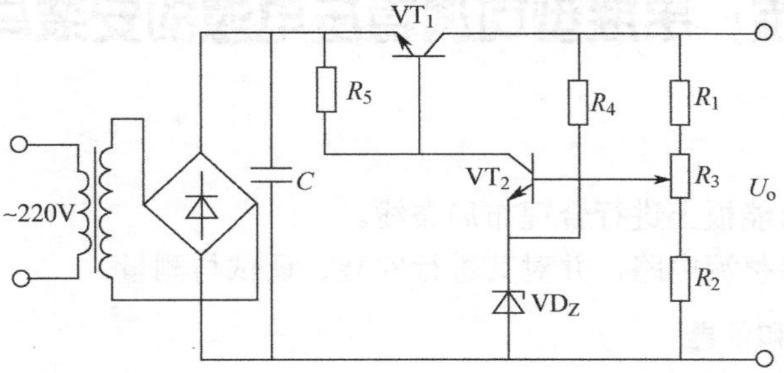

图 4-4-10 填空题 2 图

3．要获得 9V 的固定稳定电压，集成稳压器的型号应选用______________；要获得-6V 的固定稳定电压，集成稳压器的型号应选用______________。

4．现需用 CW78XX、CW79XX 系列的三端集成稳压器设计一个输出电压为±12V 的稳压电路，应选用______________和______________型号的。

二、综合题

1．画出桥式整流电容滤波稳压管稳压的电路原理图。

2．晶体管串联型稳压电路中，取样部分有一个电位器，通过调节它可以怎样？当电位器的滑动端到最上端时，输出电压怎样？当电位器的滑动端到最下端时，输出电压又怎样？

3．串联型直流稳压电路如图 4-4-11 所示，其中 $R_1=R_2=R_P=R$，$U_Z=5.3\text{V}$，$U_{BE2}=0.7\text{V}$，求输出电压的可调范围，电路原理图如图 4-5-2 所示。

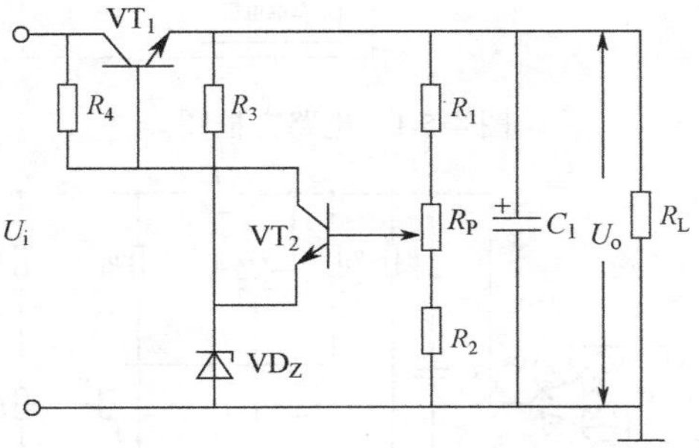

图 4-4-11 综合题 3 图

4．图 4-4-12 所示的直流稳压电路中，指出其错误，并画出正确的稳压电路。

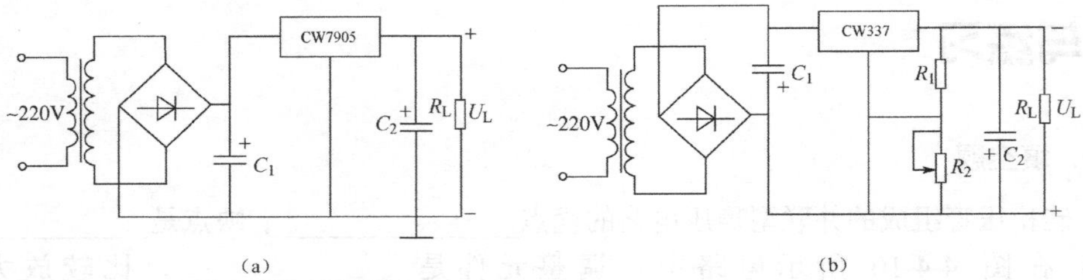

图 4-4-12 综合题 4 图

4.5 技能训练：串联型可调稳压电源的安装与调试

1. 技能目标

（1）能熟练在万能板上进行合理布局布线。

（2）能正确安装整流电路，并对其进行安装、调试与测量。

2. 工具、元件和仪器

（1）电烙铁等常用电子装配工具。

（2）变压器、电阻等。

（3）万用表、示波器。

3. 实训步骤

1）电路原理图及工作原理分析

串联型可调稳压电源主要由变压、整流、滤波、取样、基准电压、比较放大、电压调整等电路组成，方框图如图 4-5-1 所示，电路原理图如图 4-5-2 所示。

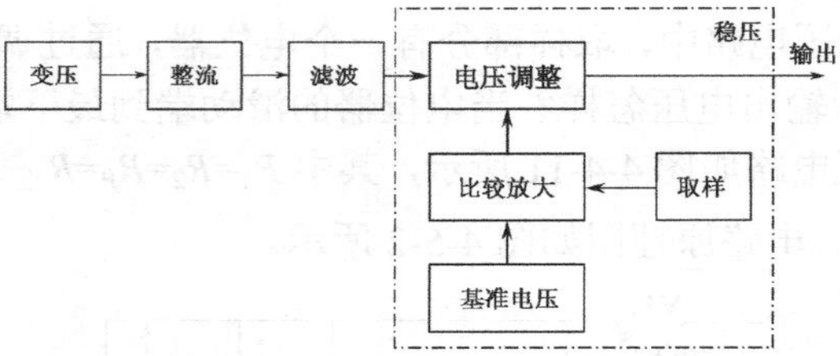

图 4-5-1 电路方框图

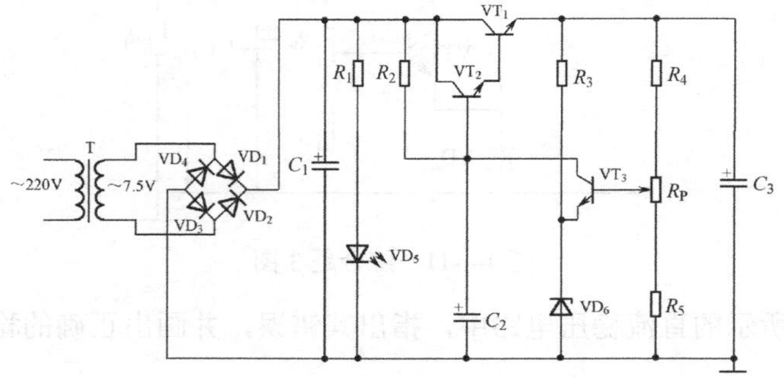

图 4-5-2 电路原理图

R_1、VD_5 为电源指示电路；

C_1、C_3 为滤波电容；

VT_1、VT_2 为复合管，电流放大倍数大，用做电压调整；

VT_3 是比较放大管，R_2 既是 VT_3 的集电极负载电阻，又是 VT_2 的基极偏置电阻；

R_3、VD_6 提供比较放大管 VT_3 的基准电压；

R_4、R_P、R_5 组成取样电路。当输出电压变化时，取样电路将其变化量的一部分取出送到比较放大管的基极。

当 u_1 减小或负载减小时，U_o 有下降趋势，则稳压过程如下。

$$u_1\downarrow \rightarrow U_o\downarrow \rightarrow U_{b3}\downarrow \rightarrow U_{be3}\rightarrow U_{c3}\uparrow \rightarrow U_{b2}\uparrow \rightarrow U_{b1}\uparrow \rightarrow U_{ce1}\downarrow \rightarrow U_o\uparrow$$

当 u_1 增大或负载电阻增大时，U_o 有升高趋势，则稳压过程与上述相反。

直流电压电路的输出电压大小可以通过调整取样电路中的电位器 R_P 实现。

2）装配要求和方法

工艺流程：准备→熟悉工艺要求→绘制装配草图→核对元件数量、规格、型号→元件检测→元器件预加工→万能电路板装配、焊接→总装加工→自检。

（1）准备：将工作台整理有序，工具摆放合理，准备好必要的物品。

（2）熟悉工艺要求：认真阅读电路原理图和工艺要求。

（3）绘制装配草图：绘制装配草图的要求和方法。如图 4-5-3 所示。

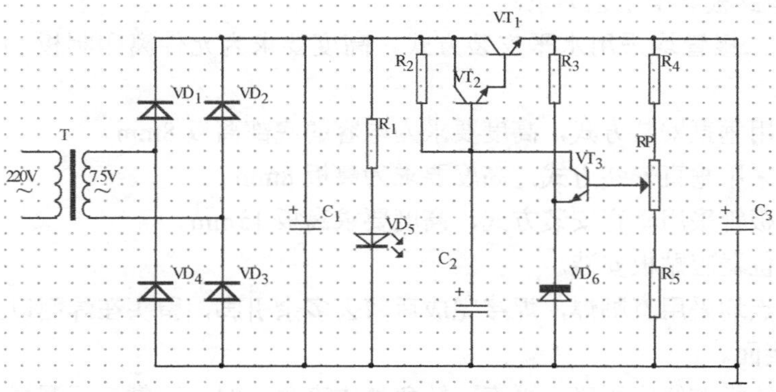

图 4-5-3 装配草图

① 设计准备：熟悉电路原理、所用元器件的外形尺寸及封装形式。

② 按万能电路板实样 1:1 在图纸上确定安装孔的位置。

③ 装配草图以导线面（焊接面）为视图方向；元器件水平或垂直放置，不可斜放；布局时应考虑元器件外形尺寸，避免安装时相互影响，疏密均匀；同时注意电路走向应基本和电路原理图一致，一般由输入端开始向输出端逐步确定元件位置，相关电路部分的元器件应就近安放，按一字排列，避免输入输出之间的影响；每个安装孔只能插一个元器件引脚。

④ 按电路原理图的连接关系布线，布线应做到横平竖直，导线不能交叉（确需交叉的导线可在元件下穿过）。

⑤ 检查绘制好的装配草图上的元器件数量、极性和连接关系应与电路原理图完全一致。

（4）清点元件：按表 4-5-1 所示元件清单核对元件的数量和规格，应符合工艺要求，如有短缺、差错应及时补缺和更换。

表 4-5-1 元件清单

代 号	名 称	规 格	代 号	名 称	规 格
R_1	碳膜电阻	2.2kΩ	R_2	碳膜电阻	1kΩ
R_3	碳膜电阻	1kΩ	R_4	碳膜电阻	820Ω
R_5	碳膜电阻	1.2kΩ	R_P	碳膜电位器	1 kΩ
C_1	电解电容	220μF	C_2	电解电容	10μF
C_3	电解电容	220μF	VD_1	整流二极管	1N4007
VD_2	整流二极管	1N4007	VD_3	整流二极管	1N4007
VD_4	整流二极管	1N4007	VD_5	发光二极管	绿色
VD_6	稳压二极管	3V 稳压	VT_1	三极管	9013
VT_2	三极管	9014	VT_3	三极管	9014

（5）元件检测：用万用表的电阻挡对元器件进行逐一检测，对不符合质量要求的元器件剔除并更换。

（6）元件预加工。

（7）万能电路板装配工艺要求。

① 电阻、二极管均采用水平安装方式，高度要求为元件离印制板 5mm，色码方向一致。

② 电容采用垂直安装方式，高度要求为电容的底部离板 8mm。

③ 三极管采用垂直安装方式，高度要求为离板 8mm。

④ 发光二极管采用垂直安装方式，高度要求离板 15mm。

⑤ 微调电位器应贴板安装。

⑥ 所有焊点均采用直脚焊，焊接完成后剪去多余引脚，留头在焊面以上 0.5～1mm，且不能损伤焊接面。

⑦ 万能接线板布线应正确、平直，转角处成直角；焊接可靠，无漏焊、短路等现象。

（8）总装加工：电源变压器用螺钉紧固在万能电路板的元件面，一次侧绕组的引出线向外，二次侧绕组的引出线向内，万能电路板的另外两个角上也固定两个螺钉，紧固件的螺母均安装在焊接面。电源线从万能电路板焊接面穿过打结孔后，在元件面打结，再与变压器一次侧绕组引出线焊接并完成绝缘恢复，变压器二次侧绕组引出线插入安装孔后焊接。

（9）自检：对已完成的装配、焊接的工件仔细检查质量，重点是装配的准确性，包括元件位置、电源变压器的绕组等；焊点质量应无虚焊、假焊、漏焊、搭焊及空隙、毛刺等；检查有无影响安全性能指标的缺陷；元件整形。

3）调试、测量

① 检查元器件安装正确无误后，接通电源，调节 R_P，使输出电压为 6V，按表 4-5-2 中的内容测量，相关数据填入表 4-5-2 中。

表 4-5-2　电压测量表

输入电压	C_1 两端电压	VT1		VT2		VT3	
		U_{BE}	U_{CE}	U_{BE}	U_{CE}	U_{BE}	U_{CE}
三极管工作状态							

② 检测稳压性能。检测负载变化时的稳压情况，使输入 7.5V 交流电压保持不变，空载时将输出电压调至 6V。然后分别接入 20Ω、10Ω 负载电阻 R_L，按表 4-5-3 中的内容进行测量，并将结果记入该表中，最后按照“稳压性能＝（输出电压−6）/6×100%”进行计算，将计算结果填入表 4-5-3 中。

表 4-5-3　稳压性能测量表

C_1 两端电压	U_{CE1}	U_{CE2}	R_L（Ω）	输出电压	稳压性能（%）
			∞		
			20		
			10		

③ 观察输出电压波形。将示波器接入稳压电源输出端，观察直流电压波形。断开 C_2、C_3 观察输出电压波形，再断开 C_1 观察输出电压波形。填入表 4-5-4 中。

表 4-5-4　波形观察记录表

输出电压波形	断开 C_2、C_3 输出电压波形	断开 C_1 输出电压波形
输出电压波形变化的原因		

4．项目评价

项目考核评价表如表 4-5-5 所示。

表 4-5-5　项目考核评价表

<table>
<tr><th rowspan="2">评价指标</th><th rowspan="2" colspan="5">评 价 要 点</th><th colspan="5">评 价 结 果</th></tr>
<tr><th>优</th><th>良</th><th>中</th><th>合格</th><th>差</th></tr>
<tr><td rowspan="2">理论知识</td><td colspan="5">1．串联型可调稳压电路知识掌握情况</td><td></td><td></td><td></td><td></td><td></td></tr>
<tr><td colspan="5">2．装配草图绘制情况</td><td></td><td></td><td></td><td></td><td></td></tr>
<tr><td rowspan="5">技能水平</td><td colspan="5">1．元件识别与清点</td><td></td><td></td><td></td><td></td><td></td></tr>
<tr><td colspan="5">2．课题工艺情况</td><td></td><td></td><td></td><td></td><td></td></tr>
<tr><td colspan="5">3．电压检测情况</td><td></td><td></td><td></td><td></td><td></td></tr>
<tr><td colspan="5">4．稳压性能情况</td><td></td><td></td><td></td><td></td><td></td></tr>
<tr><td colspan="5">5．观察电压输出波形情况</td><td></td><td></td><td></td><td></td><td></td></tr>
<tr><td>安全操作</td><td colspan="5">能否按照安全操作规程操作，有无发生安全事故，有无损坏仪表</td><td></td><td></td><td></td><td></td><td></td></tr>
<tr><td rowspan="2">总评</td><td rowspan="2">评别</td><td>优</td><td>良</td><td>中</td><td>合格</td><td>差</td><td rowspan="2" colspan="2">总评得分</td><td rowspan="2" colspan="2"></td></tr>
<tr><td>88～100 分</td><td>75～87 分</td><td>65～74 分</td><td>55～64 分</td><td>≤54 分</td></tr>
</table>

第 5 章 数字电路基础

5.1 脉冲与数字信号

学习目标

1. 能区分模拟信号和数字信号，了解数字信号的特点及主要类型。
2. 了解脉冲信号的主要波形及参数。
3. 掌握数字信号的表示方法，了解数字信号在日常生活中的应用。

5.1.1 数字信号与模拟信号

电子电路中有两种不同类型的信号:模拟信号和数字信号。

模拟信号是指那些在时间和数值上都是连续变化的电信号。例如，模拟语言的音频信号、热电偶上得到的模拟温度的电压信号等，如图 5-1-1（a）所示。数字信号则是一种离散信号，它在时间上和幅值上都是离散的。也就是说，它们的变化在时间上是不连续的，只发生在一系列离散的时间上。最常用的数字信号是用电压的高、低分别代表两个离散数值 1 和 0，如图 5-1-1（b）所示。图中，U_1 称为高电平；U_2 称为低电平。

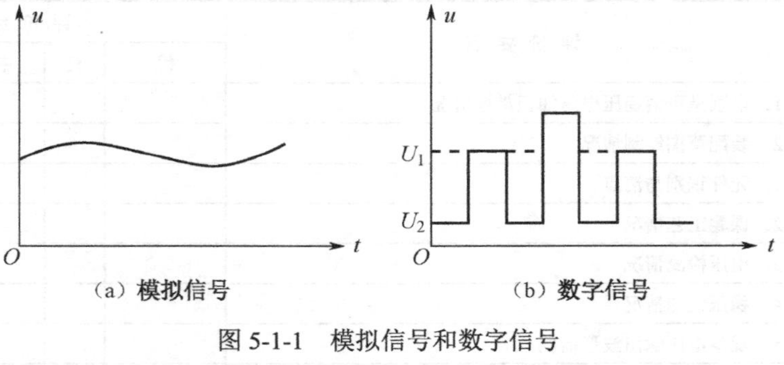

（a）模拟信号　　（b）数字信号

图 5-1-1　模拟信号和数字信号

图 5-1-2 所示为模拟信号与数字信号之间的传输示意图。

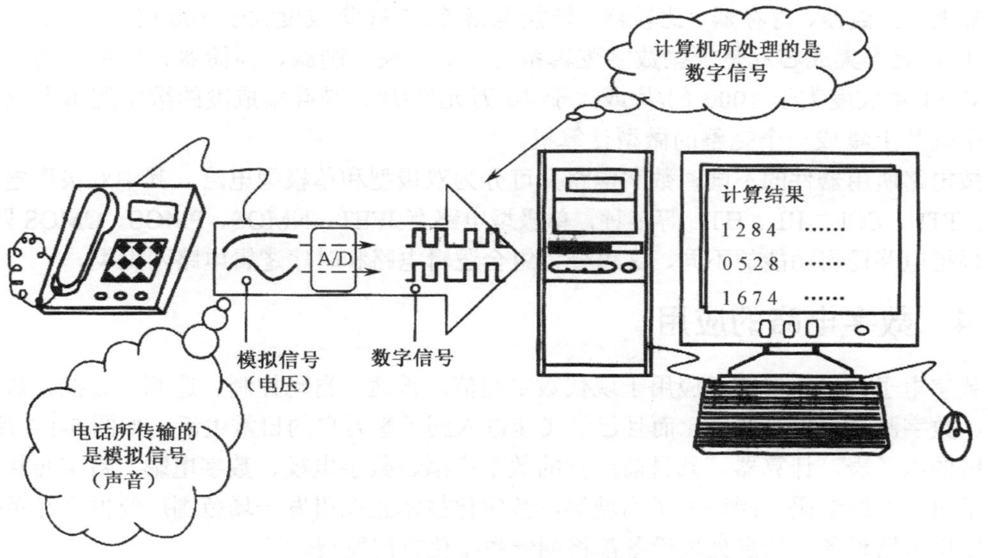

图 5-1-2　模拟信号与数字信号之间的传输示意图

5.1.2　数字电路的特点

电子电路可分为两大类:一类是处理模拟信号的电路，称为模拟电路；另一类是处理数字信号的电路，称为数字电路。这两种电路有许多共同之处，但也有明显的区别。模拟电路中工作的信号在时间和数值上都是连续变化的，而在数字电路中工作的信号则是在时间和数值上都是离散的。在模拟电路中，研究的主要问题是怎样不失真地放大模拟信号，而数字电路中研究的主要问题，则是电路的输入和输出状态之间的逻辑关系，即电路的逻辑功能。

数字电路有如下特点。

（1）数字电路中数字信号是用两种逻辑状态来表示的，每一位数只有 0 和 1 两种数码，因此，凡是具有两个稳定状态的元件都可用做基本单元电路，故基本单元电路结构简单。

（2）由于数字电路采用二进制，因此能够应用逻辑代数这一工具进行研究。使数字电路除了能够对信号进行算术运算外，还具有一定的逻辑推演和逻辑判断等“逻辑思维”能力。

（3）由于数字电路结构简单，又允许元件参数有较大的离散性，因此便于集成化。而集成电路又具有使用方便、可靠性高、价格低等优点。因此，数字电路得到越来越广泛的应用。

5.1.3　数字电路的分类

数字电路按组成的结构可分为分立元件电路和集成电路两大类。集成电路按集成度（在一块硅片上包含的逻辑门电路或元件数量的多少）分为小规模（SSI）、中规模（MSI）、大规模（LSI）和超大规模（VLSI）集成电路。SSI 集成度为 1～10 门/片或 10～100 元件/片，主要是一些逻辑单元电路，如逻辑门电路、集成触发器。MSI 集成度为 10～100 门/片或 100～1000 元件/片，主要是一些逻辑功能部件，包括译码器、编码器、选择器、算术运算器、计数器、寄存器、比较器、转换电路等。LSI 集成度大于 100 门/片或大于 1000 元件/片，此类集成芯片是一些数字逻辑系统，如中央控制器、存储器、串并行接口电路等。VLSI 集成度大于 1000 门/片或大于 10 万元件/片，是高集成度的数字逻辑系统，如在一个硅片上集成一个完整的微型计算机。

按电路所用器件的不同，数字电路又可分为双极型和单极型电路。其中双极型电路有 DTL、TTL、ECL、IIL、HTL 等多种，单极型电路有 JFET、NMOS、PMOS、CMOS 四种。

根据电路逻辑功能的不同，又可分为组合逻辑电路和时序逻辑电路两大类。

5.1.4 数字电路的应用

数字电子技术不仅广泛应用于现代数字通信、雷达、自动控制、遥测、遥控、数字计算机、数字测量仪表等领域，而且已经飞速进入到千家万户的日常生活，如图 5-1-3 所示。从传统的电子表、计算器，到目前流行的数字广播、数字电视、数字电影、数字照相机、数字手机、二维条码、网络电子商城等，数字化技术正在引发一场范围广泛的产品革命，各种家用电器设备，信息处理设备都将朝着数字化方向发展。

（a）数字电视

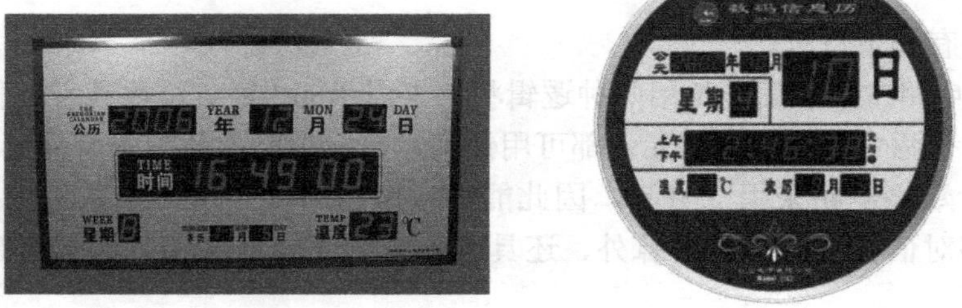

（b）数字电子钟

图 5-1-3　数字电路的应用实例

5.1.5 脉冲信号

1. 常见脉冲信号波形

数字信号通常以脉冲的形式出现，“脉冲”是脉动和短促的意思。它是指存在时间极短的电压或电流信号。随着科学技术的发展，相应出现的脉冲波的种类也越来越多。所以，从广义来说，通常把一切非正弦信号统称为脉冲信号。

常见的脉冲信号波形，如图 5-1-4 所示。

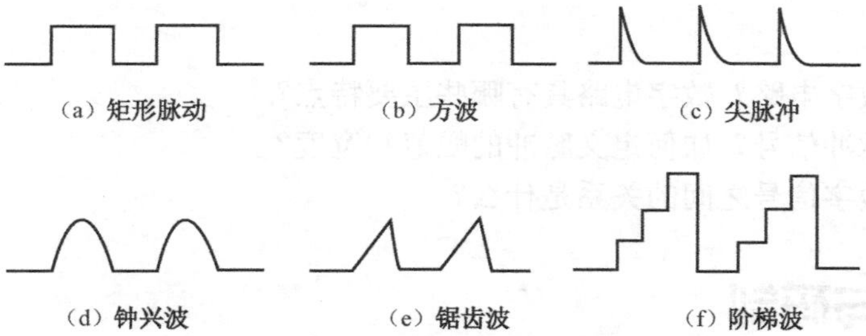

图 5-1-4　常见的脉冲信号波形

2．矩形脉冲波形参数

非理想的矩形脉冲波形是一种最常见的脉冲信号，如图 5-1-5 所示。下面以电压波形为例，介绍描述这种脉冲信号的主要参数。

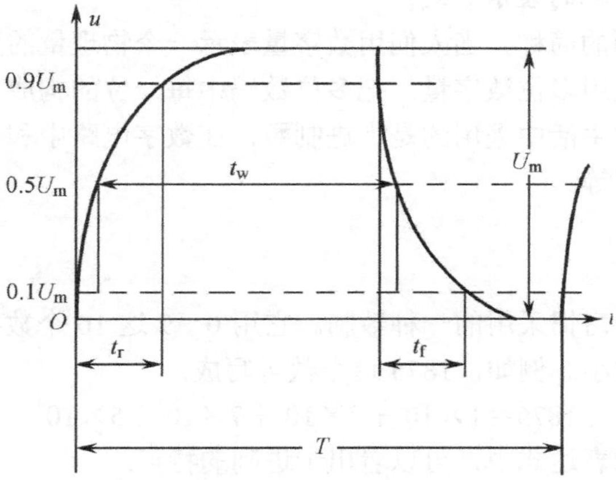

图 5-1-5　矩形脉冲波形参数

（1）脉冲幅度 U_m：脉冲电压的最大变化幅度。

（2）脉冲宽度 t_w：脉冲波形前后沿 $0.5U_m$ 处的时间间隔。

（3）上升时间 t_r：脉冲前沿从 $0.1U_m$ 上升到 $0.9U_m$ 所需要的时间。

（4）下降时间 t_f：脉冲后沿从 $0.9U_m$ 下降到 $0.1U_m$ 所需要的时间。

（5）脉冲周期 T：在周期性连续脉冲中，两个相邻脉冲间的时间间隔。有时用频率 $f=1/T$ 表示单位时间内脉冲变化的次数。

（6）占空比 q：指脉冲宽度 t_w 与脉冲周期 T 的比值。

思考与练习

一、填空题

1．数字电路中工作信号的变化在时间和数值上都是__________。

2．电信号可以分为__________和__________两大类。凡在数值上和时间上都是连续变化的信号，称为__________，凡在数值上和时间上不连续变化的信号，称为__________。

二、综合题

1．什么是数字电路？数字电路具有哪些主要特点？

2．什么是脉冲信号？如何定义脉冲的幅值和宽度？

3．脉冲与数字信号之间的关系是什么？

5.2 数制与码制

学习目标

1．能正确表示二进制、十进制、八进制、十六进制等数制。

2．会进行二进制、十进制、八进制、十六进制数之间的转换。

3．了解8421BCD码的表示形式。

数制是计数进位制的简称，当人们用数字量表示一个物理量的数量时，用一位数字量是不够的，因此必须采用多位数字量。把多位数码中每一位的构成方法和低位向高位的进位规则称为数制。日常生活中采用的是十进制数，在数字电路中和计算机中采用的有二进制、八进制、十六进制等。

5.2.1 十进制数

十进制数是人们最习惯采用的一种数制。它用0～9这10个数字符号，按照一定的规律排列起来表示数值大小。例如，1875这个数可写成：

$$1875=1\times10^3+8\times10^2+7\times10^1+5\times10^0$$

从这个十进制数的表达式中，可以看出十进制的特点：

（1）每一位数是0～9这10个数字符号中的一个，这些基本数字符号称为数码。

（2）每一个数字符号在不同的数位代表的数值不同，即使同一数字符号在不同的数位代表的数值也不同。

（3）十进制计数规律是“逢十进一”。因此，十进制数右边第一位为个位，记作10^0；第二位为十位，记作10^1；第3，4，…，n位以此类推记作10^2，10^3，…，10^{n-1}。通常把10^{n-1}、10^{n-2}、…10^1、10^0称为对应数位的权。它是表示数码在数中处于不同位置时其数值的大小。

所以对于十进制数的任意一个n位的正整数都可以用下式表示：

$$\begin{aligned}[N]_{10}&=\kappa_{n-1}\times10^{n-1}+\kappa_{n-2}\times10^{n-2}+\cdots+\kappa_1\times10^1+\kappa_0\times10^0\\&=\sum_{i=0}^{n-1}k_i\times10^i\end{aligned}$$

式中，κ_i为第i+1位的系数，它为0～9这10个数字符号中的某一个数；10^i为第i+1位的权；$[N]_{10}$中下标10表示N是十进制数。

5.2.2 二进制数

二进制是在数字电路中应用最广泛的一种数制。它只有0和1两个符号。在数字电路中实现起来比较容易，只要能区分两种状态的元件即可实现，如三极管的饱和与截止，灯泡的亮与暗，开关的接通与断开等。

二进制数采用两个数字符号，所以计数的基数为 2。各位数的权是 2 的幂，它的计数规律是“逢二进一”。

N 位二进制整数$[N]_2$的表达式为

$$[N]_2=\kappa_{n-1}\times 2^{n-1}+\kappa_{n-2}\times 2^{n-2}+\ldots+\kappa_1\times 2^1+\kappa_0\times 2^0=\sum_{i=0}^{n-1}\kappa_i\times 2^i$$

式中，$[N]_2$表示二进制数；κ_i为第 i+1 位的系数，只能取 0 和 1 的任一个；2^i为第 i+1 位的权。

【例 5-2-1】 一个二进制数$[M]_2$＝10101000，试求对应的十进制数。

解： $[N]_2=[10101000]_2$

$=[1\times 2^7+1\times 2^5+1\times 2^3]_{10}$

$=[128+32+8]_{10}$

$=[168]_{10}$

即 $[10101000]_2=[168]_{10}$。

由上例可见，十进制数$[168]_{10}$，用了 8 位二进制数[10101000]表示。如果十进制数数值再大些，位数就更多，这既不便于书写，也易于出错。因此，在数字电路中，也经常采用八进制数和十六进制数。

5.2.3 八进制数

在八进制数中，有 0～7 这 8 个数字符号，计数基数为 8，计数规律是“逢八进一”，各位数的权是 8 的幂。n 位八进制整数表达式为

$$[N]_8=\kappa_{n-1}\times 8^{n-1}+\kappa_{n-2}\times 8^{n-2}+\cdots+\kappa_1\times 8^1+\kappa_0\times 8^0=\sum_{i=0}^{n-1}\kappa_i\times 8^i$$

【例 5-2-2】 求八进制数$[M]_8$＝250 所对应的十进制数。

解： $[N]_8=[250]_8$

$=[2\times 8^2+5\times 8^1+0\times 8^0]_{10}$

$=[128+40+0]_{10}$

$=[168]_{10}$

即$[250]_8=[168]_{10}$。

5.2.4 十六进制数

在十六进制数中，计数基数为 16，有 16 个数字符号:0、1、2、3、4、5、6、7、8、9、A、B、C、D、E、F。计数规律是“逢十六进一”。各位数的权是 16 的幂，N 位十六进制数表达式为

$$[N]_{16}=\kappa_{n-1}\times 16^{n-1}+\kappa_{n-2}\times 16^{n-2}+\cdots+\kappa_1\times 16^1+\kappa_0\times 16^0=\sum_{i=0}^{n-1}\kappa_i\times 16^i$$

【例 5-2-3】 求十六进制数$[N]_{16}=[A8]_{16}$所对应的十进制数。

解： $[N]_{16}=[A8]_{16}$

$=[10\times 16^1+8\times 16^0]_{10}$

$=[160+8]_{10}$

$=[168]_{10}$

即$[A8]_{16}=[168]_{10}$。

从以上示例可以看出，用八进制和十六进制表示同一个数值，要比二进制简单得多。因此，书写计算机程序时，广泛使用八进制和十六进制。

5.2.5　不同进制数之间的相互转换

1．二进制、八进制、十六进制数转换成十进制数

由以上示例可知，只要将二进制、八进制、十六进制数按各位权展开，并把各位的加权系数相加，即得相应的十进制数。

2．十进制数转换成二进制数

将十进制数转换成二进制数可以采用除 2 取余法，步骤如下。

第一步，把给出的十进制数除以 2，余数为 0 或 1 就是二进制数最低位 κ_0。

第二步，把第一步得到的商再除以 2，余数即为 κ_1。

第三步及以后各步，继续相除、记下余数，直到商为 0，最后余数即为二进制数最高位。

【例5-2-4】 将十进制数$[10]_{10}$转换成二进制数。

解：

2 | 10
2 | 5 ……余 0——k_0
2 | 2 ……余 1——k_1
2 | 1 ……余 0——k_2
0 ……余 1——k_3

所以$[10]_{10}=\kappa_3\kappa_2\kappa_1\kappa_0=[1010]_2$。

【例 5-2-5】 将十进制数$[194]_{10}$转换成二进制数。

解：

2 | 194
2 | 97 ……余 0——k_0
2 | 48 ……余 1——k_1
2 | 24 ……余 0——k_2
2 | 12 ……余 0——k_3
2 | 6 ……余 0——k_4
2 | 3 ……余 0——k_5
2 | 1 ……余 1——k_6
0 ……余 1——k_7

所以$[194]_{10}=\kappa_7\kappa_6\kappa_5\kappa_4\kappa_3\kappa_2\kappa_1\kappa_0=[11000010]_2$。

3．二进制数与八进制数、十六进制数的相互转换

1）二进制数与八进制数之间的相互转换

因为 3 位二进制数正好表示 0～7 这 8 个数字，所以一个二进制数转换成八进制数时，只要从最低位开始，每 3 位分为一组，每组都对应转换为一位八进制数。若最后不足 3 位时，可在前面加 0，然后按原来的顺序排列就得到八进制数。

【例5-2-6】试将二进制数$[10101000]_2$转换成八进制数。

解：　　010　101　000

　　　　↓　　↓　　↓

　　　　2　　5　　0

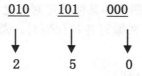

即$[10101000]_2=[250]_8$。

反之，如将八进制数转换成二进制数，只要将每位八进制数写成对应的 3 位二进制数，按原来的顺序排列起来即可。

【例5-2-7】试将八进制数$[250]_8$转换为二进制数。

解 ：　　2　　5　　0

　　　　↓　　↓　　↓

　　　　010　101　000

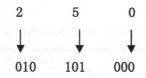

即$[250]_8=[10101000]_2$。

2）二进制数与十六进制数之间的相互转换

因为 4 位二进制数正好可以表示 O～F 这 16 个数字，所以转换时可以从最低位开始，每 4 位二进制数分为一组，每组对应转换为一位十六进制数。最后不足 4 位时可在前面加 0，然后按原来顺序排列就可得到十六进制数。

【例 5-2-8】试将二进制数$[10101000]_2$转换成十六进制数。

解:　　1010　1000

　　　　↓　　↓

　　　　A　　8

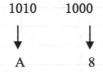

即$[10101000]_2=[A8]_{16}$。

反之，十六进制数转换成二进制数，可将十六进制的每一位，用对应的 4 位二进制数来表示。

【例 5-2-9】试将十六进制数$[A8]_{16}$转换成二进制数。

解:　　A　　8

　　　　↓　　↓

　　　　1010　1000

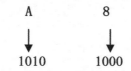

即$[A8]_{16} = [10101000]_2$。

5.2.6 BCD 编码

1. 码制

数字信息有两类：一类是数值；另一类是文字、符号、图形等，表示非数值的其他事物。对后一类信息，在数字系统中也用一定的数码来表示，以便于计算机来处理。这些代表信息的数码不再有数值大小的意义，而称为信息代码，简称代码。例如，我们的学号，教学楼里每间教室的编号等就是一种代码。

建立代码与文字、符号、图形和其他特定对象之间一一对应关系的过程，称为编码。为了便于记忆、查找、区别，在编写各种代码时，总要遵循一定的规律，这一规律称为码制。

2. 二—十进制编码（BCD 码）

在数字系统中，最方便使用的是按二进制数码编制的代码。如在用二进制数码表示一位十进制数 0～9 这 10 个数码的对应状态时，经常用 BCD 码。BCD 码意指“以二进制代码表示十进制数”。BCD 码有多种编制方式，8421 码制最为常见，它是用 4 位二进制数来表示一个等值的十进制数，但二进制码 1010～1111 没有用，也没有意义。表 5-2-1 为 8421BCD 代码表。

表 5-2-1 8421BCD 代码表

十进制数	8421BCD 码			
	位权 8	位权 4	位权 2	位权 1
0	0	0	0	0
1	0	0	0	1
2	0	0	1	0
3	0	0	1	1
4	0	1	0	0
5	0	1	0	1
6	0	1	1	0
7	0	1	1	1
8	1	0	0	0
9	1	0	0	1

如 $(9)_{10}=(1001)_{8421BCD}$；$(309)_{10}=(0011\ 0000\ 1001)_{8421BCD}$。

注意：

8421BCD 码和二进制数表示多位十进制的方法不同，如 $(93)_{10}$ 用 8421BCD 码表示为 10010011，而用二进制数表示为 1011101。

思考与练习

一、填空题

1．十进制计数规律是__________，二进制计数规律是__________。

2．8421 码制是用________位二进制数来表示一个等值的十进制数。

3．二进制数 1101 转化为十进制数为__________。

4．十进制数 181 转换为二进制数为__________，转换成 8421BCD 码为__________。

二、综合题

1．将下列二进制数转换为十进制数。

（1）1011　　（2）10101　　（3）11101　　（4）101001　　（5）1000011

2．将下列十进制数转换成二进制数。

（1）27　（2）43　（3）127　（4）365　（5）539

3．完成下列数制转换对应表。

二 进 制	十 进 制	八 进 制	十 六 进 制
11001			
	42		
		75	
			C3A

5.3　基本逻辑门电路

学习目标

1．掌握与门、或门、非门等基本逻辑门的逻辑功能，了解与非门、或非门、与或非门等复合逻辑门的逻辑功能，会画电路符号，会使用真值表。

2．了解 TTL、CMOS 门电路的型号、引脚功能等使用常识，会正确使用各种基本逻辑门电路。

在生活中和自然界，许多现象往往存在相互对立的双方。例如，开关的闭合和打开；灯泡的亮和暗；晶体管的导通和截止；脉冲的有和无；电平的高和低等。我们采用只有两个取值（0、1）的变量来描述这种对立的状态，这种二值变量称为逻辑变量。在数字电路中用输入信号表示“条件”，用输出信号表示“结果”，这种电路称为逻辑电路。

5.3.1　简单门电路

由开关元件经过适当组合构成，可以实现一定逻辑关系的电路称为逻辑门电路，简称门电路。

1．“与”逻辑关系和“与”门电路

1）逻辑关系

当决定某一事件的各个条件全部具备时，这件事才会发生，否则这件事就不会发生，这样的因果关系称为“与”逻辑关系。

2）实验电路

例如，图 5-3-1 中，若以 F 代表电灯，A、B、C 代表各个开关，从图 5-3-1 可知，由于 A、B、C 三个开关串联接入电路，只有当开关 A“与”B“与”C 都闭合时灯 F 才会亮，这时 F 和 A、B、C 之间便存在“与”逻辑关系。

3）逻辑符号

“与”逻辑关系的逻辑符号如图 5-3-2 所示。

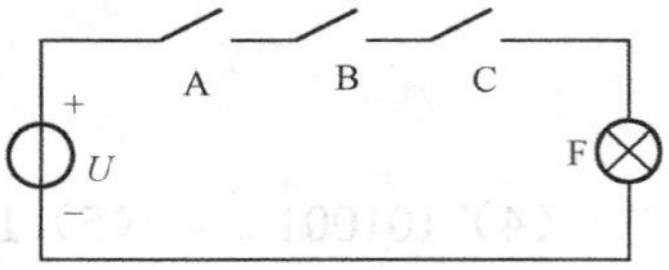

图 5-3-1　“与”逻辑关系

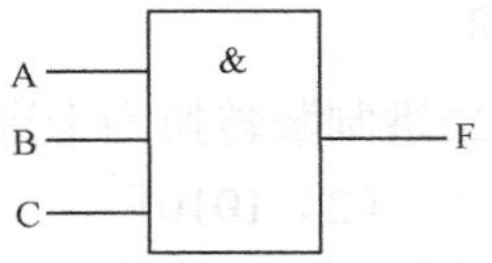

图 5-3-2　“与”逻辑符号

4）逻辑表达式

“与”逻辑关系也可以用输入、输出的逻辑关系式来表示，若输出（判断结果）用 F 表示，输入（条件）分别用 A、B、C 等表示，则记成

$$F=A\cdot B\cdot C$$

“与”逻辑关系也称为逻辑乘。

5）逻辑真值表

如果把输入变量 A、B、C 的所有可能取值的组合列出后，对应地列出它们的输出变量 F 的逻辑值，如表 5-3-1 所示。这种用“1”、“0”表示“与”逻辑关系的图表称为真值表。

表 5-3-1　“与”逻辑关系真值表

A	B	C	F
0	0	0	0
0	0	1	0
0	1	0	0
0	1	1	0
1	0	0	0
1	0	1	0
1	1	0	0
1	1	1	1

6）逻辑功能

“与”逻辑功能可表述为：输入全 1，输出为 1；输入有 0，输出为 0。

7）二极管实现的“与”门电路

二极管“与”门电路如图 5-3-3 所示。当三个输入端都是高电平（A=B=C=1），设三者电位都是 3V，则电源向这三个输入端流入电流，三个二极管均正向导通，输出端电位比输入端高一个正向导通压降，锗管（一般采用锗管）为 0.2V，输出电压为 3.2V，接近于 3V，为高电平，所以 F=1。

三个输入端中有一个或两个是低电平，设 A=0V，其余是高电平，由二极管的导通特性知，二极管正端并联时，负端电平最低的二极管抢先导通（VD_A 导通），由于二极管的钳位作用，使其他二极管（VD_B、VD_C）截止，输出端电位比 A 端电位高一个正向导通压降，U_F=0.2V，接近于 0V，为低电平，所以，F=0。输入端和输出端的逻辑关系和“与”逻辑关系相符，故称为“与”门电路。

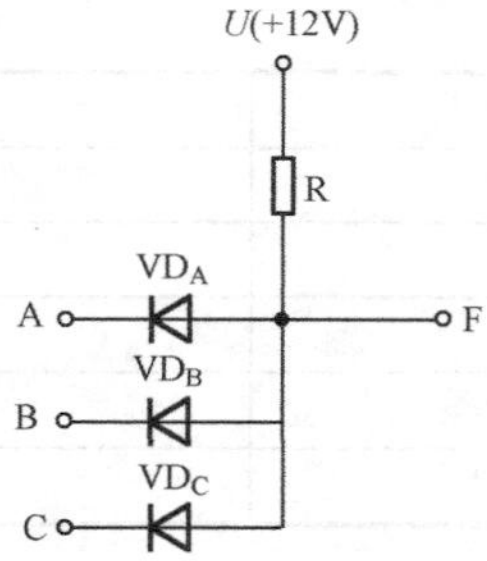

图 5-3-3 二极管“与”门电路

2.“或”逻辑关系和“或”门电路

1）逻辑关系

“或”逻辑关系是指当决定事件的各个条件中只要有一个或一个以上具备时事件就会发生，这样的因果关系称为“或”逻辑关系。

2）实验电路

图 5-3-4 中，由于各个开关是并联的，只要开关 A“或”B“或”C 中任一个开关闭合（条件具备），灯就会亮（事件发生），F=1，这时 F 与 A、B、C 之间就存在“或”逻辑关系。

3）逻辑符号

“或”逻辑关系的逻辑符号如图 5-3-5 所示。

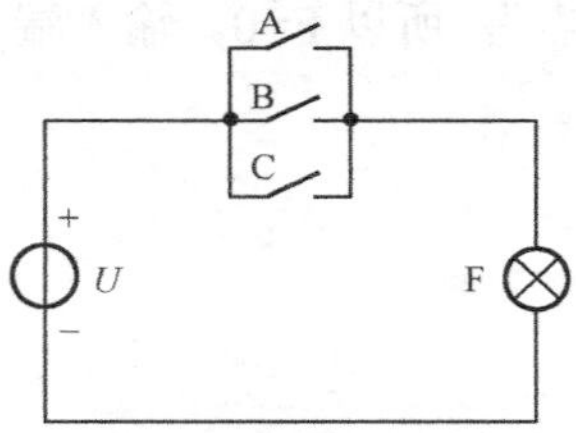

图 5-3-4 “或”逻辑关系

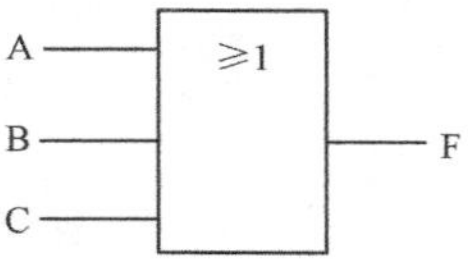

图 5-3-5 “或”逻辑符号

4）逻辑表达式

“或”逻辑关系也可以用输入、输出的逻辑关系式来表示，若输出（判断结果）用 F 表示，输入（条件）分别用 A、B、C 等表示，则记成

$$F=A+B+C$$

“或”逻辑关系也称为逻辑加，式中“+”符号称为“逻辑加号”。

5）逻辑真值表

如果把输入变量 A、B、C 所有取值的组合列出后，对应地列出它们的输出变量 F 的逻辑值，就得到“或”逻辑关系的真值表，如表 5-3-2 所示。

表 5-3-2 “或”逻辑关系真值表

A	B	C	F
0	0	0	0
0	0	1	1
0	1	0	1

续表

A	B	C	F
0	1	1	1
1	0	0	1
1	0	1	1
1	1	0	1
1	1	1	1

6）逻辑功能

或逻辑功能可表述为：输入有1，输出为1；输入全0，输出为0。

7）二极管实现的“或”门电路

二极管“或”门电路如图5-3-6所示。与图5-3-3比较可见，这里采用了负电源，且二极管采用负极并联，经电阻R接到负电源U。

当三个输入端中只要有一个是高电平（设A=1，U_A=3V），则电流从A经VD_A和R流向U，VD_A这个二极管正向导通，由于二极管的钳位作用，使其他两个二极管截止，输出端F的电位比输入端A低一个正向导通压降，锗管（一般采用锗管）为0.2V，输出电压为2.8V，仍属于“3V左右”，所以，F=1。

当三个输入端输入全为低电平时（A=B=C=0），设三者电位都是0V，则电流从三个输入端经三个二极管和R流向U，三个二极管均正向导通，输出端F的电位比输入端低一个正向导通压降，输出电压为−0.2V，仍属于“0V左右”，所以F=0。输入端和输出端的逻辑关系和“或”逻辑关系相符，故称为“或”门电路。

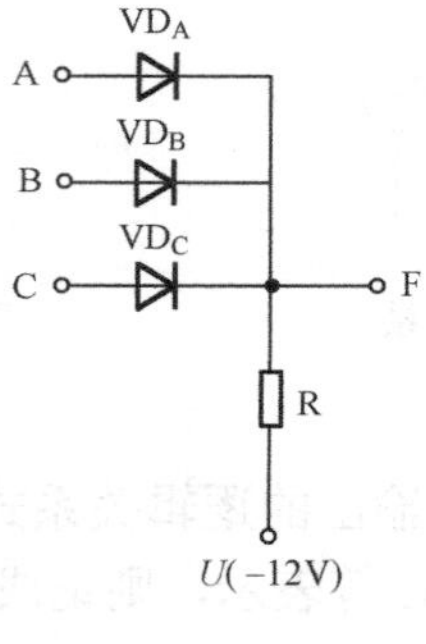

图5-3-6　二极管“或”门电路

3.“非”逻辑关系和“非”门电路

1）逻辑关系

“非”逻辑关系是指决定事件只有一个条件，当这个条件具备时事件就不会发生；条件不存在时，事件就会发生。这样的关系称为“非”逻辑关系。

2）实验电路

如图5-3-7所示中只要开关A闭合（条件具备），灯就不会亮（事件不发生），F=0，开关打开，A=0，灯就亮，F=1。这时A与F之间就存在“非”逻辑关系。

3）逻辑符号

“非”逻辑关系的逻辑符号如图5-3-8所示。

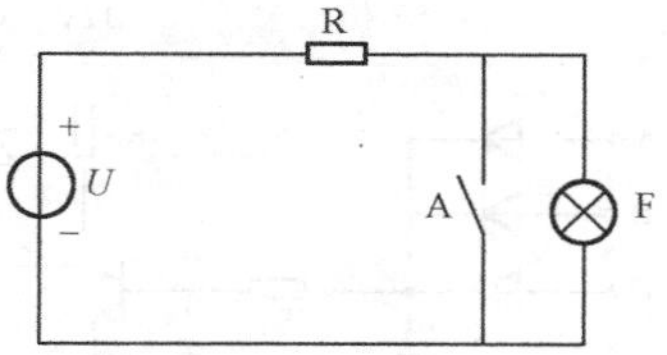

图 5-3-7　“非”逻辑关系

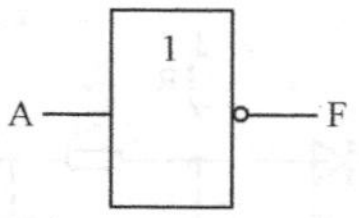

图 5-3-8　“非”逻辑符号

4）逻辑表达式

“非”逻辑关系式可表示成

$$F=\overline{A}$$

5）逻辑真值表

“非”逻辑关系的真值表如表 5-3-3 所示。

表 5-3-3　“非”逻辑关系的真值表

A	F
0	1
1	0

6）逻辑功能

“非”逻辑功能可表述为：输入为 1，输出为 0；输入为 0，输出为 1。

7）三极管实现的“非”门电路

三极管“非”门电路如图 5-3-9 所示。三极管此时工作在开关状态，当输入端 A 为高电平，即 V_A=3V 时，适当选择 R_{B1} 的大小，可使三极管饱和导通，输出饱和压降 U_{CES}=0.3V，F=0；当输入端 A 为低电平时，三极管截止，这时钳位二极管 VD 导通，所以输出为 U_F=3.2V，输出高电平，F=1。

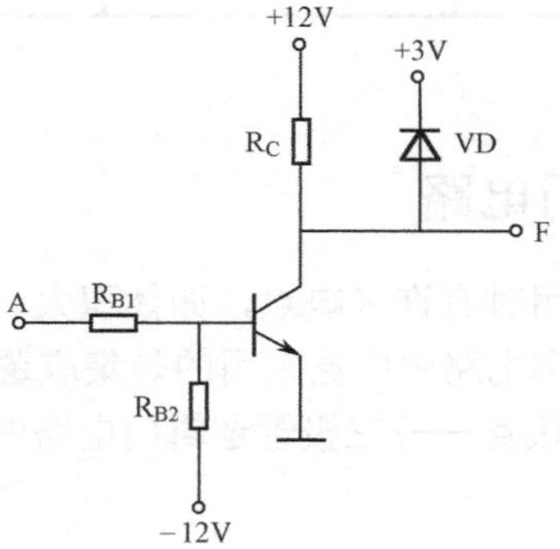

图 5-3-9　三极管“非”门电路

4．复合门电路

“与”、“或”、“非”是三种最基本的逻辑门，其他任何复杂的逻辑门都可以在这三种逻辑门的基础上得到。表 5-3-4 所示为常用与非门、或非门、异或门和同或门等复合门的对比。图 5-3-10 就是“与”门、“或”门、“非”门电路结合组成的“与非”门电路和“或非”门电路。

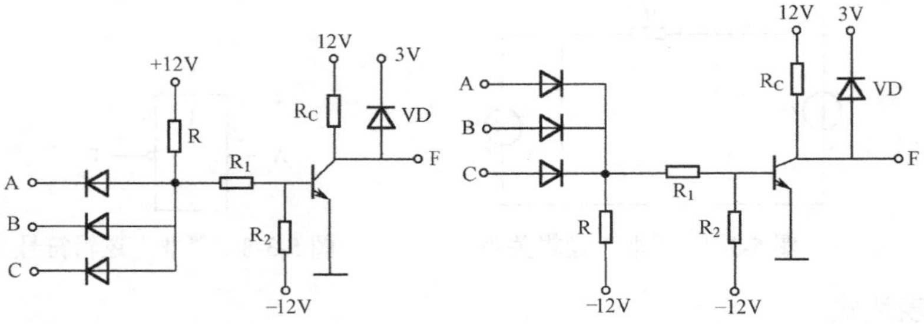

（a）“与非”门电路　　（b）“或非”门电路

图 5-3-10　“与非”门电路和“或非”门电路

表 5-3-4　几种常用复合逻辑门的表达式、逻辑符号、真值表和逻辑功能

函数名称 / 功能	与　非	或　非	异　或	同　或
表达式	F=$\overline{AB}$	F=$\overline{A+B}$	F=A⊕B	F=A⊙B
逻辑符号	A、B —[&]o— F	A、B —[≥1]o— F	A、B —[=1]o— F	A、B —[=1]o— F
真值表	A B F 0 0 1 0 1 1 1 0 1 1 1 0	A B F 0 0 1 0 1 0 1 0 0 1 1 0	A B F 0 0 0 0 1 1 1 0 1 1 1 0	A B F 0 0 1 0 1 0 1 0 0 1 1 1
逻辑功能	只有输入全部为 1 时，输出才为 0，否则输出为 1。即：有 0 出 1，全 1 出 0	只有全部输入都是 0 时，输出才为 1，否则输出为 0。即：有 1 出 0，全 0 出 1	当两个输入端相反时，输出为 1，输入相同时，输出为 0。即：相反出 1，相同出 0	当两个输入端输入相同时，输出为 1；当两个输入端输入相反时，输出为 0。即：相同出 1，相反出 0

5.3.2　TTL 集成逻辑门电路

分立元件构成的门电路应用时有许多缺点，如体积大、可靠性差等，一般在电子电路中作为补充电路时用到，在数字电路中广泛采用的是集成逻辑门电路。

TTL 集成逻辑门电路是三极管——三极管逻辑门电路的简称，是一种双极型三极管集成电路。

1．TTL 集成门电路产品系列及型号的命名法

我国 TTL 集成电路目前有 CT54/74（普通）、CT54/74H（高速）、CT54/745（肖特基）和 CT54/74LS（低功耗）四个系列国家标准的集成门电路。其型号组成的符号及意义如表 5-3-5 所示。

表 5-3-5 TTL 器件型号组成的符号及意义

<table>
<tr><th colspan="2">第 1 部 分</th><th colspan="2">第 2 部 分</th><th colspan="2">第 3 部 分</th><th colspan="2">第 4 部 分</th><th colspan="2">第 5 部 分</th></tr>
<tr><th colspan="2">型号前级</th><th colspan="2">工作温度</th><th colspan="2">器件系列</th><th colspan="2">器件品种</th><th colspan="2">封装形式</th></tr>
<tr><th>符号</th><th>意义</th><th>符号</th><th>意义</th><th>符号</th><th>意义</th><th>符号</th><th>意义</th><th>符号</th><th>意义</th></tr>
<tr><td rowspan="4">CT</td><td rowspan="4">中国制作的TTL类</td><td rowspan="2">54</td><td rowspan="2">−55～+125℃</td><td rowspan="2">HS</td><td rowspan="2">高速肖特基</td><td rowspan="9">阿拉伯数字</td><td rowspan="9">器件功能</td><td>W</td><td>陶瓷扁平</td></tr>
<tr><td rowspan="2">B</td><td rowspan="2">塑料扁平</td></tr>
<tr><td rowspan="7">74</td><td rowspan="7">0～+70℃</td><td rowspan="2">LS</td><td rowspan="2">低功耗肖特基</td></tr>
<tr><td>F</td><td>全密封扁平</td></tr>
<tr><td rowspan="5">SN</td><td rowspan="5">美国TEXAS公司产品</td><td>AS</td><td>先进肖特基</td><td rowspan="2">D</td><td rowspan="2">陶瓷双列直播</td></tr>
<tr><td rowspan="2">ALS</td><td rowspan="2">先进低功耗肖特基</td></tr>
<tr><td rowspan="2">P</td><td rowspan="2">塑料双列直播</td></tr>
<tr><td rowspan="2">FAS</td><td rowspan="2">快捷肖特基</td></tr>
<tr><td>J</td><td>黑陶瓷双列直播</td></tr>
</table>

例如：

CT 74 H 10 F

- F —— 封装形式：全密封扁平封装
- 10 —— 器件品名：三一3输入与非门
- H —— 器件系列：高速
- 74 —— 温度范围：0～+70℃
- CT —— 中国制造：TTL器件

2．常用 TTL 集成门芯片

74X 系列为标准的 TTL 集成门系列。表 5-3-6 列出了几种常用的 74LS 系列集成电路的型号及功能。

表 5-3-6 常用的 74LS 系列集成电路的型号及功能

型 号	逻 辑 功 能	型 号	逻 辑 功 能
74LS00	2 输入端四与非门	74LS27	3 输入端三或非门
74LS04	六反相器	74LS20	4 输入端双与非门
74LS08	2 输入端四与门	74LS21	4 输入端双与门
74LS10	3 输入端三与非门	74LS30	8 输入端与门
74LS11	3 输入端三与门	74LS32	2 输入端四或门

下面列出几种常用集成芯片的外引脚图和逻辑图。

1）74LS08 与门集成芯片

常用的 74LS08 与门集成芯片，它的内部有 4 个二输入的与门电路，其外引脚图和逻辑图如图 5-3-11 所示。

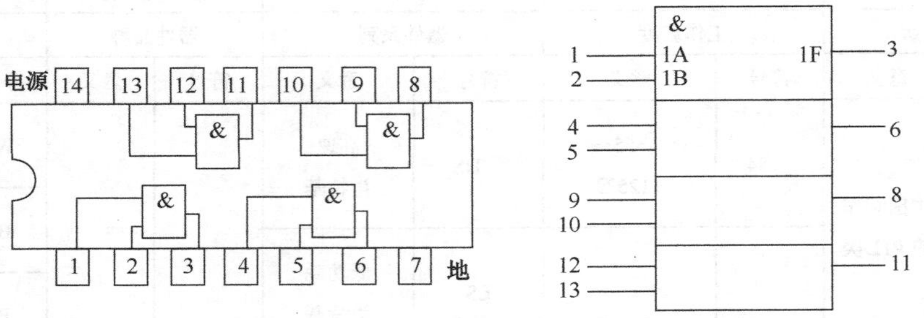

图 5-3-11 74LS08 外引脚图和逻辑图

2）74LS32 或门集成芯片

常用的 74LS32 或门集成芯片，它的内部有 4 个二输入的或门电路，其外引脚图和逻辑图如图 5-3-12 所示。

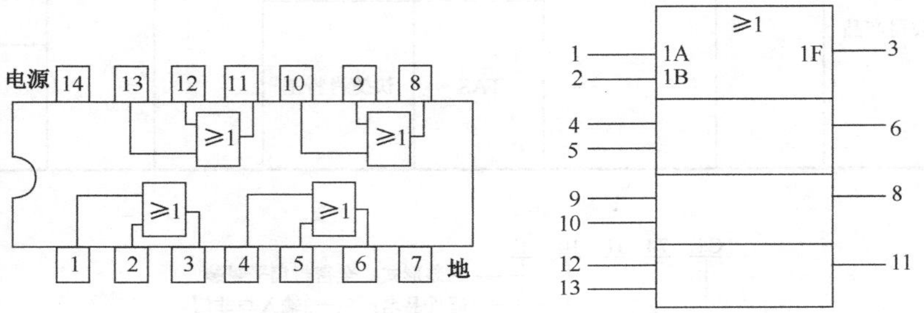

图 5-3-12 74LS32 外引脚图和逻辑图

3）74LS04 非门集成芯片

常用的 74LS04 非门集成芯片，它的内部有 6 个非门电路，其外引脚图和逻辑图如图 5-3-13 所示。

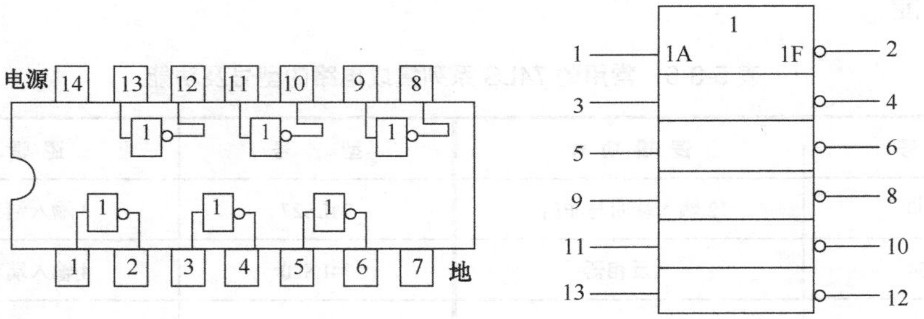

图 5-3-13 74LS04 外引脚图和逻辑图

4）74LS00 与非门集成芯片

常用的 74LS00 与非门集成芯片，它的内部有 4 个二输入与非门电路，其外引脚图和逻辑图如图 5-3-14 所示。

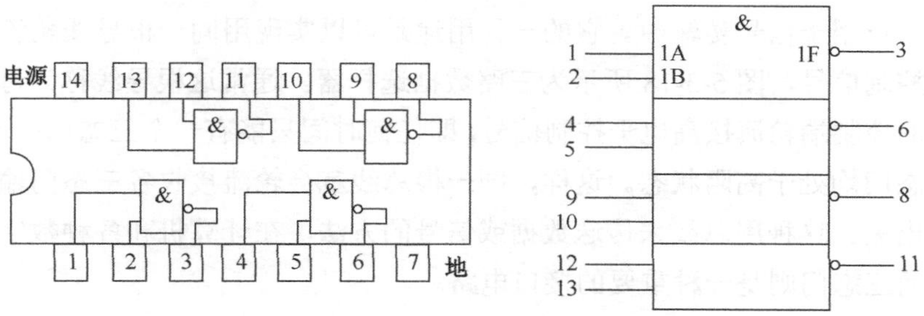

图 5-3-14 74LS00 外引脚图和逻辑图

5）74LS02 或非门集成芯片

常用的 74LS02 或非门集成芯片，它的内部有 4 个二输入或非门电路，其外引脚图和逻辑图如图 5-3-15 所示。

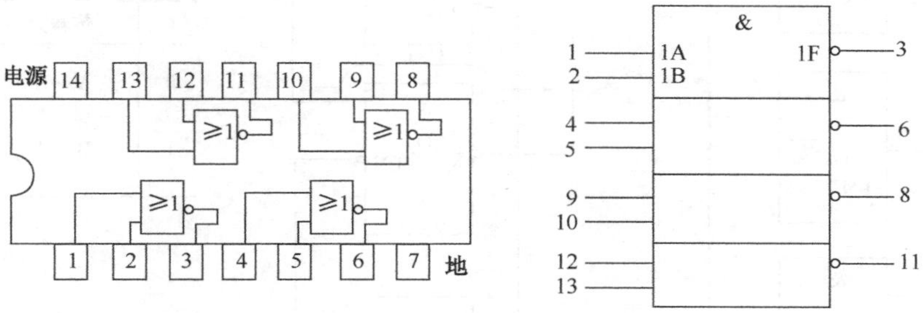

图 5-3-15 74LS02 外引脚图和逻辑图

3. TTL 三态输出与非门电路

三态输出与非门，简称三态门。图 5-3-16 是其逻辑图形符号。它与上述的与非门电路不同，其中 A 和 B 是输入端，C 是控制端，也称为使能端，F 为输出端。它的输出端除了可以实现高电平和低电平外，还可以出现第三种状态——高阻状态（称为开路状态或禁止状态）。

当控制端 C=1 时,三态门的输出状态决定于输入端 A、B 的状态，这时电路和一般与非门相同，实现与非逻辑关系，即全 1 出 0，有 0 出 1。

当控制端 C=0 时，不管输入 A、B 的状态如何，输出端开路而处于高阻状态或禁止状态。

由于电路结构不同，也有当控制端为高电平时出现高阻状态，而在低电平时电路处于工作状态。这种三态门的逻辑图形符号控制端 EN 加一小圆圈，表示 C=0 为工作状态，如图 5-3-17 所示。

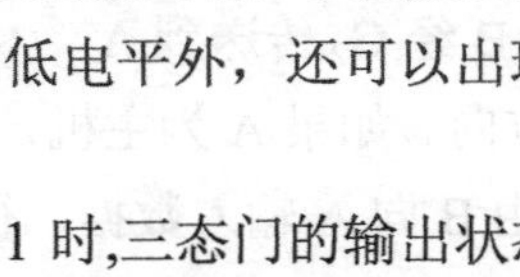

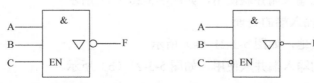

图 5-3-16 三态输出与非门逻辑符号

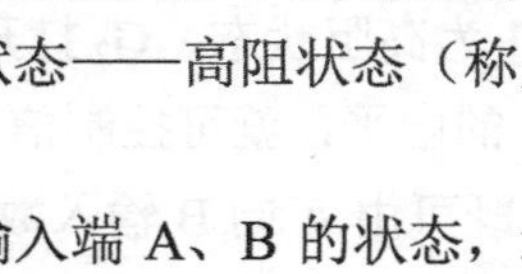

图 5-3-17 三态门的逻辑图形符号

三态门广泛用于信号传输中。它的一种用途是可以实现用同一根导线轮流传送几个不同的数据或控制信号，图 5-3-18 所示为三路数据选择器。通常这根导线称为母线或总线。只要让各门的控制端轮流接高电平控制信号，即任何时间只能有一个三态门处于工作状态，而其余的三态门均处于高阻状态。这样，同一根总线就会轮流接收各三态门输出的数据或信号并传送出去。这种用总线来传送数据或信号的方法，在计算机和各种数字系统中应用极为广泛，而三态门则是一种重要的接口电路。

图 5-3-19 是利用三态与非门组成的双向传输通路。

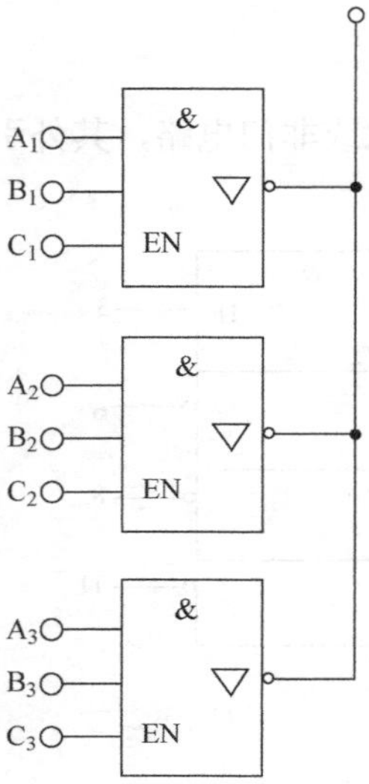

图 5-3-18　三路数据选择器

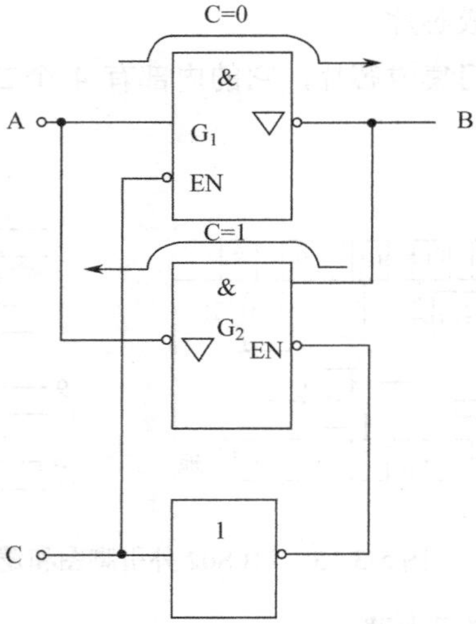

C	传输方向
0	A→B
1	B→A

图 5-3-19　双向传输通路

当 C=0 时，G_2 为高阻状态，G_1 打开，信号由 A 经 G_1 传送到 B。

当 C=1 时，G_1 为高阻状态，G_2 打开，信号由 B 经 G_2 传送到 A。

改变控制端 C 的电平，就可控制信号的传输方向。如果 A 为主机，B 为外部设备，那么通过一根导线，既可由 A 向 B 输入数据，又可由 B 向 A 输入数据，彼此互不干扰。

4．TTL 集成门电路的使用

TTL 门电路具有多个输入端，在实际使用时，往往有一些输入端是闲置不用的，需注意对这些闲置输入端的处理。

1）与非门多余输入端的处理

（1）通过一个大于或等于 1kΩ 的电阻接到 V_{CC} 上，如图 5-3-20（a）所示。

（2）和已使用的输入端并联使用，如图 5-3-20（b）所示。

2）或非门多余输入端的处理

（1）可以直接接地，如图 5-3-21（a）所示。

（2）和已使用的输入端并联使用，如图 5-3-21（b）所示。

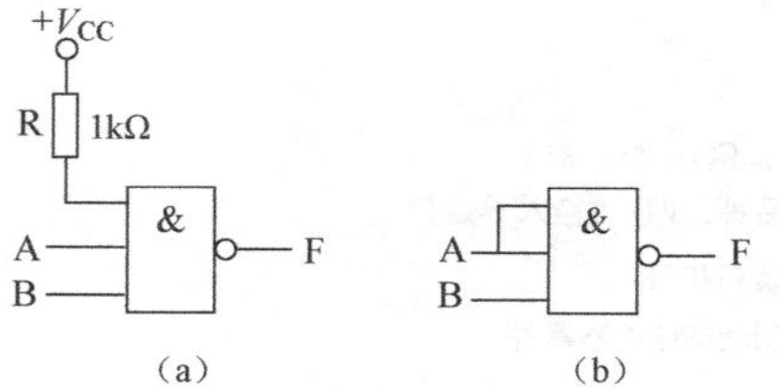

图 5-3-20 与非门多余输入端的处理

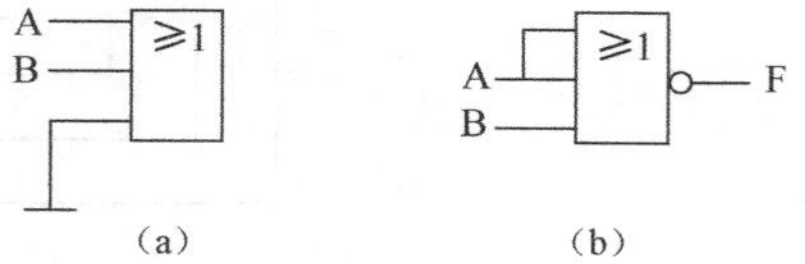

图 5-3-21 或非门多余输入端的处理

对于 TTL 与门多余输入端处理和与非门完全相同，而对 TTL 或门多余输入端处理和或非门完全相同。

3）其他使用注意事项

（1）电路输入端不能直接与高于+5.5V，低于−0.5V 的低电阻电源连接，否则因为有较大电流流入器件而烧毁器件。

（2）除三态门和 OC 门之外，输出端不允许并联使用，否则会烧毁器件。

（3）防止从电源连线引入的干扰信号，一般在每块插板上电源线接去耦电容，以防止动态尖锋电流产生的干扰。

（4）系统连线不宜过长，整个装置应有良好的接地系统，地线要粗、短。

5.3.3 CMOS 集成门电路

MOS 集成门电路是一种以金属—氧化物—半导体（MOS）场效应晶体管为主要元件构成的集成电路，它具有工艺简单、集成度高、抗干扰能力强、功耗低等优点。MOS 集成电路按所用的管子不同，分为 PMOS 电路、NMOS 电路、CMOS 电路。PMOS 电路是指由 P 型导电沟道绝缘栅场效应晶体管构成的电路；NMOS 电路是指由 N 型导电沟道绝缘栅场效应晶体管构成的电路；CMOS 电路是指由 NMOS 和 PMOS 两种管子组成的互补 MOS 电路。这里重点介绍 CMOS 集成门电路。

1. CMOS 门电路系列及型号的命名法

CMOS 逻辑门器件有三大系列：4000 系列、74C××系列和硅-氧化铝系列。前两个系列应用很广，而硅-氧化铝系列因价格昂贵目前尚未普及。表 5-3-7 列出了 4000 系列 CMOS 器件型号组成符号及意义，74C××系列它们的功能及引脚设置均与 TTL74 系列保持一致。此系列器件型号组成符号及意义可参照表 5-3-5 所示。

表 5-3-7 CMOS 器件型号组成符号及意义

第 1 部 分		第 2 部 分		第 3 部 分		第 4 部 分	
产品制造单位		器 件 系 列		器 件 品 种		工作温度范围	
符号	意义	符号	意义	符号	意义	符号	意 义
CC	中国制造的 CMOS 类型	40 45 145	系列符号	阿拉伯数字	器件功能	C	0～70℃
CD	美国无线电公司产品					E	−40～85℃
						R	−55～85℃
TC	日本东芝公司产品					M	−55～125℃

例如：

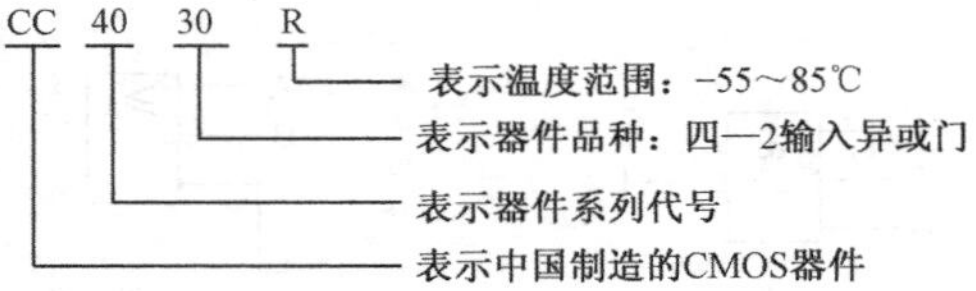

2．常用 CMOS 集成门电路简介

1）CMOS 反相器

CMOS 反相器由 N 沟道和 P 沟道的 MOS 管互补构成，其电路组成如图 5-3-22 所示。

当输入端 A 为高电平 1 时，输出 F 为低电平 0；反之，输入端 A 为低电平 0 时，输出 F 为高电平 1，其逻辑表达式为 $F=\overline{A}$。反相器集成电路 CC4069 的引脚图如图 5-3-23 所示。

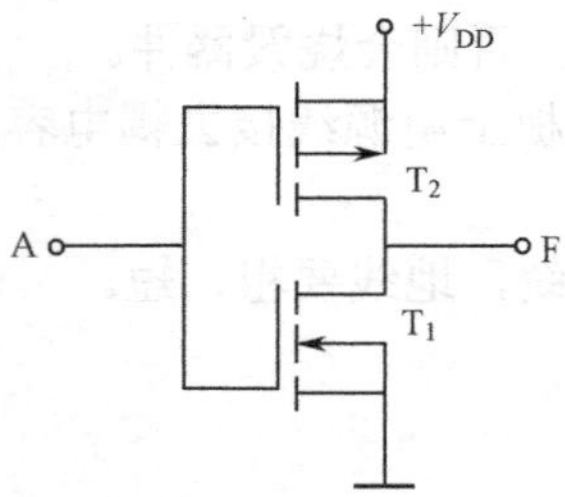

图 5-3-22　CMOS 反相器电路图

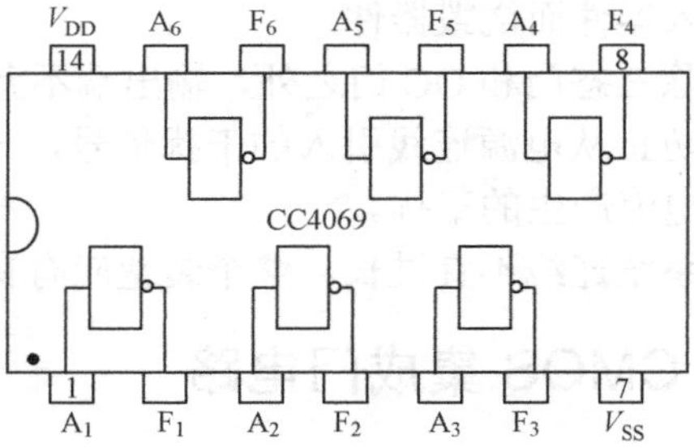

图 5-3-23　CC4069 引脚图

2）CMOS 与非门

常用的 CMOS 与非门如 CC4011 等，图 5-3-24 为 CC4011 与非门引脚图。

3）CMOS 或非门

常用的 CMOS 或非门如 CC4001 等，图 5-3-25 为 CC4001 或非门引脚图。

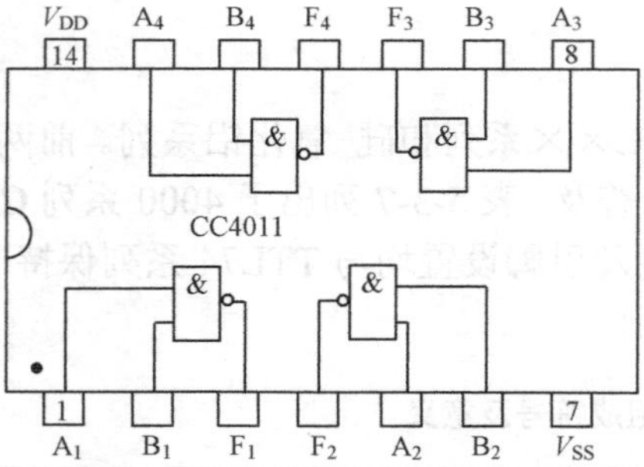

图 5-3-24　CC4011 引脚图

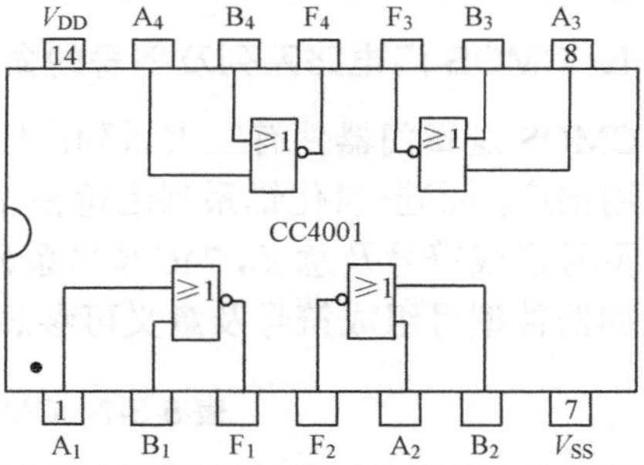

图 5-3-25　CC4001 引脚图

3．CMOS 集成门电路的特点

与 TTL 集成电路相比，CMOS 门电路具有如下特点：

（1）功耗低。CMOS 电路工作时，几乎不吸取静态电流，所以功耗极低。

（2）电源电压范围宽。目前国产的 CMOS 集成电路，按工作的电源电压范围分为两个系列，即 3～18V 的 CC4000 系列和 7～15V 的 C000 系列。由于电源电压范围宽，因此选择电源电压灵活方便，便于和其他电路接口。

（3）抗干扰能力强。

（4）制造工艺较简单。

（5）集成度高，宜于实现大规模集成。

但是 CMOS 门电路的延迟时间较大，所以开关速度较慢。

由于 CMOS 门电路具有上述特点，因而在数字电路，电子计算机及显示仪表等许多方面获得了广泛的应用。

4．MOS 门电路的使用

MOS 电路的多余输入端绝对不允许处于悬空状态，否则会因受干扰而破坏逻辑状态。

1）MOS 与非门多余输入端的处理

（1）直接接电源，如图 5-3-26（a）所示。

（2）和使用的输入端并联使用，如图 5-3-26（b）所示。

2）MOS 或非门多余输入端的处理

（1）直接接地，如图 5-3-27（a）所示。

（2）和使用的输入端并联使用，如图 5-3-27（b）所示。

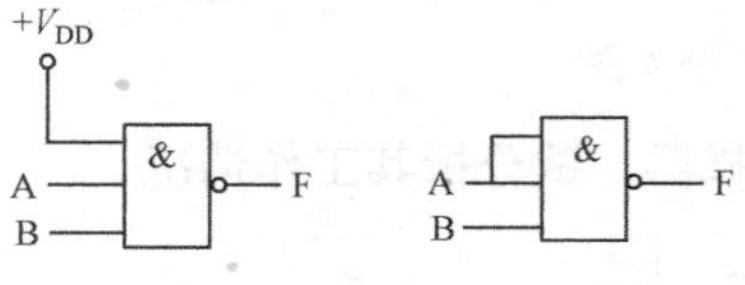

图 5-3-26　MOS 与非门多余输入端处理

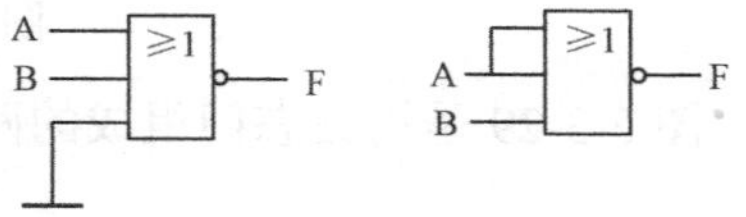

图 5-3-27　MOS 或非门多余输入端处理

3）其他使用注意事项

（1）要防止静电损坏。MOS 器件输入电阻大，可达 $10^9\Omega$以上，输入电容很小，即使感应少量电荷也将产生较高的感应电压（$U_{GS}=Q/C$），可使 MOS 管栅极绝缘层击穿，造成永久性损坏。

（2）操作人员应尽量避免穿着易产生静电荷的化纤物，以免产生静电感应。

（3）焊接 MOS 电路时，一般电烙铁容量应不大于 20W，烙铁要有良好的接地线，且可靠接地；若未接地，应拔下电源，利用断电后余热快速焊接，禁止通电情况下焊接。

思考与练习

一、填空题

1．在数字电路中，逻辑变量和函数的取值有________和________两种可能。

2．基本逻辑门电路有________、________、________三种。

3．数字集成电路按开关元件不同：可分为________和________两大类。

4．TTL 电路中多余的输入端，一般不能用悬空办法处理，这是因为________。

5．CMOS 集成电路的优点是____________________。

二、综合题

1．什么是 TTL 集成门电路？

2．什么是 CMOS 电路，使用 COMS 集成电路应注意什么问题？

3．门电路有三个输入端 A、B、C，有一个输出端 F，用真值表表示与门、或门的逻辑功能，并画出图形符号。

4．试判断图 5-3-28 中所示 TTL 门电路输出与输入之间的逻辑关系哪些是正确的，哪些是错误的，并将错误的接法改正。

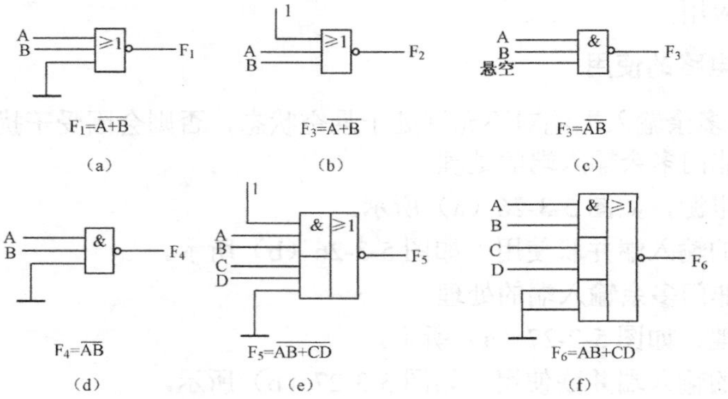

图 5-3-28　综合题 4 图

5．图 5-3-29 是用三态门组成的两路数据选择器，试分析其工作情况。

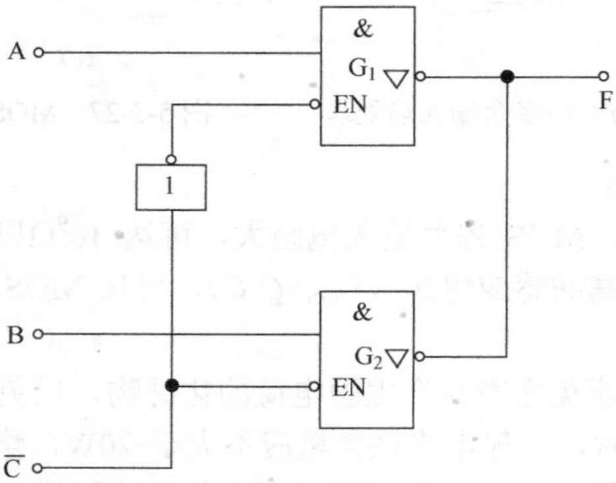

图 5-3-29　综合题 5 图

第 6 章

组合逻辑电路

6.1 组合逻辑电路的基本知识

学习目标

1. 了解组合逻辑电路的特点，掌握逻辑代数的运算法则。

2. 能运用逻辑代数对逻辑函数进行化简，了解逻辑函数化简在工程应用中的实际意义。

3. 掌握组合逻辑电路的分析方法和步骤，能设计出简单的组合逻辑电路。

组合逻辑电路在逻辑功能上的特点是电路任意时刻的输出状态，只取决于该时刻的输入状态，而与该时刻之前的电路输入状态和输出状态无关。组合逻辑电路在结构上的特点是不含有具有存储功能的电路。可以由逻辑门或者由集成组合逻辑单元电路组成，从输出到各级门的输入无任何反馈线。组合逻辑电路的输出信号是输入信号的逻辑函数。这样，逻辑函数的四种表示方法，都可以用来表示组合逻辑电路的功能。了解组合逻辑电路的基本知识是运用组合逻辑电路的基础。

6.1.1 逻辑代数

研究逻辑关系的数学称为逻辑代数，又称为布尔代数，它是分析和设计逻辑电路的数学工具。它与普通代数相似，也是用大写字母（A、B、C…）表示逻辑变量，但逻辑变量取值只有 1 和 0 两种，这里的逻辑 1 和逻辑 0 不表示数值大小，而是表示两种相反的逻辑状态，如信号的有与无、电平的高与低、条件成立和不成立等。

1. 基本逻辑运算法则

对应于三种基本逻辑关系，有三种基本逻辑运算，即逻辑乘、逻辑加和逻辑非。这三种基本运算法则，可分别由与其对应的与门、或门及非门三种电路来实现。逻辑代数中的其他运算规则是由这三种基本逻辑运算推导出来的。

（1）逻辑乘：简称乘法运算，是进行与逻辑关系运算的，所以也称为与运算。其运算规则如下：

$$0 \cdot A=0$$

$$1 \cdot A=A$$

$$A \cdot A=A$$

$$A\cdot\overline{A}=0$$

（2）逻辑加：简称加法运算，是进行或逻辑关系运算的，所以也称为或运算。其运算规则如下：

$$0+A=A$$

$$1+A=1$$

$$A+A=A$$

$$A+\overline{A}=1$$

（3）逻辑非：简称非运算，也称为求反运算，是进行非逻辑关系运算的。对于非逻辑来说，可得还原律如下：

$$\overline{\overline{A}}=A$$

2．逻辑代数的基本定律

逻辑代数的基本定律和公式如表 6-1-1 所示。

表 6-1-1　逻辑代数的基本定律和公式

名　称	公式1	公式2
0-1律	$A\cdot 1=A$ $A\cdot 0=0$	$A+0=A$ $A+1=1$
互补律	$A\overline{A}=0$	$A+\overline{A}=1$
重叠律	$A\cdot A=A$	$A+A=A$
交换律	$A\cdot B=B\cdot A$	$A+B=B+A$
结合律	A（BC）=（AB）C	A+（B+C）=（A+B）+C
分配律	A（B+C）=AB+AC	A+（BC）=（A+B）（A+C）
反演律 （又称摩根定律）	$\overline{AB}=\overline{A}+\overline{B}$	$\overline{A+B}=\overline{A}\,\overline{B}$
吸收律	A（A+B）=A A（$\overline{A}$+B）=AB	$A+AB=A$ $A+\overline{A}B=A+B$
双重否定律	$\overline{\overline{A}}=A$	否定之否定规律

6.1.2　逻辑函数的化简

某种逻辑关系，通过与、或、非等逻辑运算把各个变量联系起来，构成了一个逻辑函数式。对于逻辑代数中的基本运算，都可用相应的门电路实现，因此一个逻辑函数式，一定可以用若干门电路的组合来实现。

一个逻辑函数可以有许多种不同的表达式。

例如：$F=AB+\overline{A}C$　　　　与或表达式

$=(A+C)(\overline{A}+B)$　　　　或与表达式

$=\overline{\overline{AB}\cdot\overline{\overline{A}C}}$　　　　与非与非表达式

这些表达式是同一逻辑函数的不同表达式，因而反映的是同一逻辑关系。在用门电路实现其逻辑关系时，究竟使用哪种表达式，要看具体所使用的门电路的种类。

在数字电路中，用逻辑符号表示的基本单元电路以及由这些基本单元电路作为部件组成的电路称为逻辑图或逻辑电路图。上述三个表达式中的各逻辑电路图分别如图 6-1-1（a）、图 6-1-1（b）、图 6-1-1（c）所示。这些电路组成形式虽然各不相同，但电路的逻辑功能却是相同的。

一般来说，一个逻辑函数表达式越简单，实现它的逻辑电路就越简单；同样，如果已知一个逻辑电路，按其列出的逻辑函数表达式越简单，也越有利于简化对电路逻辑功能的分析，所以必须对逻辑函数进行化简。

逻辑函数的化简通常有两种方法：公式化简法和卡诺图化简法。公式化简法的优点是它的使用不受任何条件的限制，但要求能熟练运用公式和定律，技巧性较强。卡诺图化简的优点是简单、直观，但变量超过 5 个以上时过于烦琐，本书不作介绍，可参阅有关书籍。

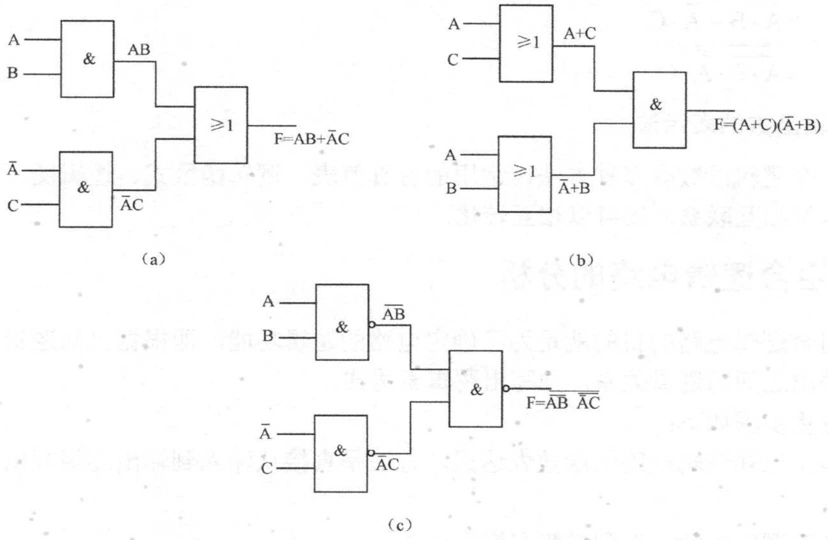

图 6-1-1 逻辑电路图

1. 公式法化简

运用逻辑代数的基本定律和一些恒等式化简逻辑函数式的方法，称为公式法化简。下面举例说明如何利用逻辑代数的基本公式和定律，对逻辑函数进行化简和变换。

【例 6-1-1】 化简 $F=A\cdot B+A\cdot\overline{B}\cdot C+A\cdot\overline{B}\cdot\overline{C}$

解： $F=A\cdot B+A\cdot\overline{B}\cdot C+A\cdot\overline{B}\cdot\overline{C}$

$=A\cdot B+A\cdot\overline{B}\cdot(C+\overline{C})$

$=A\cdot B+A\cdot\overline{B}$

$=A$

【例 6-1-2】 证明 $A\cdot B+\overline{A}\cdot C+B\cdot C=A\cdot B+\overline{A}C$

证明： $\because A\cdot B+\overline{A}\cdot C+B\cdot C=A\cdot B+\overline{A}\cdot C+(A+\overline{A})\cdot B\cdot C$

$=A\cdot B+\overline{A}C+A\cdot B\cdot C+\overline{A}\cdot B\cdot C$

$=A\cdot B\cdot(1+C)+\overline{A}\cdot C(1+B)$

$$=A\cdot B+\overline{A}C$$

∴左式等于右式，等式得证。

【例 6-1-3】化简 $F=\overline{(\overline{A}+A\cdot\overline{B})\cdot\overline{C}}$

$$F=\overline{(\overline{A}+A\cdot\overline{B})\cdot\overline{C}}$$

$$=\overline{\overline{A}+A\cdot\overline{B}}+\overline{\overline{C}}$$

$$=\overline{(\overline{A}+A)(\overline{A}+\overline{B})}+C$$

$$=\overline{\overline{A}+\overline{B}}+C$$

$$=A\cdot B+C$$

【例 6-1-4】将 $F=A\cdot B+\overline{A}\cdot C$ 变为与非与非式。

解： $F=A\cdot B+\overline{A}\cdot C$

$$=\overline{\overline{A\cdot B+\overline{A}\cdot C}}$$

$$=\overline{\overline{A\cdot B}\cdot\overline{\overline{A}\cdot C}}$$

2．逻辑函数的表示法

表示一个逻辑函数有多种方法，常用的有真值表、逻辑函数式、逻辑图、波形图。它们各有特点又相互联系，还可以相互转化。

6.1.3　组合逻辑电路的分析

分析组合逻辑电路的目的就是为了确定电路的逻辑功能，即根据已知逻辑电路，找出其输入和输出之间的逻辑关系，并写出逻辑表达式。

一般分析步骤如下：

（1）写出已知逻辑电路的函数表达式。方法是直接从输入到输出逐级写出逻辑函数表达式。

（2）化简逻辑函数，得到最简逻辑表达式。

（3）列出真值表。

（4）根据真值表或最简逻辑表达式确定电路功能。

组合电路分析的一般步骤，可用图 6-1-2 所示框图表示。

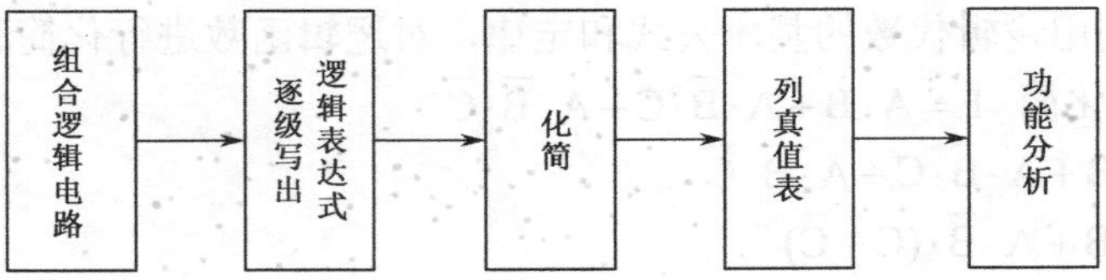

图 6-1-2　组合逻辑电路分析步骤框图

下面举例说明组合逻辑电路的分析方法。

【例 6-1-5】试分析图 6-1-3 电路的逻辑功能。

解：（1）从输入到输出逐级写出输出端的函数表达式。

$$F_1=\overline{A}$$

$$F_2 = \overline{B}$$

$$F_3 = \overline{\overline{A} + B} = A\overline{B}$$

$$F_4 = \overline{A + \overline{B}} = \overline{A}B$$

$$F = \overline{F_3 + F_4} = \overline{A\overline{B} + \overline{A}B}$$

（2）对上式进行化简。

$$\begin{aligned} F &= \overline{A\overline{B} + \overline{A}B} \\ &= \overline{A\overline{B}} \cdot \overline{\overline{A}B} \\ &= (\overline{A} + B)(A + \overline{B}) \\ &= \overline{A}\overline{B} + AB \end{aligned}$$

（3）列出函数真值表，如表 6-1-2 所示。

表 6-1-2　函数真值表

A	B	F
0	0	1
0	1	0
1	0	0
1	1	1

（4）确定电路功能。

由式 $F = \overline{A}\overline{B} + AB$ 和表 6-1-2 可知，图 6-1-3 所示是一个同或门。

【例 6-1-6】 试分析图 6-1-4 所示电路的逻辑功能。

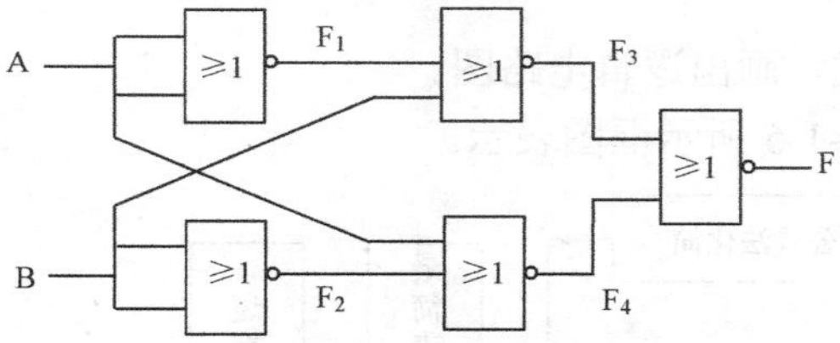

图 6-1-3　例 6-1-5 用图

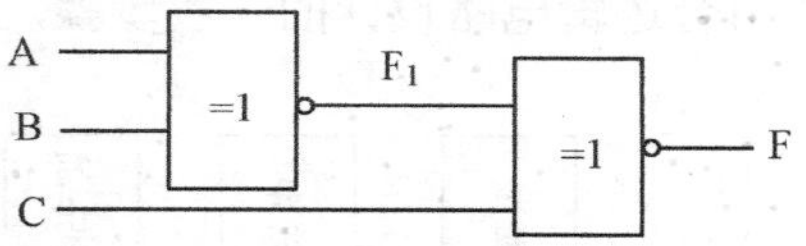

图 6-1-4　例 6-1-6 用图

解：（1）逐级写出输出端的逻辑表达式。

$$F_1 = A \oplus B$$

$$F = F_1 \oplus C = A \oplus B \oplus C$$

（2）化简。上式已是最简，故可不用化简。

（3）列真值表，如表 6-1-3 所示。

表 6-1-3　函数真值表

A	B	C	F
0	0	0	0
0	0	1	1
0	1	0	1
0	1	1	0

续表

A	B	C	F
1	0	0	1
1	0	1	0
1	1	0	0
1	1	1	1

（4）确定电路功能。

由表 6-1-3 所示可知，当 A、B、C 的取值组合中，只有奇数个 1 时，输出为 1，否则为 0，所以如图 6-1-4 所示电路为 3 位奇偶检验器。

6.1.4 组合逻辑电路的设计

根据给出的实际逻辑问题，求出实现这一逻辑功能的最简单逻辑电路，这就是设计组合逻辑电路时要完成的工作。

组合逻辑电路的设计，通常可按如下步骤进行：

（1）将给出的实际逻辑问题进行逻辑抽象。根据命题要求对逻辑功能进行分析，确定哪些是输入变量，哪些是输出变量，以及它们之间的逻辑关系。并进行逻辑赋值，即确定什么情况下为逻辑 1，什么情况为逻辑 0。

（2）根据给定的因果关系列出真值表。值得提出的是，状态赋值不同，得到的真值表也不一样。

（3）根据真值表写出相应的逻辑表达式，然后进行化简，并转换成命题所要求的逻辑函数表达式。

（4）根据化简或变换后的逻辑函数表达式，画出逻辑电路图。

组合逻辑电路设计的一般步骤，可用图 6-1-5 所示框图表示。

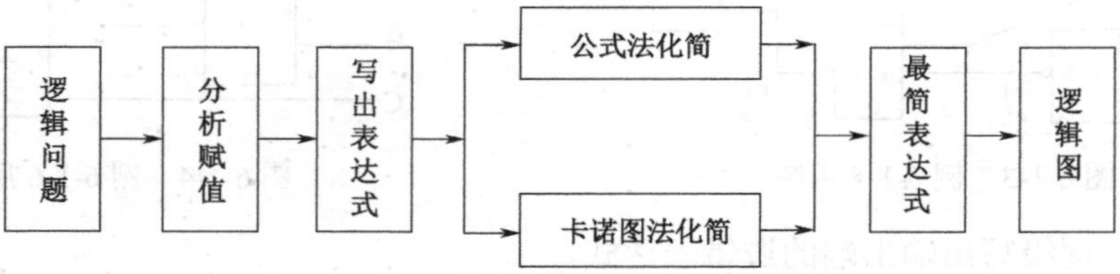

图 6-1-5　组合逻辑电路设计步骤框图

应当指出，上述这些设计步骤并不是固定不变的程序，在实际设计中，应根据具体情况灵活应用。

【例 6-1-7】试用与非门设计一个在三个地方均可对同一盏灯进行控制的组合逻辑电路。并要求当灯泡亮时，改变任何一个输入可把灯熄灭；相反，若灯不亮时，改变任何一个输入也可使灯亮。

解：（1）因要求三个地方控制一盏灯，所以设 A、B、C 分别为三个开关，作为输入变量，并设开关向上为 1，开关向下为 0；F 为输出变量，灯亮为 1，灯灭为 0。

（2）根据逻辑要求，列真值表，如表 6-1-4 所示。

表 6-1-4　真值表

A	B	C	F
0	0	0	0
0	0	1	1
0	1	0	1
0	1	1	0
1	0	0	1
1	0	1	0
1	1	0	0
1	1	1	1

（3）写表达式、并化简

$$F=\bar{A}\bar{B}C+\bar{A}B\bar{C}+A\bar{B}\bar{C}+ABC$$

上式已不能化简，即为最简与或表达式。

（4）画逻辑电路图

因题目要求用与非门电路实现，所以先要将式 $F=\bar{A}\bar{B}C+\bar{A}B\bar{C}+A\bar{B}\bar{C}+ABC$ 变换为与非-与非表达式，然后根据与非-与非表达式再画逻辑图，如图 6-1-6 所示。

$$F=\overline{\overline{\bar{A}\bar{B}C+\bar{A}B\bar{C}+A\bar{B}\bar{C}+ABC}}$$
$$=\overline{\overline{\bar{A}\bar{B}C}\cdot\overline{\bar{A}B\bar{C}}\cdot\overline{A\bar{B}\bar{C}}\cdot\overline{ABC}}$$

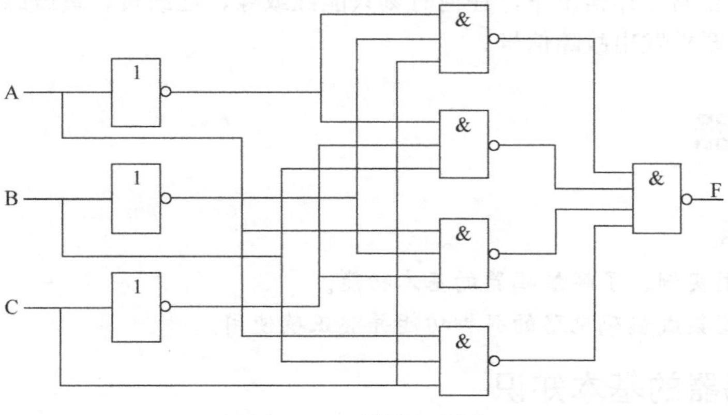

图 6-1-6　逻辑电路图

思考与练习

一、填空题

1. 逻辑代数又称为________代数。最基本的逻辑关系有________、________、________三种。常用的几种导出的逻辑运算为________、________、________、________。

2. 逻辑函数的常用表示方法有________、________、________。

3. 逻辑代数中与普通代数相似的定律有________、________、________。摩根定律又称为________。

4．摩根定律表示式为 $\overline{A+B}=$ ________，$\overline{A\cdot B}=$ ________。

二、综合题

1．用公式法化简下列逻辑函数。

（1）$A\cdot\overline{B}\cdot C+\overline{A}\cdot B\cdot C+A\cdot B\cdot C+\overline{A}\cdot\overline{B}\cdot C$

（2）$\overline{A}\cdot\overline{B}+A\cdot B+\overline{A}\cdot\overline{B}\cdot C+A\cdot B\cdot C$

（3）$A\cdot\overline{B}+\overline{A}\cdot C+B\cdot C$

（4）$A\cdot\overline{B}+\overline{B}\cdot C+B\cdot\overline{C}+\overline{A}\cdot B$

2．写出图 6-1-7 所示电路的逻辑表达式，并化简之。

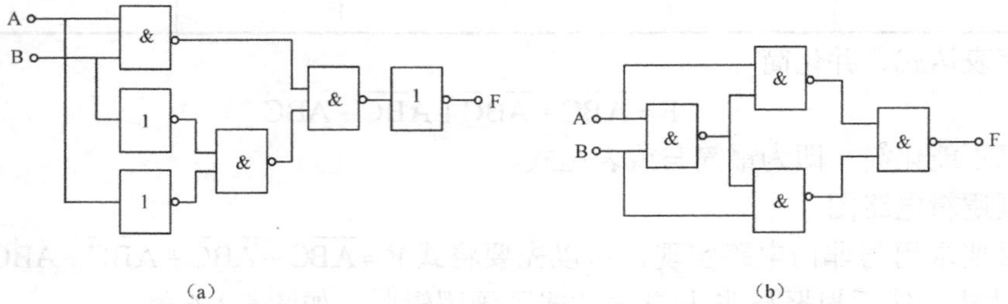

图 6-1-7　综合题 2 图

3．试设计一个用与非门实现的监测信号灯工作状态的逻辑电路。一组信号灯由红、黄、绿三盏灯组成，正常工作情况下，任何时刻只能红或绿、红或黄、黄或绿灯亮。其他情况视为故障情况，要求发出故障信号。

6.2　编码器

学习目标

1．通过应用实例，了解编码器的基本功能。

2．了解典型集成编码电路的引脚功能并能正确使用。

6.2.1　编码器的基本知识

在数字系统中，经常需要将某一信息（输入）变换成某一特定的代码（输出）。把二进制数码按一定的规律排列组合，并给每组代码赋予一定的含义（代表某个数或控制信号）的过程称为编码。

具有编码功能的电路称为编码器。编码器的框图如图 6-2-1 所示，它有 n 个输入端，m 个输出端，输入端数 n 与输出端数 m 满足 $n\leqslant 2^m$ 的关系。

在 n 个输入端中，每次只能有一个信号有效，其余无效；每次输入有效时，只能有唯一的一组输出与之对应，即一个输入对应一组 m 位二进制代码的输出。

常见的编码器有普通编码器（二进制编码器、二—十进制编码器）、优先编码器两种。

1．普通编码器

在普通编码器中，任何时刻只允许输入一个编码信号，否则输出将发生混乱。

1）二进制编码器

一位二进制代码可以表示 0、1 这 2 种不同的输入信号，2 位二进制代码可表示 00、01、10、11 这 4 种不同的输入信号，*n* 位二进制代码可以表示 2^n 种输入信号的电路为二进制编码器。

【例 6-2-1】设计一个 8 线-3 线二进制编码器。

解：（1）8 线-3 线二进制编码器的框图如图 6-2-2，有 8 个输入信号分别用 X_0、X_1、…、X_7 表示 0、1、…、7 这 8 个数字，3 个输出 C、B、A 为 3 位二进制代码。

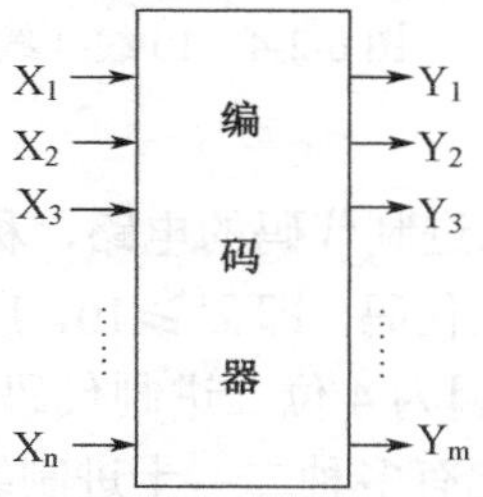

图 6-2-1　编码器框图

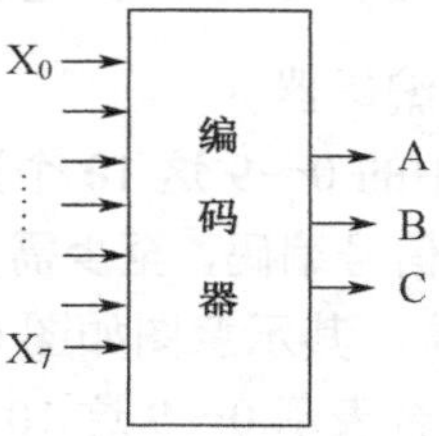

图 6-2-2　8 线-3 线二进制编码器框图

（2）设输入、输出均为高电平有效，列出8线-3线二进制编码器的真值表，如表6-2-1所示。

表 6-2-1　8 线-3 线二进制编码器的真值表

十进制数	输入								输出		
	X_0	X_1	X_2	X_3	X_4	X_5	X_6	X_7	C	B	A
0	1	0	0	0	0	0	0	0	0	0	0
1	0	1	0	0	0	0	0	0	0	0	1
2	0	0	1	0	0	0	0	0	0	1	0
3	0	0	0	1	0	0	0	0	0	1	1
4	0	0	0	0	1	0	0	0	1	0	0
5	0	0	0	0	0	1	0	0	1	0	1
6	0	0	0	0	0	0	1	0	1	1	0
7	0	0	0	0	0	0	0	1	1	1	1

（3）写出输出逻辑表达式

$$C = X_4 + X_5 + X_6 + X_7$$
$$B = X_2 + X_3 + X_6 + X_7$$
$$A = X_1 + X_3 + X_5 + X_7$$

（4）由逻辑表达式画出逻辑图，如图 6-2-3 所示。

当 8 个输入端中输入某一个变量时，表示对该输入信号进行编码，在任何时刻只能对 X_0～X_7 中的某一个输入信号进行编码，不允许同时输入两个或多个高电平，否则在输出端将发生混乱，在图 6-2-3 中没有十进制数 0 的输入线，因为只有在 X_1～X_7 信号线上都不加信号时，输出 C、B、A 必为 000，实现对 0 的编码。

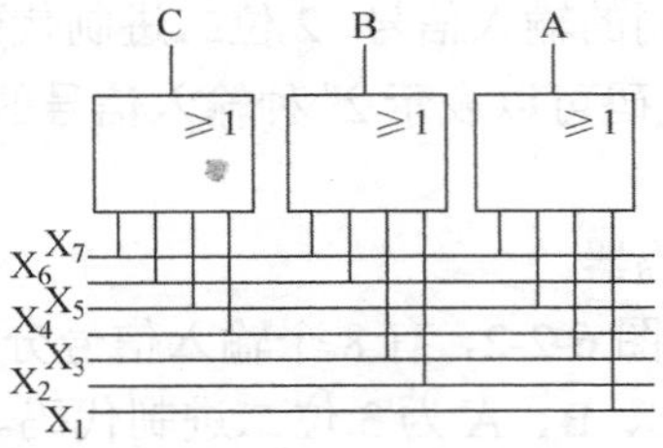

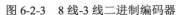

图 6-2-3　8 线-3 线二进制编码器

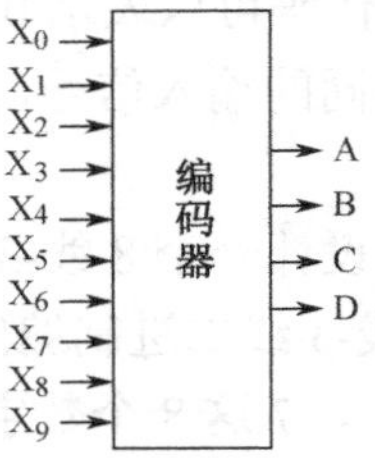

图 6-2-4　10 线-4 线编码器框图

2）二—十进制编码器

能将十进制数中的 0～9 这 10 个数码转换为二进制代码的电路，称为二—十进制编码器，要对 10 个输入信号编码，至少需要 4 位二进制代码，即 $2^i \geq 10$，所以二—十进制编码器的输出信号为 4 位，其示意图如图 6-2-4 所示。因为 4 位二进制代码有 16 种取值组合，可任选其中 10 种组合表示 0～9 这 10 个数字，因此有多种二—十进制编码方式，其中最常用的是 8421BCD 码。

表 6-2-2 为 8421BCD 码编码器真值表。

表 6-2-2　8421BCD 码编码器真值表

十进制数	输入	输出（8421BCD 码）			
		D	C	B	A
0	X_0	0	0	0	0
1	X_1	0	0	0	1
2	X_2	0	0	1	0
3	X_3	0	0	1	1
4	X_4	0	1	0	0
5	X_5	0	1	0	1
6	X_6	0	1	1	0
7	X_7	0	1	1	1
8	X_8	1	0	0	0
9	X_9	1	0	0	1

由表6-2-2可写出逻辑表达式

$$D = X_8 + X_9 = \overline{\overline{X_8} \cdot \overline{X_9}}$$

$$C = X_4 + X_5 + X_6 + X_7 = \overline{\overline{X_4} \cdot \overline{X_5} \cdot \overline{X_6} \cdot \overline{X_7}}$$

$$B = X_2 + X_3 + X_6 + X_7 = \overline{\overline{X_2} \cdot \overline{X_3} \cdot \overline{X_6} \cdot \overline{X_7}}$$

$$A = X_1 + X_3 + X_5 + X_7 + X_9 = \overline{\overline{X_1} \cdot \overline{X_3} \cdot \overline{X_5} \cdot \overline{X_7} \cdot \overline{X_9}}$$

用与非门实现上式如图6-2-5所示，输入低电平有效，即在任一时刻只有一个输入为0，其余为1。

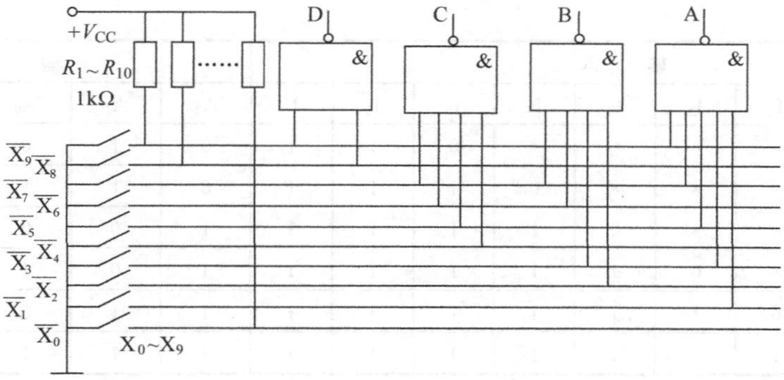

图 6-2-5　8421BCD 编码器

2．优先编码器

在实际产品中，均采用优先编码器。在优先编码器中，允许同时输入两个以上的编码信号，编码器自动对所有输入信号按优先顺序排队。当几个信号同时输入时，它只对优先级最高的信号进行编码。

6.2.2　集成编码器的产品简介

常见的编码器都是集成电路的，这里介绍两种常用的集成电路优先编码器。

1．8 线-3 线优先编码器 74LS148、CC40148

74LS148 是 8 线-3 线 TTL 集成电路优先编码器，CC40148 是 8 线-3 线 CMOS 集成电路优先编码器。它们在逻辑功能上没有区别，只是电性能参数不同，下面仅以 74LS148 为例介绍 8 线-3 线优先编码器。

1）封装形式及引脚排列

74LS148 的封装形式及引脚排列如图 6-2-6 所示。

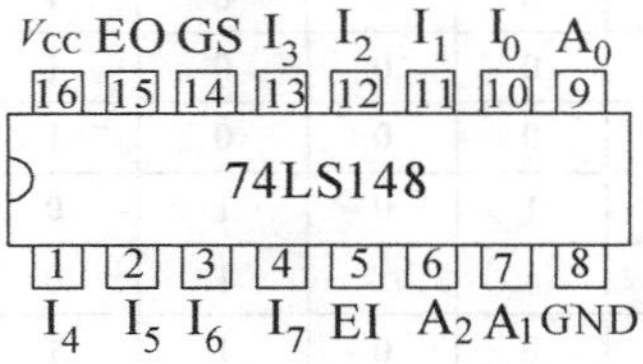

图 6-2-6　74LS148 的引脚图

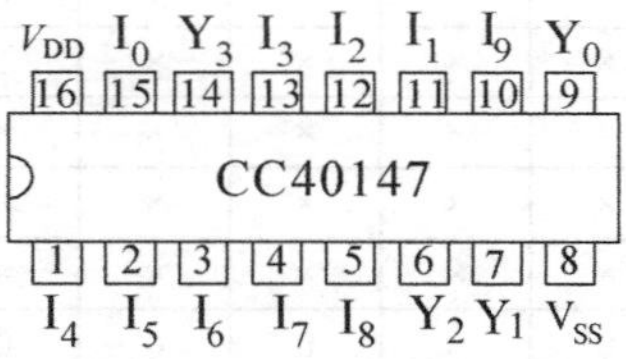

图 6-2-7　CC40147 的引脚图

2）功能表

优先编码器 74LS148 功能如表 6-2-3 所示。

表 6-2-3　74LS148 功能表

输　入									输　出				
EI	I_0	I_1	I_2	I_3	I_4	I_5	I_6	I_7	A_2	A_1	A_0	GS	EO
1	×	×	×	×	×	×	×	×	1	1	1	1	1
0	1	1	1	1	1	1	1	1	1	1	1	1	0
0	×	×	×	×	×	×	×	0	0	0	0	0	1
0	×	×	×	×	×	×	0	1	0	0	1	0	1

续表

输入									输出				
EI	I_0	I_1	I_2	I_3	I_4	I_5	I_6	I_7	A_2	A_1	A_0	GS	EO
0	×	×	×	×	×	0	1	1	0	1	0	0	1
0	×	×	×	×	0	1	1	1	0	1	1	0	1
0	×	×	×	0	1	1	1	1	1	0	0	0	1
0	×	×	0	1	1	1	1	1	1	0	1	0	1
0	×	0	1	1	1	1	1	1	1	1	0	0	1
0	0	1	1	1	1	1	1	1	1	1	1	0	1

2. 10 线-4 线优先编码器 74LS147、CC40147

74LS147、CC40147 分别为 TTL 集成电路和 CMOS 集成电路，下面以 CC40147 为例介绍 10 线-4 线优先编码器。

1）封装形式及引脚排列

CC40147 的封装形式及引脚排列如图 6-2-7 所示。

2）功能表

CC40147 功能如表 6-2-4 所示。

表 6-2-4　CC40147 功能表

输入										输出			
I_0	I_1	I_2	I_3	I_4	I_5	I_6	I_7	I_8	I_9	Y_3	Y_2	Y_1	Y_0
1	0	0	0	0	0	0	0	0	0	0	0	0	0
×	1	0	0	0	0	0	0	0	0	0	0	0	1
×	×	1	0	0	0	0	0	0	0	0	0	1	0
×	×	×	1	0	0	0	0	0	0	0	0	1	1
×	×	×	×	1	0	0	0	0	0	0	1	0	0
×	×	×	×	×	1	0	0	0	0	0	1	0	1
×	×	×	×	×	×	1	0	0	0	0	1	1	0
×	×	×	×	×	×	×	1	0	0	0	1	1	1
×	×	×	×	×	×	×	×	1	0	1	0	0	0
×	×	×	×	×	×	×	×	×	1	1	0	0	1
0	0	0	0	0	0	0	0	0	0	1	1	1	1

【例 6-2-2】根据表 6-2-5，用与非门组成相应的编码器。

表 6-2-5　例 6-2-2 功能表

输入	输出		
	F_2	F_1	F_0
I_0	0	0	0
I_1	1	1	0
I_2	0	0	1
I_3	0	1	1
I_4	1	0	0

解：本题考查的知识点是根据编码要求画逻辑电路图。解题的步骤方法是：首先由编码表写逻辑函数表达式；其次根据表达式画出逻辑电路。应注意的是：I_0对应的是$F_2F_1F_0$=000这一组，对I_0编码来说属于隐含编码。

由表 6-2-5 可得编码输出F_2、F_1、F_0的逻辑函数表达式

$$F_0 = I_2 + I_3\,,\ F_1 = I_1 + I_3\,,\ F_2 = I_1 + I_4$$

根据题目要求，将各逻辑式变换为与非形式

$$F_0 = \overline{\overline{I_2}\cdot\overline{I_3}},\ F_1 = \overline{\overline{I_1}\cdot\overline{I_3}},\ F_2 = \overline{\overline{I_1}\cdot\overline{I_4}}$$

相对应编码电路如图 6-2-8 所示。

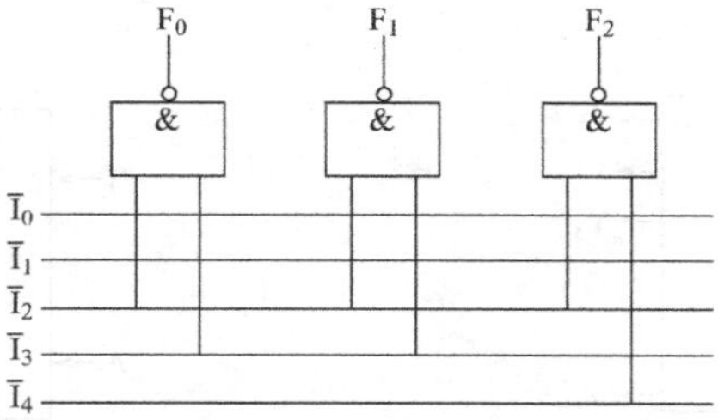

图 6-2-8　编码电路

思考与练习

一、填空题

1. 具有编码功能的电路称为_________；常见的编码器有_________、_________两种。

2. 逻辑函数 F=$\overline{A}\,\overline{B}\,\overline{C}\,\overline{D}$+A+B+C+D=_________。

3. 逻辑函数 F=$\overline{A\overline{B}+\overline{A}B+\overline{AB}+AB}$=_________。

二、综合题

1. 图 6-2-9 所示的是用与非门构成的 3 位二进制编码器，写出Y_2、Y_1、Y_0的逻辑表达式。

2. 写出图 6-2-10 所示电路的输出量逻辑表达式，列出真值表，并分析电路的功能。

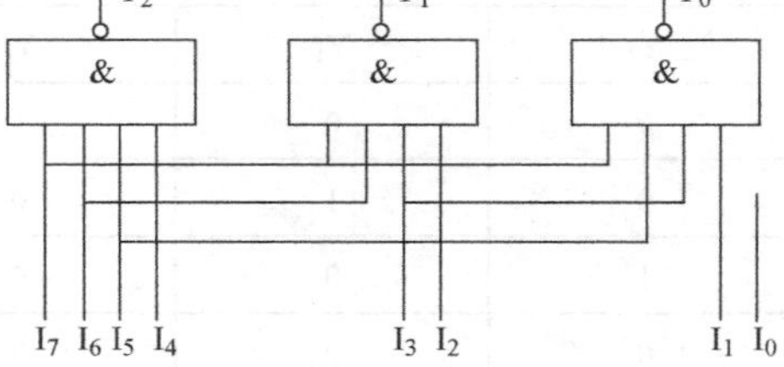

图 6-2-9　综合题 1 图

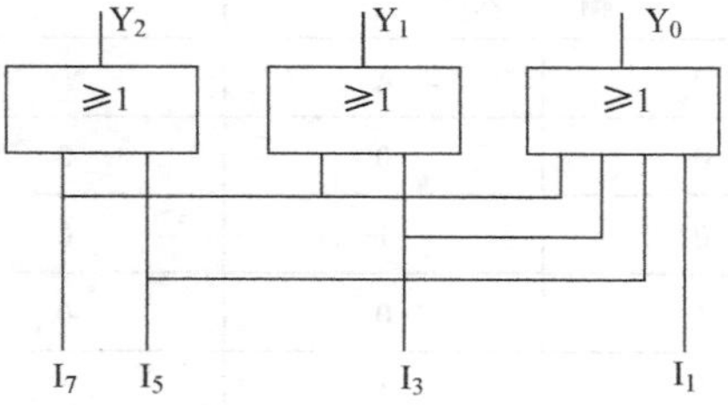

图 6-2-10　综合题 2 图

6.3　译码器

学习目标

1. 了解译码器的基本功能。

2. 了解典型集成译码电路的引脚功能并能正确使用。

3. 了解常用数码显示器件的基本结构和工作原理。

4. 通过搭接数码管显示电路，学会应用译码显示器。

6.3.1 译码器的基本知识

译码是编码的逆过程，它将二进制数码按其原意翻译成相应的输出信号。实现译码功能的电路称为译码器。译码器大多由门电路构成，它是具有多个输入端和输出端的组合电路，如图 6-3-1 所示，输入端数 n 和输出端数 m 的关系为 $2^n \geq m$。当 $2^n = m$ 时称为全译码；当 $2^n > m$ 时称为部分译码。

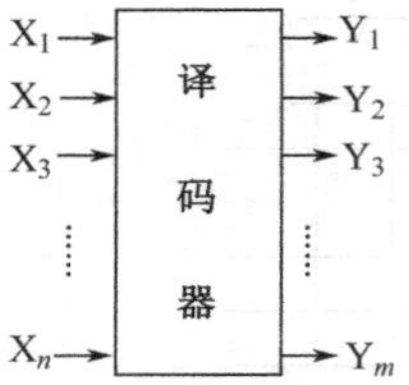

图 6-3-1　译码器的框图

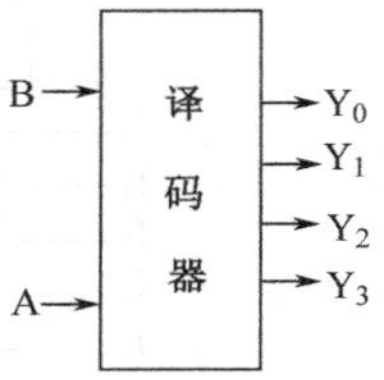

图 6-3-2　二进制译码器示意图

译码器按用途不同可分为通用译码器和显示译码器两大类。通用译码器又分为二进制译码器、BCD 译码器，它们主要用来完成各种码制之间的转换；显示译码器主要用来译码并驱动显示器显示。

1．通用译码器

1）二进制译码器

二进制译码器是将 n 位二进制数翻译成 $m=2^n$ 个输出信号的电路。二位二进制译码器的示意图如图 6-3-2 所示，输入变量为 A、B，输出变量为 Y_0、Y_1、Y_2、Y_3，故为 2 线输入、4 线输出译码器，设输出高电平有效，其真值表如表 6-3-1 所示。

表 6-3-1　二位二进制译码器真值表

输　入		输　出			
B	A	Y_3	Y_2	Y_1	Y_0
0	0	0	0	0	1
0	1	0	0	1	0
1	0	0	1	0	0
1	1	1	0	0	0

由真值表可写出输出表达式

$$Y_0 = \overline{A}\,\overline{B} \qquad Y_1 = A\overline{B} \qquad Y_2 = \overline{A}B \qquad Y_3 = AB$$

由输出表达式可作出二位二进制译码器的逻辑电路图，如图 6-3-3 所示。

集成二进制译码器有 2 线-4 线译码器（74LS139），3 线-8 线译码器（74LS138）和 4 线-16 线译码器（74LS154）等。

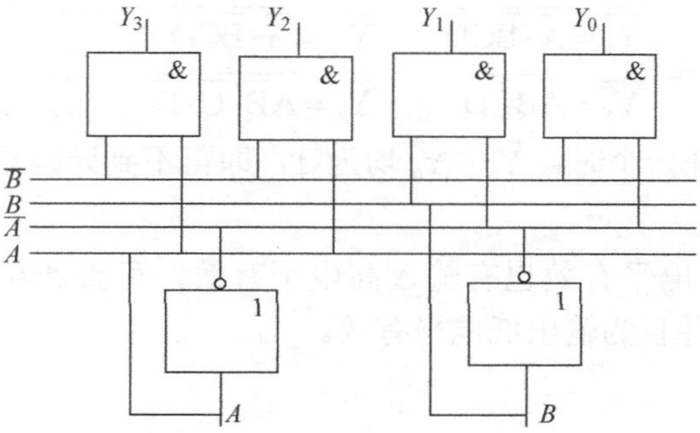

图 6-3-3 二位二进制译码器的逻辑电路

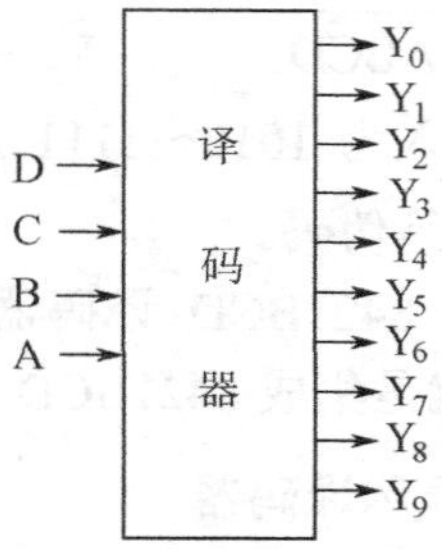

图 6-3-4 二-十进制译码器示意图

2）二—十进制译码器（BCD 译码器）

将 BCD 码翻译成对应的 10 个十进制数字信号的电路，称为二—十进制译码器。译码器的输入是十进制数的二进制编码，输出的 10 个信号与十进制数的 10 个数字相对应，如图 6-3-4 所示。图 6-3-5 为 8421BCD 译码器逻辑图，输出低电平有效。表 6-3-2 为 8421BCD 译码器真值表。

表 6-3-2 8421BCD 译码器真值表

十进制数	输入				输出									
	A	B	C	D	$\overline{Y_0}$	$\overline{Y_1}$	$\overline{Y_2}$	$\overline{Y_3}$	$\overline{Y_4}$	$\overline{Y_5}$	$\overline{Y_6}$	$\overline{Y_7}$	$\overline{Y_8}$	$\overline{Y_9}$
0	0	0	0	0	0	1	1	1	1	1	1	1	1	1
1	0	0	0	1	1	0	1	1	1	1	1	1	1	1
2	0	0	1	0	1	1	0	1	1	1	1	1	1	1
3	0	0	1	1	1	1	1	0	1	1	1	1	1	1
4	0	1	0	0	1	1	1	1	0	1	1	1	1	1
5	0	1	0	1	1	1	1	1	1	0	1	1	1	1
6	0	1	1	0	1	1	1	1	1	1	0	1	1	1
7	0	1	1	1	1	1	1	1	1	1	1	0	1	1
8	1	0	0	0	1	1	1	1	1	1	1	1	0	1
9	1	0	0	1	1	1	1	1	1	1	1	1	1	0

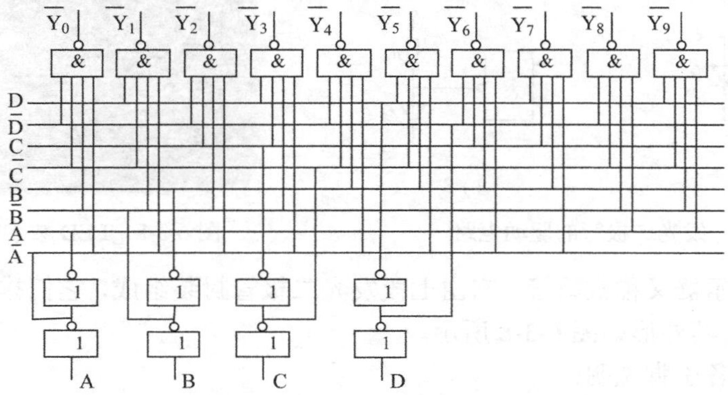

图 6-3-5 8421BCD 译码器

由电路图或真值表写出表达式为：

$\overline{Y_0}=\overline{\bar{A}\cdot\bar{B}\cdot\bar{C}\cdot\bar{D}}$ $\overline{Y_1}=\overline{\bar{A}\cdot\bar{B}\cdot\bar{C}D}$ $\overline{Y_2}=\overline{\bar{A}\cdot\bar{B}C\bar{D}}$ $\overline{Y_3}=\overline{\bar{A}\cdot\bar{B}CD}$ $\overline{Y_4}=\overline{\bar{A}\cdot B\bar{C}\cdot\bar{D}}$

$\overline{Y_5}=\overline{\bar{A}B\bar{C}D}$ $\overline{Y_6}=\overline{\bar{A}BC\bar{D}}$ $\overline{Y_7}=\overline{\bar{A}BCD}$ $\overline{Y_8}=\overline{A\bar{B}\cdot\bar{C}\cdot\bar{D}}$ $\overline{Y_9}=\overline{A\bar{B}\cdot\bar{C}D}$

当输入为 1010～1111 六个码中任一个时，$\overline{Y_0}\sim\overline{Y_9}$ 均为 1，即得不到译码器输出，该电路能拒绝伪码。

集成 8421BCD 译码器有输入低电平有效也有输入高电平有效，可查阅相关资料。74LS42 就是集成 8421BCD 译码器，并且为输出低电平有效。

2．显示译码器

在数字系统中，运算、操作的对象主要是二进制数码。人们往往希望把运算或操作的结果用十进制数直观地显示出来，因此数字显示电路就成为此数字系统的一个组成部分。

数字显示器件的种类较多，主要有半导体发光二极管显示器、液晶显示器等。显示的字形是由显示器的各段组合成数字 0～9，或者其他符号。我国字形管标准为七段字形。图 6-3-6 所示为显示器字形图，它有七个能发光的段，当给某些段加上一定的电压或驱动电流时，它就会发光，从而显示出相应的字形。由于各种数码显示管的驱动要求不同，驱动各种数码显示管的译码器也不同。

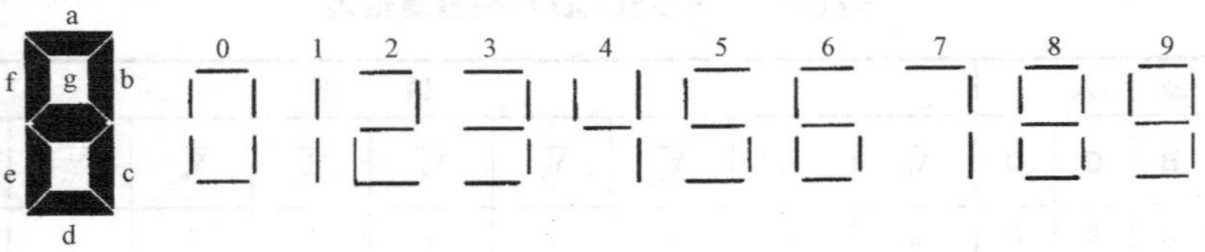

图 6-3-6　七段显示器字形图

1）常用的数码显示器

（1）半导体发光二极管显示器 （LED 数字显示器）

发光二极管与普通二极管的主要区别在于它外加正向电压导通时，能发出醒目的光。发光二极管工作时要加驱动电流。驱动电路通常采用与非门，由低电平驱动和高电平驱动，如图 6-3-7 所示，R_s 为限流电阻，调节 R_s 的大小可以改变流过发光二极管的电流，从而控制发光二极管的亮度。

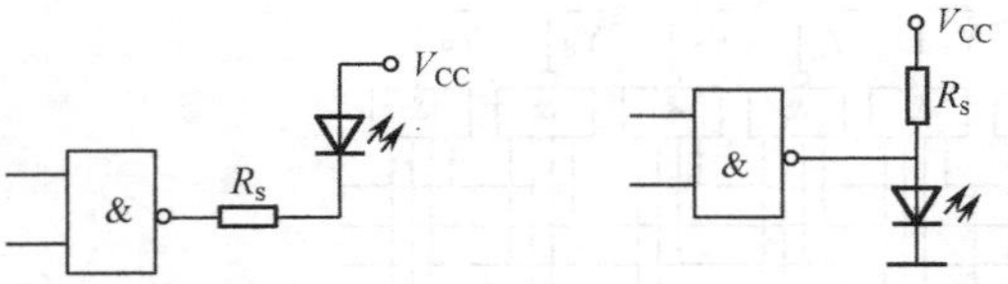

（a）　（b）

图 6-3-7　发光二极管的驱动电路

图 6-3-8　LED 数字显示器外形图

LED 数字显示器又称数码管，它由七段发光二极管封装组成，它们排列成“日”字形，如图 6-3-9 所示，其外形如图 6-3-8 所示。

LED 数码管各引脚说明：

a、b、c、d、e、f、g——字形七段输入端。

DP——小数点输入端。

V_{CC}——电源。

GND——接地。

LED 数码管内部发光二极管的接法有两种：共阳极接法和共阴极接法，如图 6-3-9 所示。

共阳极接法时将 LED 显示器中七个发光二极管的阳极共同连接，并接到电源。若要某段发光，该段相应的发光二极管阴极须经限流电阻 R 接低电平，如图 6-3-9（d）所示。

共阴极接法是将 LED 显示器中七个发光二极管的阴极共同连接，并接地。若要某段发光，该段相应的发光二极管阳极应经限流电阻 R 接高电平，如图 6-3-9（b）所示。

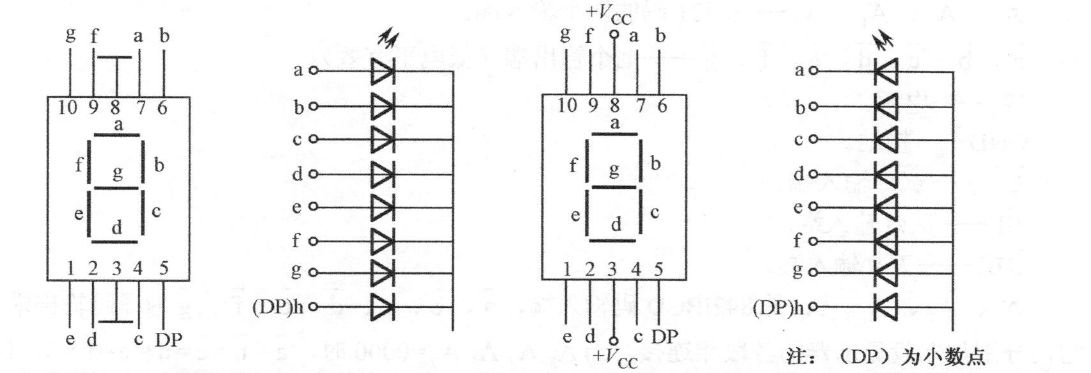

（a）共阴极LED引脚排列图　（b）共阴极LED内部接线图　（c）共阳极LED引脚排列图　（d）共阳极LED内部接线图

图 6-3-9　LED 数码管

（2）液晶显示器

液晶显示器通常简称 LCD。液晶是一种介于固体和液体之间的有机化合物，它和液体一样可以流动，但在不同方向上的光学特性不同，具有类似于晶体的性质，故称这类物质为液晶。

液晶显示器是一种新型平板薄型显示器件，如图 6-3-10 所示。液晶显示器本身不发光，它是用电来控制光在显示部位的反射和不反射（光被吸收）而实现显示的。正因为如此，LCD 工作电压低（2～6V）、功耗小（1μW/cm^2 以下），能与 CMOS 电路匹配。LCD 显示柔和、字迹清晰、体积小、质量轻、可靠性高、寿命长，自问世以来，其发展速度之快、应用之广，远远超过了其他发光型显示器件。

图 6-3-10　液晶显示器

2）BCD—七段显示译码器

BCD一七段显示译码器能把“8421”二—十进制代码译成对应于数码管的七个字段信号，驱动数码管，显示出相应的十进制数码。

BCD一七段显示译码器品种很多，其功能也不尽相同，下面以共阳极显示译码器 CT74LS247 为例，对它的各功能做一些简单的分析，CT74LS247 译码器的外形如图 6-3-11 所示，其引脚排列如图 6-3-12 所示。

图 6-3-11　CT74LS247 译码器外形图

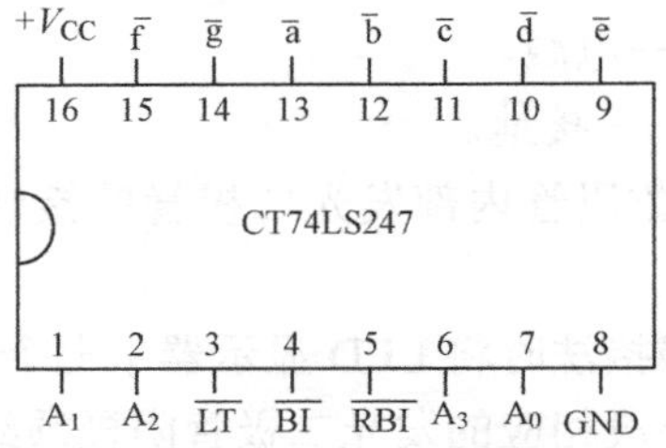

图 6-3-12　CT74LS247 译码器的引脚排列

各引脚说明如下。

A_3、A_2、A_1、A_0——8421 码的四个输入端。

$\overline{a}$、$\overline{b}$、$\overline{c}$、$\overline{d}$、$\overline{e}$、$\overline{f}$、$\overline{g}$——七个输出端（低电平有效）。

V_{CC}——电源。

GND——接地。

$\overline{LT}$——试灯输入端。

$\overline{BI}$——灭灯输入端。

$\overline{RBI}$——灭 0 输入端。

A_3、A_2、A_1、A_0 是 842lBCD 码输入端，$\overline{a}$、$\overline{b}$、$\overline{c}$、$\overline{d}$、$\overline{e}$、$\overline{f}$、$\overline{g}$ 为译码输出端，它们分别与七段显示器的各段相连接。当 A_3 A_2 A_1 A_0 =0000 时，$\overline{a}=\overline{b}=\overline{c}=\overline{d}=\overline{e}=\overline{f}=0$，只有 $\overline{g}=1$。所以，七段显示器的 a、b、c、d、e、f 段分别发亮，而 g 段不亮，七段显示器显示“0”。

当 A_3 A_2 A_1 A_0 =0001 时，$\overline{b}=\overline{c}=0$，而 $\overline{a}=\overline{d}=\overline{e}=\overline{f}=\overline{g}=1$，七段显示器的 b、c 发亮，而 a、d、g、f、g 不亮，七段显示器显示“1”。以此类推，就可以得到如表 6-3-3 所示的 CT74LS247 译码器功能表。

表 6-3-3　CT74LS247 译码器功能表

功能和十进制数	输入							输出笔画段状态							显示字符
	$\overline{LT}$	$\overline{RBI}$	$\overline{BI}$	D	C	B	A	$\overline{a}$	$\overline{b}$	$\overline{c}$	$\overline{d}$	$\overline{e}$	$\overline{f}$	$\overline{g}$	
试灯	0	×	1	×	×	×	×	0	0	0	0	0	0	0	全灭
灭灯	×	×	0	×	×	×	×	1	1	1	1	1	1	1	灭 0
灭 0	1	0	1	0	0	0	0	1	1	1	1	1	1	1	
0	1	1	1	0	0	0	0	0	0	0	0	0	0	1	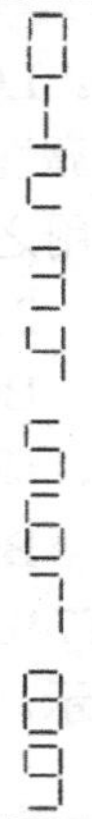
1	1	×	1	0	0	0	1	1	0	0	1	1	1	1	
2	1	×	1	0	0	1	0	0	0	1	0	0	1	0	
3	1	×	1	0	0	1	1	0	0	0	0	1	1	0	
4	1	×	1	0	1	0	0	1	0	0	1	1	0	0	
5	1	×	1	0	1	0	1	0	1	0	0	1	0	0	
6	1	×	1	0	1	1	0	0	1	0	0	0	0	0	
7	1	×	1	0	1	1	1	0	0	0	1	1	1	1	
8	1	×	1	1	0	0	0	0	0	0	0	0	0	0	
9	1	×	1	1	0	0	1	0	0	0	0	1	0	0	

常用的共阴极显示译码器有 74LS347、74LS48、74LS49、CD4056、CC4511、CC14513、MC14544 等。

常用的共阳极显示译码器有 74LS247、74LS248、74LS429、74LS47、74LS447 等。

常用的液晶显示译码器有 C306、CC4055、CC14543 等。

3）译码显示电路

译码显示电路是由译码器、显示器构成的，图 6-3-13 所示为需外接电阻的译码显示电路。74LS48 是驱动共阴极 LED 数码管的，而 74LS49 是驱动共阳极 LED 数码管的。只要接通+5V 电源和将十进制数的 BCD 码接至译码器的相应输入端 A、B、C、D 即可显示 0～9 的数字。

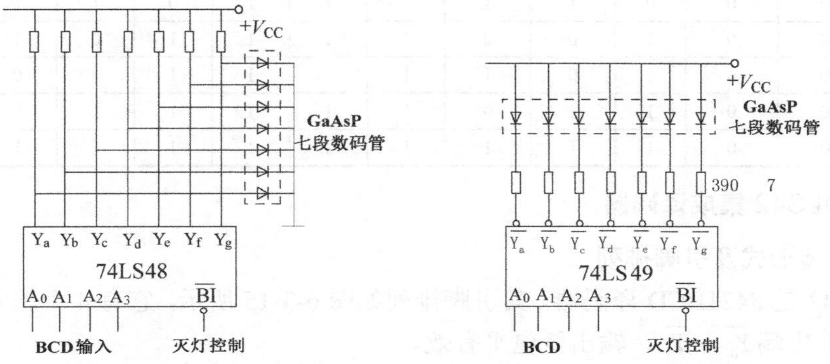

（a）共阴译码显示电路　　（b）共阳译码显示电路

图 6-3-13　需外接电阻的译码显示电路

6.3.2 集成译码器的产品简介

译码器有通用译码器和显示译码器（现在产品均包括驱动器）之分，常见的通用集成译码器有 74LS138、74LS42 等，常见的集成显示译码器有 74LS48、CC4511 等。下面仅介绍两种常见的通用译码器。

1. 74LS138 集成译码器

1）封装形式及引脚排列

74LS138 是二位二进制译码器，其引脚排列如图 6-3-14 所示，它有 3 条输入线 A、B、C，8 条输出线 $\overline{Y_0}\sim\overline{Y_7}$，输出低电平有效。

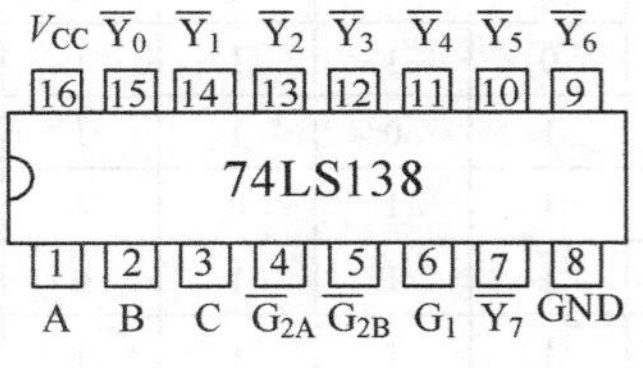

图 6-3-14　74LS138 的引脚图

2）功能表

74LS138 功能表如表 6-3-4 所示。

表 6-3-4　74LS138 功能表

输　入						输　出							
G_1	G_{2A}	$\overline{G_{2B}}$	C	B	A	$\overline{Y_0}$	$\overline{Y_1}$	$\overline{Y_2}$	$\overline{Y_3}$	$\overline{Y_4}$	$\overline{Y_5}$	$\overline{Y_6}$	$\overline{Y_7}$
×	1	×	×	×	×	1	1	1	1	1	1	1	1
×	×	1	×	×	×	1	1	1	1	1	1	1	1
0	×	×	×	×	×	1	1	1	1	1	1	1	1
1	0	0	0	0	0	0	1	1	1	1	1	1	1
1	0	0	0	0	1	1	0	1	1	1	1	1	1
1	0	0	0	1	0	1	1	0	1	1	1	1	1
1	0	0	0	1	1	1	1	1	0	1	1	1	1
1	0	0	1	0	0	1	1	1	1	0	1	1	1
1	0	0	1	0	1	1	1	1	1	1	0	1	1
1	0	0	1	1	0	1	1	1	1	1	1	0	1
1	0	0	1	1	1	1	1	1	1	1	1	1	0

2．74LS42 集成译码器

1）封装形式及引脚排列

74LS42 是 8421BCD 译码器，其引脚排列如图 6-3-15 所示，它有 4 个输入端 A、B、C、D，10 个输出端 $\overline{Y_0}$ ～ $\overline{Y_9}$，输出低电平有效。

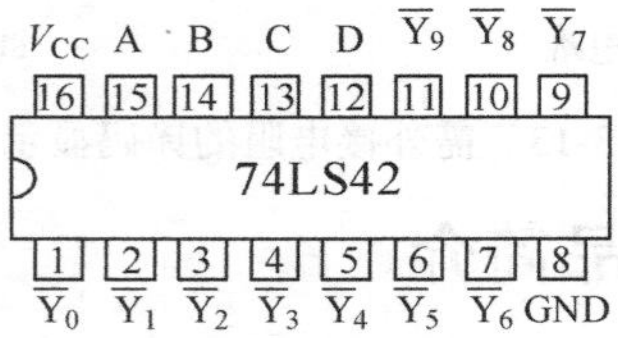

图 6-3-15　74LS42 的引脚图

2）功能表

74LS42 功能表如表 6-3-5 所示。

表 6-3-5　74LS42 功能表

输　入				输　出									
D	C	B	A	$\overline{Y_0}$	$\overline{Y_1}$	$\overline{Y_2}$	$\overline{Y_3}$	$\overline{Y_4}$	$\overline{Y_5}$	$\overline{Y_6}$	$\overline{Y_7}$	$\overline{Y_8}$	$\overline{Y_9}$
0	0	0	0	0	1	1	1	1	1	1	1	1	1
0	0	0	1	1	0	1	1	1	1	1	1	1	1
0	0	1	0	1	1	0	1	1	1	1	1	1	1
0	0	1	1	1	1	1	0	1	1	1	1	1	1
0	1	0	0	1	1	1	1	0	1	1	1	1	1
0	1	0	1	1	1	1	1	1	0	1	1	1	1
0	1	1	0	1	1	1	1	1	1	0	1	1	1
0	1	1	1	1	1	1	1	1	1	1	0	1	1
1	0	0	0	1	1	1	1	1	1	1	1	0	1
1	0	0	1	1	1	1	1	1	1	1	1	1	0

【例 6-3-1】 分析图 6-3-16 所示电路的逻辑功能。

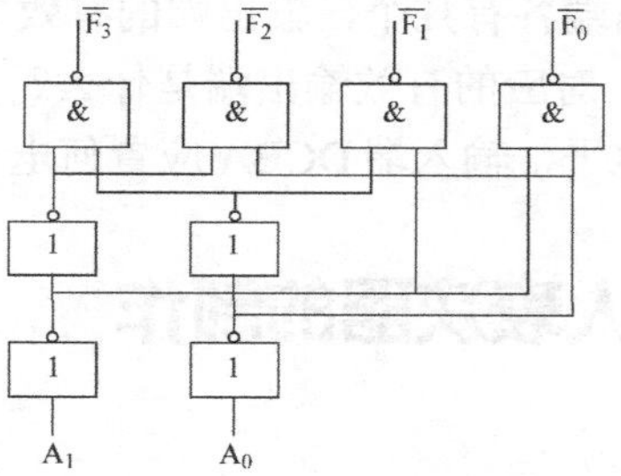

图 6-3-16 例 6-3-1 图

解：（1）根据图 6-3-16 所示的逻辑电路写出 F_3、F_2、F_1、F_0 的表达式

$$\overline{F_0}=\overline{\overline{A_1}\,\overline{A_0}}\,,\overline{F_1}=\overline{A_0\overline{A_1}}\,,\overline{F_2}=\overline{\overline{A_0}A_1}\,,\overline{F_3}=\overline{A_0A_1}$$

（2）本题不用化简，可根据逻辑函数表达式直接列真值表，如表 6-3-6 所示。

表 6-3-6 真值表

输入		输出			
A_1	A_0	$\overline{F_3}$	$\overline{F_2}$	$\overline{F_1}$	$\overline{F_0}$
0	0	1	1	1	0
0	1	1	1	0	1
1	0	1	0	1	1
1	1	0	1	1	1

从表 6-3-6 可知，图 6-3-16 组合逻辑电路是一个 2 线-4 线译码器，输出低电平有效。

思考与练习

一、选择题

1．2-4 线译码器有（　　）。

A．2 条输入线，4 条输出线　　B．4 条输入线，2 条输出线

C．4 条输入线，8 条输出线　　D．8 条输入线，2 条输出线

2．半导体数码管是由（　　）排列成显示数字。

A．小灯泡　B．液态晶体　C．辉光器件　D．发光二极管

二、综合题

1．试分析图 6-3-17 所示电路的逻辑功能。

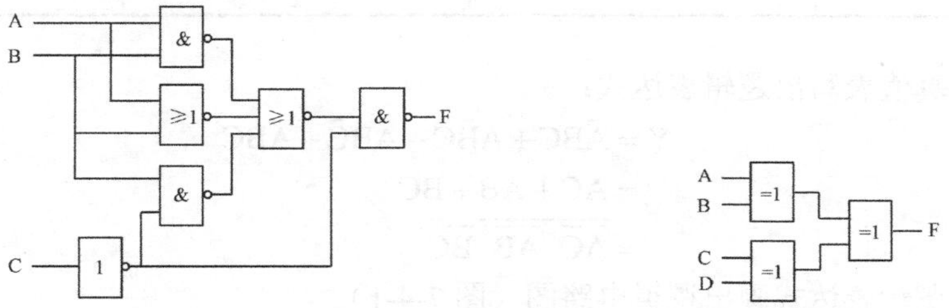

图 6-3-17 综合题 1 图

2．根据74LS42集成译码器功能表（表6-3-5），回答以下问题：

（1）74LS42的输入、输出端各有几个，输出端的有效电平是怎么规定的？

（2）输入DCBA=0011时，对应的有效输出端是什么？

（3）为使$\overline{Y}_6$端输出为低电平，输入端DCBA应置何电平？

6.4 技能训练：三人表决器的制作

1．技能目标

（1）能熟练地进行手工焊接操作。

（2）能熟练地在万能板上进行合理布局布线。

（3）掌握组合逻辑电路的设计与功能测试方法。

（4）能正确组装与调试三人表决器电路。

2．工具、元件和仪器

（1）电烙铁等常用电子装配工具。

（2）CD4011、CD4023、电阻等。

（3）万用表。

3．实训步骤

1）三人表决器使用组合逻辑电路的设计和实现方法

（1）根据题意列出真值表。

三个输入（0表示同意，1表示不同意），一个输出（0表示通过，1表示不通过），根据题意两人以上同意即可通过，那么得到表6-4-1所示的真值表。

表6-4-1 真值表

A	B	C	Y
0	0	0	0
0	0	1	0
0	1	0	0
0	1	1	1
1	0	0	0
1	0	1	1
1	1	0	1
1	1	1	1

（2）根据真值表写出逻辑表达式：

$$\begin{aligned}Y &= \overline{A}BC + A\overline{B}C + AB\overline{C} + ABC \\ &= AC + AB + BC \\ &= \overline{\overline{AC}\cdot\overline{AB}\cdot\overline{BC}}\end{aligned}$$

（3）根据逻辑表达式画出逻辑电路图（图7-4-1）。

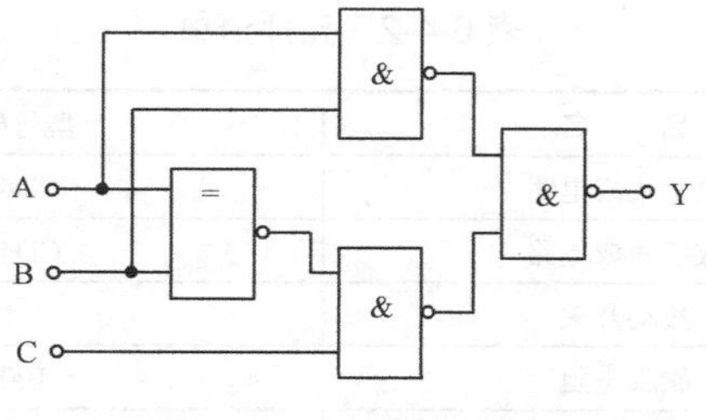

图 6-4-1　逻辑电路图

（4）进一步完善电路原理图（图 6-4-2）。

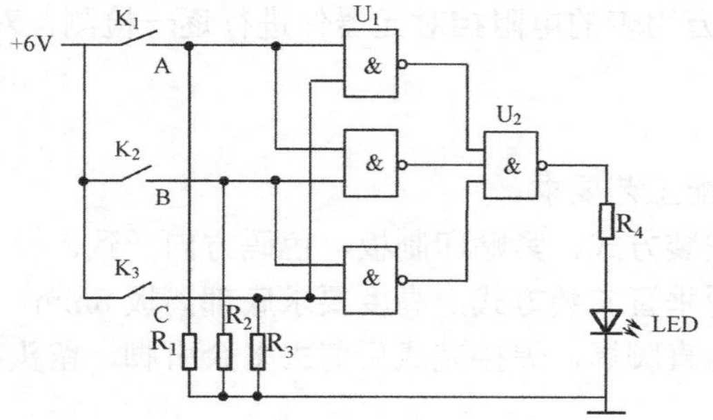

图 6-4-2　电路原理图

2）装配要求和方法

工艺流程：准备→熟悉工艺要求→绘制装配草图→核对元件数量、规格、型号→元件检测→元器件预加工→装配、焊接→总装加工→自检。

（1）准备：将工作台整理有序，工具摆放合理，准备好必要的物品。

（2）熟悉工艺要求：认真阅读电路原理图和工艺要求。

（3）绘制装配草图，如图 6-4-3 所示。

（4）清点元件：按表 6-4-2 配套明细表核对元件的数量和规格，应符合工艺要求，如有短缺、差错应及时补缺和更换。

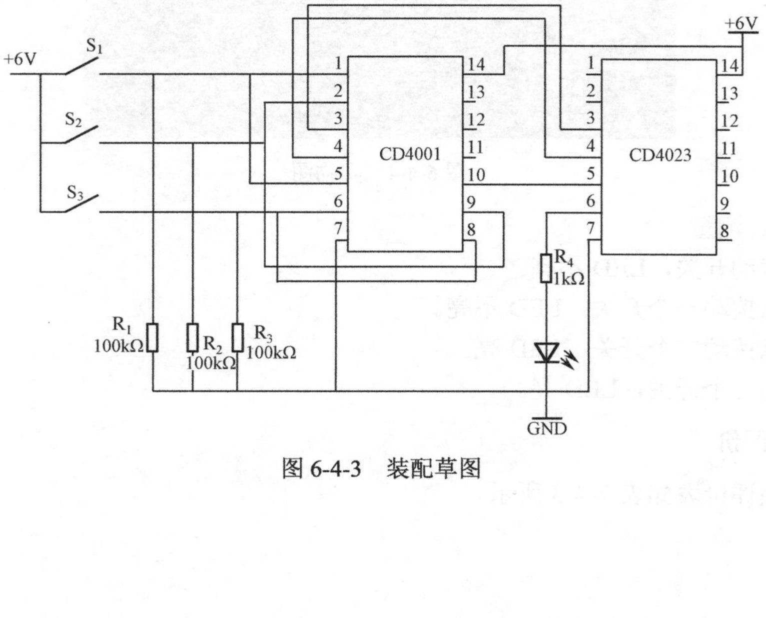

图 6-4-3　装配草图

表 6-4-2　元件清单

代　　号	品　　名	型号/规格	数　　量
U_1	数字集成电路	CD4011	1
U_2	数字集成电路	CD4023	1
K_1~K_3	拨动开关		3
R_1~R_3	碳膜电阻	100kΩ	3
R_4	碳膜电阻	1kΩ	1
LED	发光二极管	红色	1

（5）元件检测：用万用表的电阻挡对元器件进行逐一检测，对不符合质量要求的元器件剔除并更换。

（6）元件预加工。

（7）万能电路板装配工艺要求。

① 电阻采用水平安装方式，紧贴印制板，色码方向一致。

② 发光二极管采用垂直安装方式，高度要求底部离板 8mm。

③ 所有焊点均采用直脚焊，焊接完成后剪去多余引脚，留头在焊面以上 0.5～1mm，且不能损伤焊接面。

④ 万能接线板布线应正确、平直，转角处成直角；焊接可靠，无漏焊、短路等现象。

（8）自检：操作方法和步骤如前述实训项目，安装好的实物图如图 7-4-4 所示。

图 6-4-4　实物图

3）调试、测量

（1）不拨动开关，LED 不亮。

（2）任意拨动一个开关，LED 不亮。

（3）任意拨动二个开关，LED 亮。

（4）拨动三个开关，LED 亮。

4．项目评价

项目考核评价表如表 7-4-3 所示。

表 6-4-3　项目考核评价表

<table>
<tr><th rowspan="2">评价指标</th><th rowspan="2" colspan="5">评价要点</th><th colspan="5">评价结果</th></tr>
<tr><th>优</th><th>良</th><th>中</th><th>合格</th><th>差</th></tr>
<tr><td rowspan="2">理论知识</td><td colspan="5">1．组合逻辑电路知识掌握情况</td><td></td><td></td><td></td><td></td><td></td></tr>
<tr><td colspan="5">2．装配草图绘制情况</td><td></td><td></td><td></td><td></td><td></td></tr>
<tr><td rowspan="3">技能水平</td><td colspan="5">1．元件识别与清点</td><td></td><td></td><td></td><td></td><td></td></tr>
<tr><td colspan="5">2．课题工艺情况</td><td></td><td></td><td></td><td></td><td></td></tr>
<tr><td colspan="5">3．课题调试测量情况</td><td></td><td></td><td></td><td></td><td></td></tr>
<tr><td>安全操作</td><td colspan="5">能否按照安全操作规程操作，有无发生安全事故，有无损坏仪表</td><td></td><td></td><td></td><td></td><td></td></tr>
<tr><td rowspan="2">总评</td><td rowspan="2">评别</td><td>优</td><td>良</td><td>中</td><td>合格</td><td>差</td><td rowspan="2" colspan="2">总评得分</td><td rowspan="2" colspan="2"></td></tr>
<tr><td>88～100 分</td><td>75～87 分</td><td>65～74 分</td><td>55～64 分</td><td>≤54 分</td></tr>
</table>

6.5　技能训练：抢答器电路安装与调试

1．技能目标

（1）掌握基本的手工焊接技术。

（2）能根据装配图正确安装线路。

（3）能正确安装抢答器电路，并对其进行安装、调试与测量。

2．工具、元件和仪器

（1）电烙铁等常用电子装配工具。

（2）CC4042、CC4012、CC4532 等。

（3）万用表、示波器。

3．实训步骤

1）电路原理图及工作原理分析

抢答器的一般组成框图如图 6-5-1 所示。它主要由开关阵列电路、触发锁存电路、编码器、七段显示译码器、数码显示器等几部分组成。

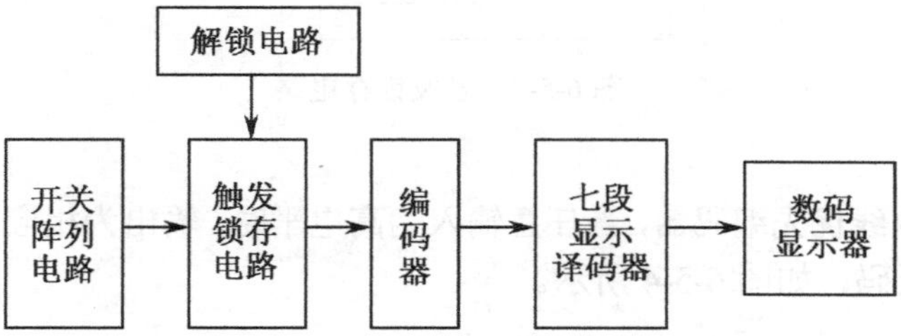

图 6-5-1　抢答器的组成框图

（1）开关阵列电路。

图 6-5-2 所示为四路开关阵列电路，从图上可以看出其结构非常简单。电路中 R_1～R_4 为上拉和限流电阻。当任一开关按下时，相应的输出为高电平，否则为低电平。

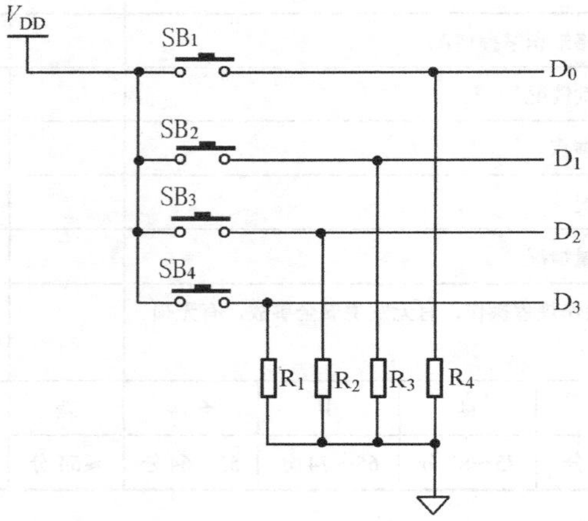

图 6-5-2　四路开关阵列电路

（2）触发锁存电路。

图 6-5-3 所示为 4 路触发锁存电路。图中，CC4042 为 4D 锁存器，一开始，当所有开关均未按下时，锁存器输出全为高电平，经 4 输入与非门和非门后的反馈信号仍为高电平，该信号作为锁存器使能端控制信号，使锁存器处于等待接收触发输入状态；当任一开关按下时，输出信号中必有一路为低电平，则反馈信号变为低电平，锁存器刚刚接收到的开关被锁存，这时其他开关信息的输入将被封锁。由此可见，触发锁存电路具有时序电路的特征，是实现抢答器功能的关键。

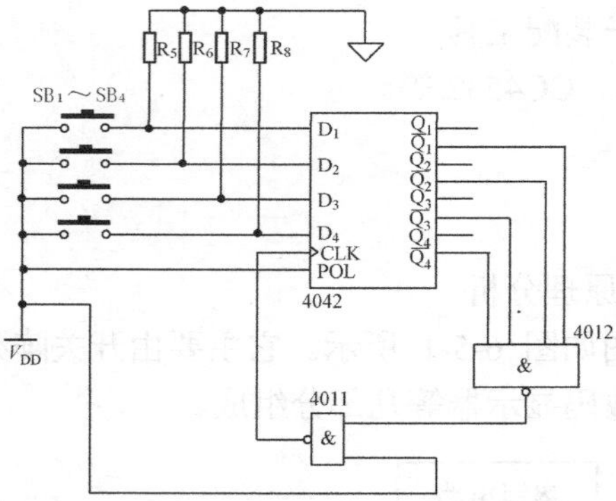

图 6-5-3　触发锁存电路

（3）编码器。

CC4532 为 8-3 线优先编码器，当任意输入为高电平时，输出为相应的输入编号的 8421 码（BCD 码）的反码，如图 6-5-4 所示。

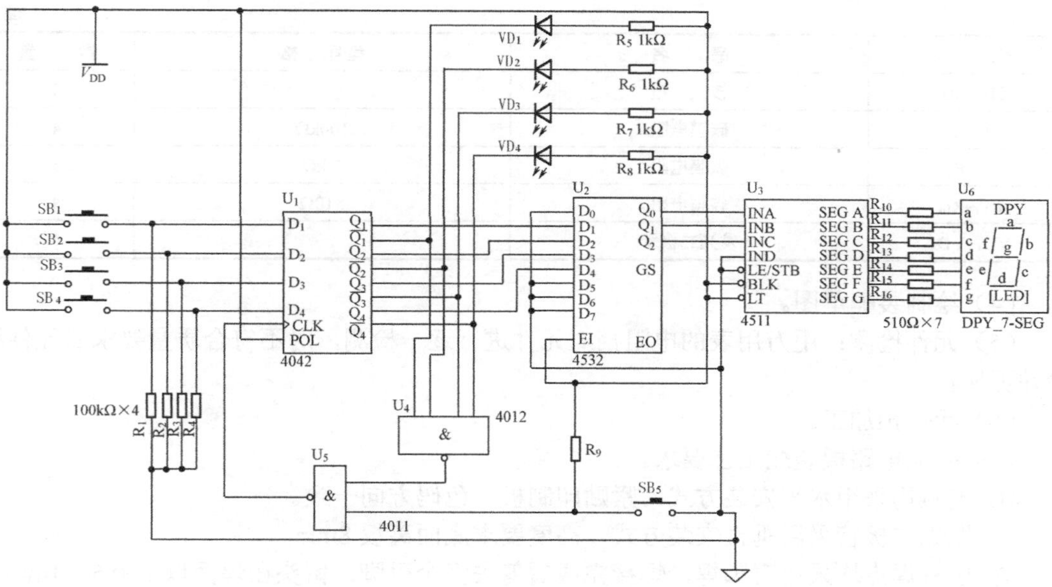

图 6-5-4 电路原理图

（4）译码驱动及显示单元。

编码器实现了对开关信号的编码并以 BCD 码的形式输出。为了将编码显示出来，需用显示译码电路将计数器的输出数码转换为数码显示器件所需要的输出逻辑和一定的电流。一般这种译码通常称为七段译码显示驱动器。常用的七段译码显示驱动器有 CC4511 等。

（5）解锁电路。

当触发锁存电路被触发锁存后，若要进行下一轮的重新抢答，则需将锁存器解锁。可将使能端强迫置 1 或置 0（根据具体情况而定），使锁存处于等待接收状态即可。

2）装配要求和方法

工艺流程：准备→熟悉工艺要求→绘制装配草图→核对元件数量、规格、型号→元件检测→元件预加工→装配、焊接→总装加工→自检。

（1）准备：将工作台整理有序，工具摆放合理，准备好必要的物品。

（2）熟悉工艺要求：认真阅读电路原理图和工艺要求。

（3）清点元件：按表 6-5-1 所示配套明细表核对元件的数量和规格，应符合工艺要求，如有短缺、差错应及时补缺和更换。

表 6-5-1 配套明细表

代 号	品 名	型号/规格	数 量
U_1	数字集成电路	CC4042	1
U_2	数字集成电路	CC4532	1
U_3	数字集成电路	CC4511	1
U_4	数字集成电路	CC4012	1
U_5	数字集成电路	CC4011	1
U_6	数码显示器	BS205	1

续表

代　号	品　名	型号/规格	数　量
SB_1~SB_5	按　钮		5
R_1~R_4	碳膜电阻	100kΩ	4
R_5~R_9	碳膜电阻	1 kΩ	5
R_{10}~R_{16}	碳膜电阻	510Ω	4
VD_1~VD_4	发光二极管		4

（4）绘制装配草图。

（5）元件检测：用万用表的电阻挡对元件进行逐一检测，对不符合质量要求的元件剔除并更换。

（6）元件预加工。

（7）万能电路板装配工艺要求。

① 电阻均采用水平安装方式，紧贴印制板，色码方向一致。

② 发光二极管采用垂直安装方式，高度要求底面离板 8mm。

③ 所有焊点均采用直脚焊，焊接完成后剪去多余引脚，留头在焊面以上 0.5～1mm，且不能损伤焊接面。

④ 万能接线板布线应正确、平直，转角处成直角；焊接可靠，无漏焊、短路等现象。

（8）自检：对已完成的装配、焊接的工件仔细检查质量，重点是装配的准确性，包括元件位置等；检查有无影响安全性能指标的缺陷。

3）调试

调试要求，对线路进行通电调试，观察能否实现以下功能。

（1）按下抢答器。编号分别为“1”、“2”、“3”、“4”各用一个抢答按钮，观察显示编号与按钮能否对应。

（2）抢答器是否具有数据锁存功能，并将锁存的数据用 LED 数码管显示出抢答成功者的号码。

（3）有手动控制开关，能否实现手动清零复位。

4．项目评价

项目考核评价表如表 6-5-2 所示。

表 6-5-2　项目考核评价表

<table>
<tr><td rowspan="2">评价指标</td><td rowspan="2" colspan="5">评价要点</td><td colspan="5">评价结果</td></tr>
<tr><td>优</td><td>良</td><td>中</td><td>合格</td><td>差</td></tr>
<tr><td rowspan="2">理论知识</td><td colspan="5">1．组合逻辑电路知识掌握情况</td><td></td><td></td><td></td><td></td><td></td></tr>
<tr><td colspan="5">2．装配草图绘制情况</td><td></td><td></td><td></td><td></td><td></td></tr>
<tr><td rowspan="3">技能水平</td><td colspan="5">1．元件识别与清点</td><td></td><td></td><td></td><td></td><td></td></tr>
<tr><td colspan="5">2．课题工艺情况</td><td></td><td></td><td></td><td></td><td></td></tr>
<tr><td colspan="5">3．课题调试测量情况</td><td></td><td></td><td></td><td></td><td></td></tr>
<tr><td>安全操作</td><td colspan="5">能否按照安全操作规程操作，有无发生安全事故，有无损坏仪表</td><td></td><td></td><td></td><td></td><td></td></tr>
<tr><td rowspan="2">总评</td><td rowspan="2">评别</td><td>优</td><td>良</td><td>中</td><td>合格</td><td>差</td><td rowspan="2" colspan="2">总评得分</td><td rowspan="2" colspan="2"></td></tr>
<tr><td>88～100 分</td><td>75～87 分</td><td>65～74 分</td><td>55～64 分</td><td>≤54 分</td></tr>
</table>

第 7 章

时序逻辑电路

前面所学过的电路是组合逻辑电路，其输出只与当时的输入有关，与电路过去的输入无关。本章所介绍的电路某一时刻的输出状态不仅与当时的输入状态有关，还与电路原来的状态有关，具有记忆功能。这类电路一般由门电路和触发器组成，称为时序逻辑电路。时序逻辑电路由组合逻辑电路和存储电路两部分组成。

7.1 RS 触发器

学习目标

1．了解基本 RS 触发器的电路组成，掌握 RS 触发器所能实现的逻辑功能。

2．了解同步 RS 触发器的特点、时钟脉冲的作用，掌握其逻辑功能。

7.1.1 基本 RS 触发器

在各种复杂的数字系统中，不仅要对数字信号进行运算，而且常常还要将这些信号和运算结果保存起来。触发器就是这种具有记忆功能、数字信息存储功能的基本单元电路。它是一种双稳态器件，一个触发器能够存储一位二进制数码。按触发方式的不同，触发器可以分为同步触发器、主从触发器及边沿触发器等；根据逻辑功能的差异，可分为 RS 触发器、JK 触发器、D 触发器等几种。

基本 RS 触发器是构成各种功能触发器最基本的单元，可以用来表示和存储一位二进制数码。

1．“与非”型基本 RS 触发器

1）电路组成

“与非”型基本 RS 触发器由两个与非门 G_1、G_2 交叉相连而成，如图 7-1-1（a）所示，图 7-1-1（b）为逻辑符号。图中 $\overline{R}$ 、$\overline{S}$ 为触发器的输入端，字母上面的反号及符号图上 $\overline{R}$ 、$\overline{S}$ 端的圆圈表示低电平有效。Q 和 $\overline{Q}$ 是触发器的两个输出端，正常工作时这两个输出端状态相反。触发器的输出状态有两个：0 态（通常规定 Q=0，$\overline{Q}$=1 时）和 1 态（Q=1，$\overline{Q}$=0 时）。

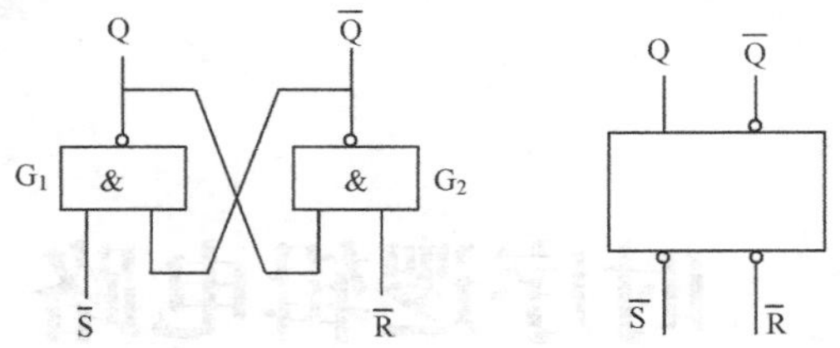

（a）逻辑电路　　（b）逻辑电路

图 7-1-1　“与非”型基本 RS 触发器

2）逻辑功能

根据$\overline{R}$、$\overline{S}$输入的不同，可以得出基本 RS 触发器的逻辑功能：

（1）$\overline{R}=\overline{S}=1$时，触发器保持原状态不变。

当$\overline{R}=\overline{S}=1$时，电路可有两个稳定状态 0 态和 1 态。如果电路处于 0 态即$Q=0$、$\overline{Q}=1$时，$\overline{Q}$反馈到 G_1 输入端，G_1 的两个输入端均为 1，使 Q 为低电平 0，Q 反馈到 G_2，由于这时$\overline{R}=1$，使$\overline{Q}$为高电平 1，保证了$Q=0$，电路保持 0 态。如果电路处于 1 态即$Q=1$、$\overline{Q}=0$时，Q 反馈到 G_2 输入端，使$\overline{Q}$为低电平 0，$\overline{Q}$反馈到 G_1 的输入端，由于这时$\overline{S}=1$，使 Q 为高电平 1，保持$\overline{Q}=0$，电路保持 1 态。可见，触发器保持原状态不变，也就是触发器将原有的状态存储起来，即通常所说的触发器具有记忆功能。

（2）$\overline{R}=1$、$\overline{S}=0$时，触发器被置成 1 态。

由于$\overline{S}=0$（即在$\overline{S}$端加有低电平触发信号），G_1 门的输出$Q=1$，G_2 的输入全为 1，$\overline{Q}=0$，即触发器被置成 1 状态。因此称$\overline{S}$端为置 1 输入端，又称置位端。

（3）$\overline{R}=0$、$\overline{S}=1$时，触发器被置成 0 态。

由于$\overline{R}=0$（即在$\overline{R}$端加有低电平触发信号）时，G_2 门的输出$\overline{Q}=1$，G_1 门输入全为 1，$Q=0$，即触发器被置成 0 态。因此称$\overline{R}$端为置 0 输入端，又称复位端。

（4）$\overline{R}=0$、$\overline{S}=0$ 时，触发器状态不定。

当$\overline{R}=0$、$\overline{S}=0$（即在$\overline{R}$、$\overline{S}$端同时加有低电平触发信号）时，G_1 和 G_2 门的输出$Q=\overline{Q}=1$，这在 RS 触发器中属于不正常状态。这是因为在这种情况下，当$\overline{R}=\overline{S}=0$的信号同时消失变为高电平时，由于无法预知 G_1、G_2 门延迟时间的差异，故触发器转换到什么状态将不能确定，可能为 1 态，也可能为 0 态。因此，对于这种随机性的不定输出，在使用中是不允许出现的，应予以避免。

由上述可见，“与非”型基本 RS 触发器具有保持、置 0 和置 1 的逻辑功能。

3）真值表

由“与非”型基本 RS 触发器的逻辑功能可列出其真值表，如表 7-1-1 所示。

表 7-1-1　“与非”型基本 RS 触发器

$\overline{R}$	$\overline{S}$	Q^{n+1}	逻辑功能
0	0	不定	避免
0	1	0	置 0
1	0	1	置 1
1	1	Q^n	保持

表中 Q^n 称为现态或初态，指的是输入信号作用之前触发器的状态，Q^{n+1} 称为次态，指的是输入信号作用之后触发器的状态。

4）时序图（又称波形图）

时序图是以输出状态随时间变化的波形图的方式来描述触发器的逻辑功能。用波形图的形式可以形象地表达输入信号、输出信号、电路状态等的取值在时间上的对应关系。在图 7-1-1（a）所示电路中，假设触发器的初始状态为 $Q=0$、$\overline{Q}=1$，触发信号 $\overline{R}$、$\overline{S}$ 的波形已知，则 Q 和 $\overline{Q}$ 的波形如图 7-1-2 所示。

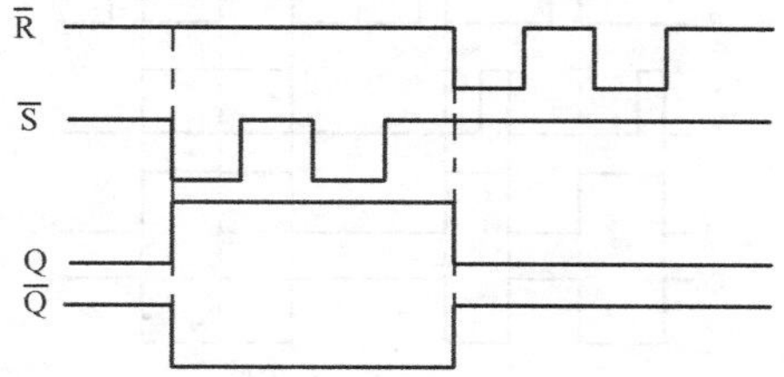

图 7-1-2 “与非”型基本 RS 触发器时序图

2．“或非”型基本 RS 触发器

1）电路组成

基本 RS 触发器除了可用上述与非门组成外，也可以利用两个或非门来组成，其逻辑图和逻辑符号如图 7-1-3 所示。在这种基本 RS 触发器中，触发输入端 R、S 通常处于低电平状态，当有触发信号输入时变为高电平。Q 和 $\overline{Q}$ 是触发器的两个互补输出端。

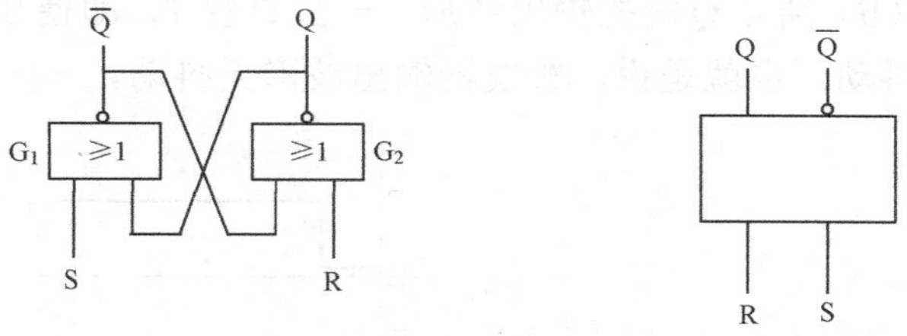

（a）逻辑电路　（b）逻辑符号

图 7-1-3 “或非”型基本 RS 触发器

2）逻辑功能

根据 R、S 输入的不同，可以得出“或非”型基本 RS 触发器的逻辑功能：

（1）当 $R=0$、$S=0$ 时，触发器保持原状态不变。

（2）当 $R=0$、$S=1$ 时，即在 S 端输入高电平，不论原有 Q 为何状态，触发器都置 1。

（3）当 $R=1$、$S=0$ 时，即在 R 端输入高电平，不论原有 Q 为何状态，触发器都置 0。

（4）当 $R=1$、$S=1$ 时，即在 R、S 端同时输入高电平，两个或非门的输出全为 0，当两输入端的高电平同时消失时，由于或非门延迟时间的差异，触发器的输出状态是 1 态还是 0 态将不能确定，即状态不定，因此应当避免这种情况。

根据上述逻辑关系，可以列出由或非门组成的基本 RS 触发器的真值表，如表 7-1-2 所示,其时序图如图 7-1-4 所示。

表 7-1-2 “或非”型基本 RS 触发器

R S	Q^{n+1}	逻辑功能
0 0	Q^n	保持
0 1	1	置 1
1 0	0	置 0
1 1	不定	避免

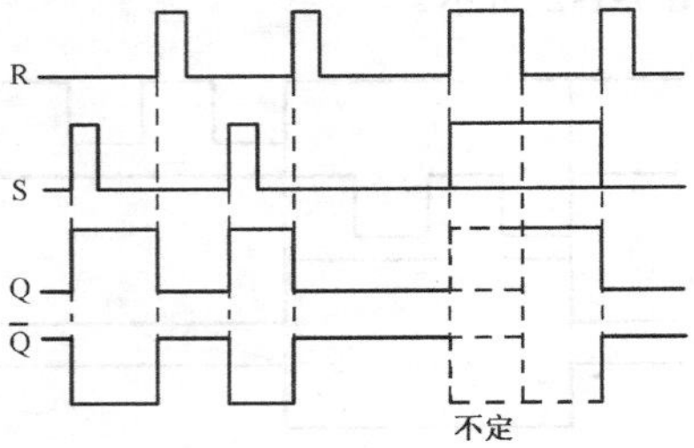

图 7-1-4 “或非”型基本 RS 触发器时序图

3. 实际应用

常用的机械开关都有抖动现象，而采用如图 7-1-5 所示电路，可消除开关的抖动。图 7-1-5 中采用了 RS 触发器后，当开关由 A 扳向 B 时，触点 B 则由于开关的弹性回跳，需要过一段时间才能稳定在低电平，造成$\overline{S}$在 0、1 之间来回变化，如图 7-1-5（b）中的$\overline{R}$、$\overline{S}$的波形。尽管如此，但在$\overline{S}$端出现的第一个低电平时，就使Q端由 0 状态变为 1 状态，如图 7-1-5（b）所示Q端的输出波形。一旦Q置 1，即使$\overline{S}$在 0、1 之间来回变化，输出 Q 端都无抖动，也就是说，触发器输出波形无抖动。

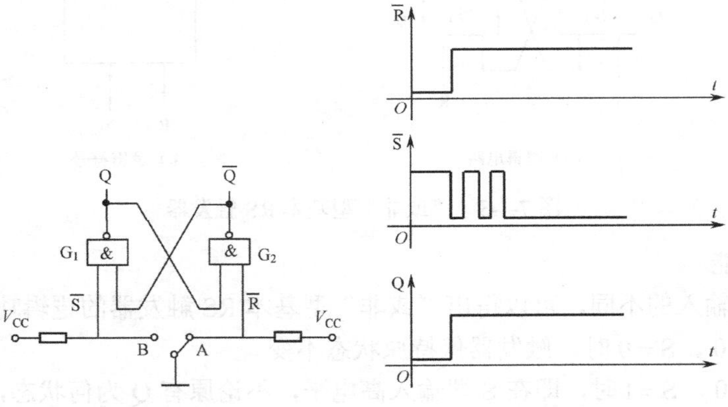

（a）电路图　　（b）波形图

图 7-1-5 基本 RS 触发器输出波形无抖动电路及波形

4. 集成基本 RS 触发器

在实际的数字电路中，CC4043 是由 4 个或非门基本 RS 触发器组成的锁存器集成电路，其引脚排列图如图 7-1-6 所示。其中 NC 表示空脚。CC4043 内包含 4 个基本 RS 触发器。它采用三态单端输出，由芯片的 5 脚 EN 信号控制。电路的核心是或非门结构，输入信号经非门倒相，高电平为有效信号。CC4043 功能如表 7-1-3 所示。

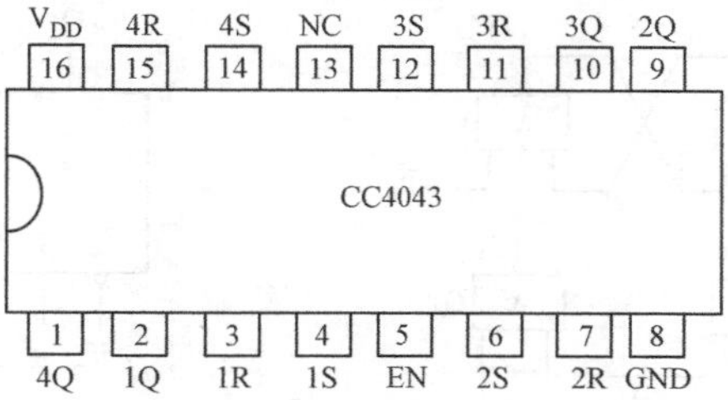

图 7-1-6　CC4043 引脚图

表 7-1-3　CC4043 功能表

输　入			输　出
S	R	EN	Q
×	×	0	高阻
0	0	1	Q^n（原态）
0	1	1	0
1	0	1	1
1	1	1	1

7.1.2　同步 RS 触发器

在生活中，常常会遇到图 7-1-7 所示的情况：要等时间到了，几个门同时打开，即同步。在数字系统中，为保证各部分电路工作协调一致，常常要求某些触发器于同一时刻动作，为此引入同步信号，使这些触发器只有在同步信号到达时才能按输入信号改变状态。通常把这个同步控制信号称为时钟信号，简称时钟，用 CP 表示。把受时钟控制的触发器统称为时钟触发器或同步触发器。

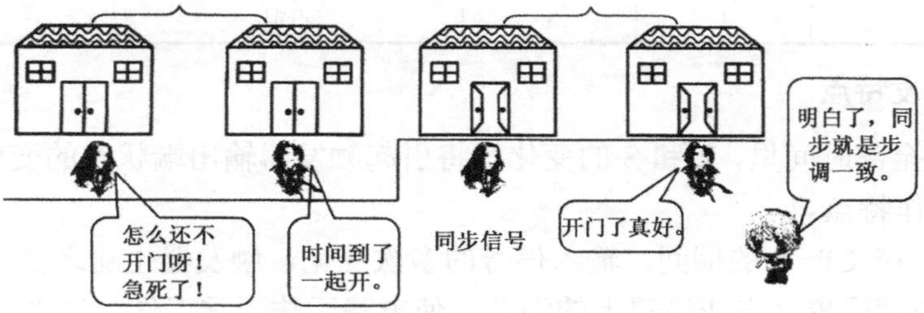

图 7-1-7　同步概念示意图

1．电路组成

同步 RS 触发器是同步触发器中最简单的一种，其逻辑电路和逻辑符号如图 7-1-8 所示。图中 G_1 和 G_2 组成基本 RS 触发器，G_3 和 G_4 组成输入控制门电路。CP 是时钟脉冲的输入控制信号，S、R 是输入端，Q 和 $\overline{Q}$ 是互补输出端。$\overline{R_d}$ 是异步置 0 端，$\overline{S_d}$ 是异步置 1 端，$\overline{R_d}$、$\overline{S_d}$ 不受时钟脉冲控制，可以直接置 0、置 1。

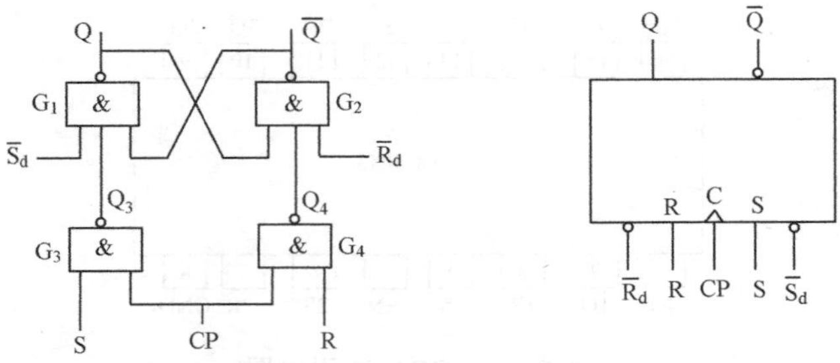

（a）逻辑电路　　（b）逻辑符号

图 7-1-8　同步 RS 触发器

2．逻辑功能

（1）当 $CP=0$ 时，G_3、G_4 门被封锁，$Q_3=1$，$Q_4=1$，此时 R、S 端的输入不起作用，所以触发器保持原状态不变。

（2）当 $CP=1$ 时，G_3、G_4 门打开，$Q_3=\overline{S}$，$Q_4=\overline{R}$，触发器将按基本 RS 触发器的规律发生变化。

3．真值表

同步 RS 触发器真值表如表 7-1-4 所示。

表 7-1-4　同步 RS 触发器真值表

时钟脉冲 CP	输入信号		输出状态 Q^{n+1}	逻辑功能
	S	R		
0	×	×	Q^n	保持
1	0	0	Q^n	保持
1	0	1	0	置 0
1	1	0	1	置 1
1	1	1	不定	避免

4．同步触发特点

在 CP=1 的全部时间里，R 和 S 的变化均将引起触发器输出端状态的变化。这就是同步 RS 触发器的动作特点。

由此可见，在 CP=1 的期间，输入信号的多次变化，触发器也随之多次变化，这种现象称为空翻。空翻现象会造成逻辑上的混乱，使电路无法正常工作。这也是同步 RS 触发器除了存在状态不确定的缺点外，存在空翻现象。为了克服上述缺点，后面将介绍功能更加完善的主从 RS 触发器、JK 触发器和 D 触发器。

5．主从 RS 触发器

为提高触发器工作的稳定性，希望在每个 CP 周期里输出端的状态只能改变一次。因此在同步 RS 触发器的基础上设计出了主从结构触发器。主从结构触发器是由两级触发器构成的。其中一级直接接受输入信号，称为主触发器，另一级接收主触发器的输出信号，称为从触发器。两级触发器的时钟信号互补，主触发器接受输入与从触发器改变输出状态分开进行，从而有效地克服了空翻。

1）电路组成

如图 7-1-9（a）所示，主从 RS 触发器是由两个同步 RS 触发器和一个反相器组成的。其中门 G_5～G_8 组成了主触发器，门 G_1～G_4 组成了从触发器。时钟脉冲 CP 除直接加至主触发器外，还经过门 G_9 反相后加到从触发器。图 7-1-9（b）为主从 RS 触发器的逻辑符号，其中 CP 端的小圆圈表示下降沿触发。

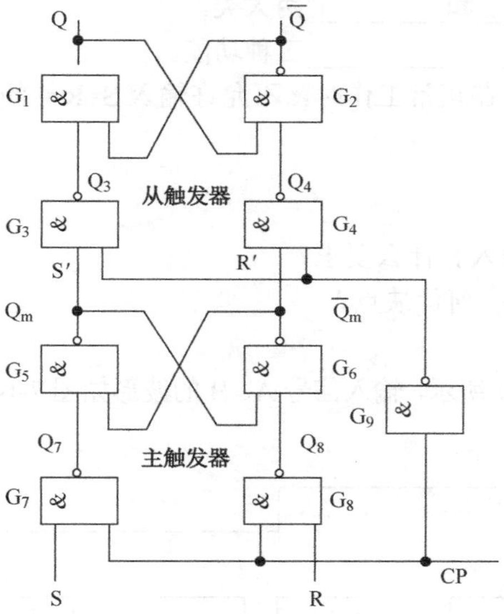

（a）逻辑电路

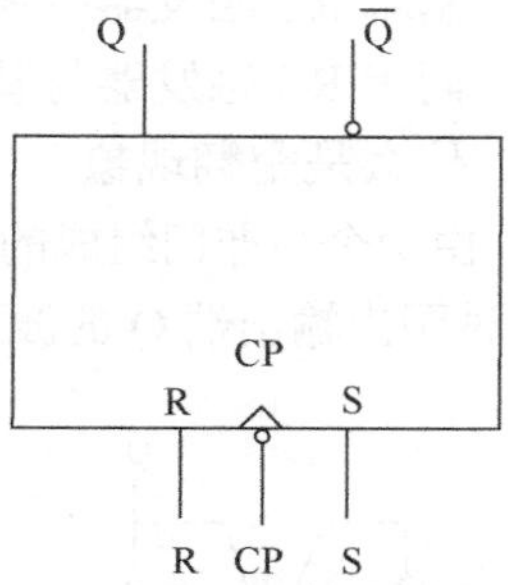

（b）逻辑符号

图 7-1-9 主从 RS 触发器

2）逻辑功能

当 CP＝1、$\overline{CP}$＝0 时，G_7、G_8 门打开，主触发器根据输入信号 R、S 状态改变。这时，因 $\overline{CP}$＝0，从触发器的 G_3、G_4 被封锁，主触发器输出并不立即传送到从触发器，所以在 CP＝1 期间，不论主触发器状态如何变化，从触发器仍将保持原状态不变。

当 CP 从 1 跳变为 0 时，G_7、G_8 门被封锁，主触发器把接收的输入信号锁存起来，这时输入端 R、S 不影响电路状态。由于 $\overline{CP}$ 由 0 变为 1，将从触发器的 G_3、G_4 门打开。此时主触发器的输出决定了从触发器的状态。触发器是在 CP 下降沿触发翻转。

由上可见，主从触发器由于用了两个同步 RS 触发器，又通过两个互补的时钟脉冲控制，这样就把接收信号和输出翻转两个过程分开。

在时钟脉冲上升沿来到后，整个 CP=1 期间，从触发器被封锁，主触发器打开，主触发器接收输入信号，R、S 的状态决定了主触发器的状态。而在 CP 下降沿到来时，主触发器即被封锁，从触发器打开，从触发器根据主触发器的状态翻转。因此，无论 CP 是低电平还是高电平，输入信号 R、S 的状态都不会直接影响触发器 Q 和 $\overline{Q}$ 的状态，因为主触发器和从触发器总是一个打开，另一个封锁。

主从 RS 触发器的真值表与同步 RS 触发器相同。

思考与练习

一、填空题

1．按结构的不同，触发器可分为_________和_________两大类。

2．RS 触发器提供了_________、_________、_________三种功能。

3．由两个与非门组成的同步 RS 触发器，在正常工作时，不允许输入 S=R=1 的信号，因此应遵守的约束条件是_________。

二、综合题

1．基本 RS 触发器有哪几种功能？对其输入有什么要求？

2．同步 RS 触发器与基本 RS 触发器比较有何优缺点？

3．什么是空翻现象？

4．由两个与非门组成的电路如图 7-1-10（a）所示，输入信号 A、B 的波形如图 7-1-10（b）所示，试画出输出端 Q 的波形。（设初态 Q=0）

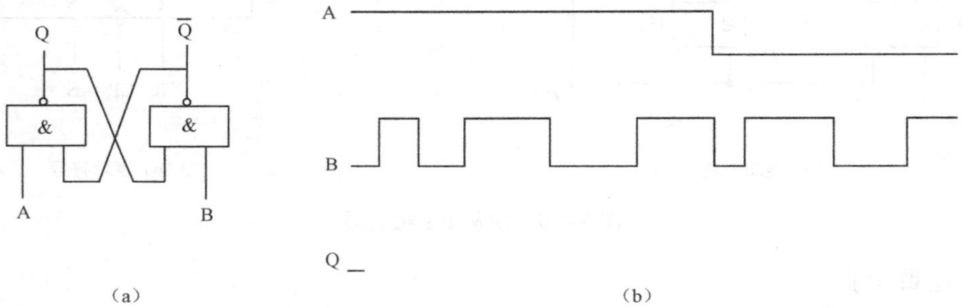

图 7-1-10　综合题 4 图

5．如图 7-1-11（a）所示，输入信号 A、B 的波形如图 7-1-11（b）所示，试画出输出端 Q 的波形。（设初态 Q=0）

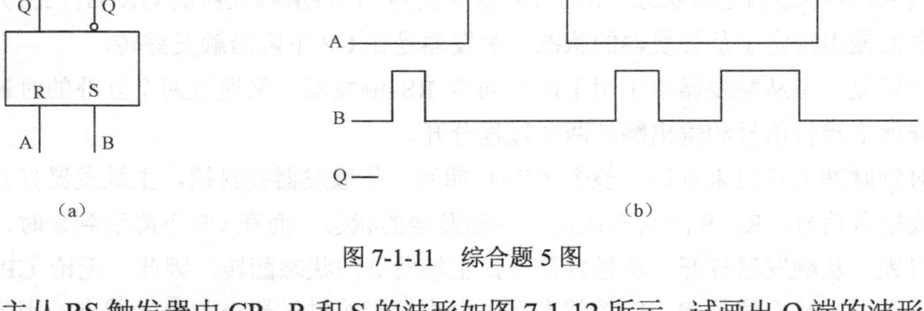

图 7-1-11　综合题 5 图

6．主从 RS 触发器中 CP、R 和 S 的波形如图 7-1-12 所示，试画出 Q 端的波形。（设初态 Q=0）

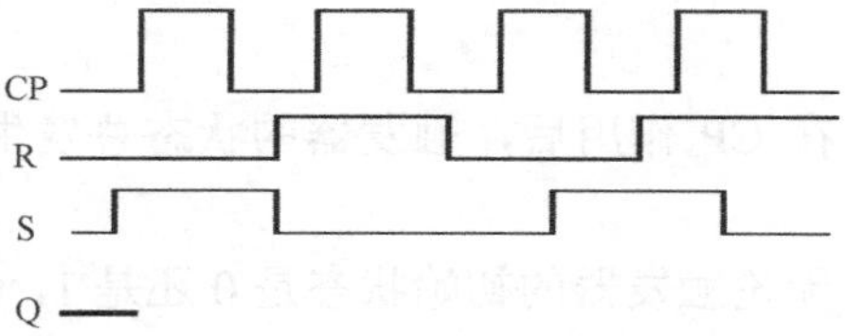

图 7-1-12 综合题 6 图

7.2 JK 触发器

学习目标

1．熟悉 JK 触发器的电路符号，了解 JK 触发器的工作原理和边沿触发方式。

2．会使用 JK 触发器。

3．通过操作，掌握 JK 触发器的逻辑功能。

7.2.1 主从 JK 触发器

主从 RS 触发器虽然解决了空翻的问题，但输入信号仍需遵守约束条件 RS=0。为了使用方便，希望即使出现 R=S=1 的情况，触发器的次态也是确定的，为此，通过改进触发器的电路结构，设计出了主从 JK 触发器。

1．电路组成和逻辑符号

将主从 RS 触发器的 Q 端和 $\overline{Q}$ 端反馈到 G_7、G_8 的输入端，并将 S 端改为 J 端，R 端改为 K 端，即构成了主从 JK 触发器。逻辑图如图 7-2-1（a）所示，图 7-2-1（b）所示为逻辑符号。

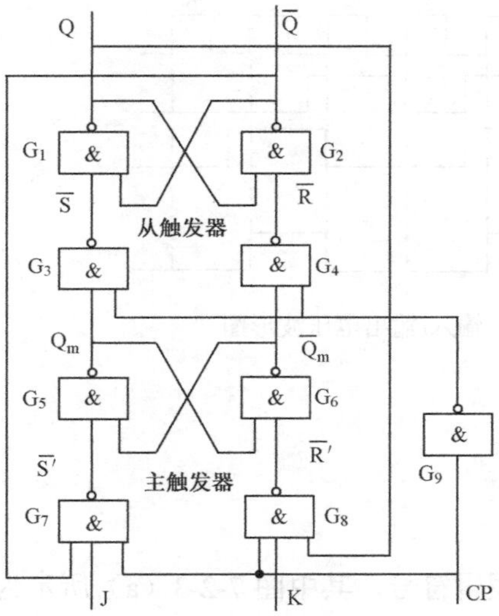

（a）逻辑图

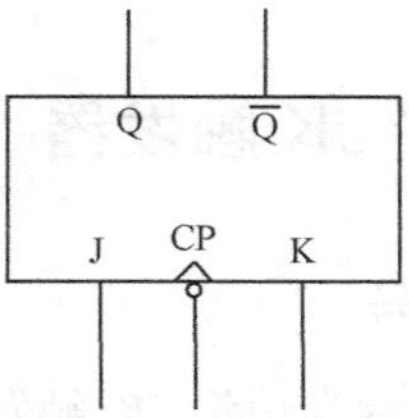

（b）逻辑符号

图 7-2-1　主从 JK 触发器

2．逻辑功能

（1）J＝1、K＝1时，在 CP 作用后，触发器的状态总发生一次翻转，具有计数翻转功能。

（2）J＝0、K＝1时，无论触发器的初始状态是 0 还是 1，在 CP 脉冲下降沿到来时，触发器的状态为 0 态，具有置 0 功能。

（3）J＝1、K＝0 时，无论触发器的初始状态是 0 还是 1，在 CP 脉冲下降沿到来时，触发器的状态为 1 态，具有置 1 功能。

（4）J＝0、K＝0 时，在 CP 脉冲下降沿到来时，触发器保持原来的状态不变，触发器具有保持功能。

可见，主从 JK 触发器是一种具有保持、翻转、置 0、置 1 功能的触发器，其真值表如表 7-2-1 所示。

表 7-2-1　主从 JK 触发器的真值表

CP	J	K	Q^{n+1}	逻辑功能
↓	0	0	Q^n	保持
↓	0	1	0	置 0
↓	1	0	1	置 1
↓	1	1	$\overline{Q^n}$	翻转

【例 7-2-1】已知主从 JK 触发器的输入 CP、J 和 K 的波形，如图 7-2-2 所示，试画出 Q 端对应的电压波形。设触发器的初始状态为 0 态。

解：这是一个用已知的 J、K 状态确定 Q 状态的问题。只要根据每个时间里 J、K 的状态，去查真值表中 Q 的相应状态，即可画出输出波形图。得 Q 的波形如图 7-2-2 所示。

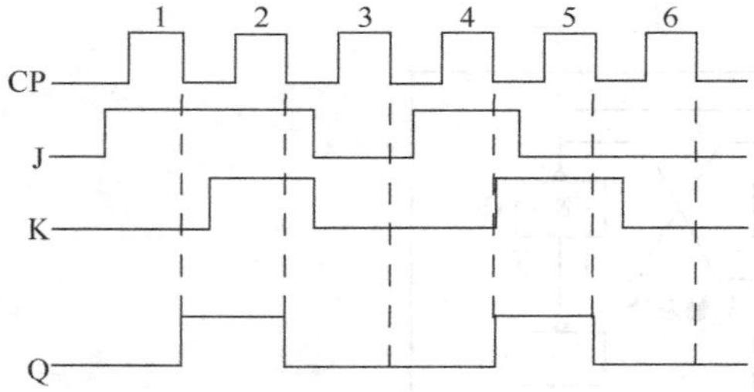

图 7-2-2　输入/输出电压波形图

7.2.2　边沿 JK 触发器

1．逻辑符号

图 7-2-3 所示为边沿 JK 触发器的逻辑符号，其中图 7-2-3（a）所示为 CP 上升沿触发型，图 7-2-3（b）所示为 CP 下降沿触发型，除此之外，二者的逻辑功能完全相同。图中，J、K 为触发信号输入端，$\overline{R_d}$、$\overline{S_d}$ 为异步直接复位端和异步直接置位端，二者均为低电平有效，Q 和 $\overline{Q}$ 为互补输出端。

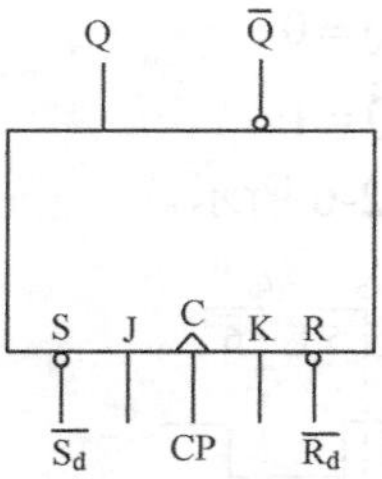

（a）上升沿触发型

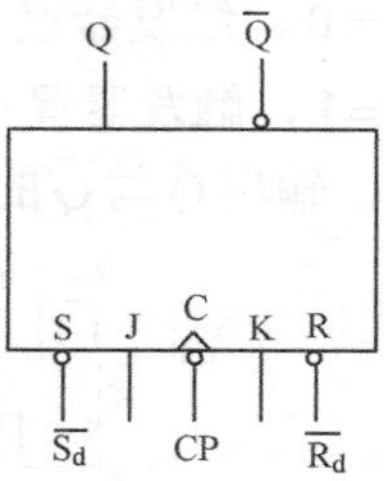

（b）下降沿触发型

图 7-2-3　边沿 JK 触发器

2. 逻辑功能

（1）J＝1、K＝1时，在 CP 作用后，触发器的状态总发生一次翻转，具有计数翻转功能。

（2）J＝0、K＝1时，无论触发器的初始状态是 0 还是 1，在 CP 脉冲下降沿（或上升沿）到来时，触发器的状态为 0 态，具有置 0 功能。

（3）J＝1、K＝0 时，无论触发器的初始状态是 0 还是 1，在 CP 脉冲下降沿（或上升沿）到来时，触发器的状态为 1 态，触发器具有置 1 功能。

（4）J＝0、K＝0 时，在 CP 脉冲下降沿（或上升沿）到来时，触发器保持原来的状态不变，触发器具有保持功能。

3. 真值表

同主从 JK 触发器。

4. 时序图

图 7-2-4 所示为负边沿 JK 触发器的时序图。

【例 7-2-2】 某 JK 触发器的初态 Q＝0，CP 的上升沿触发，试根据图 7-2-5 所示的 CP、J、K 的波形，画出输出 Q 与 $\overline{Q}$ 的波形图。

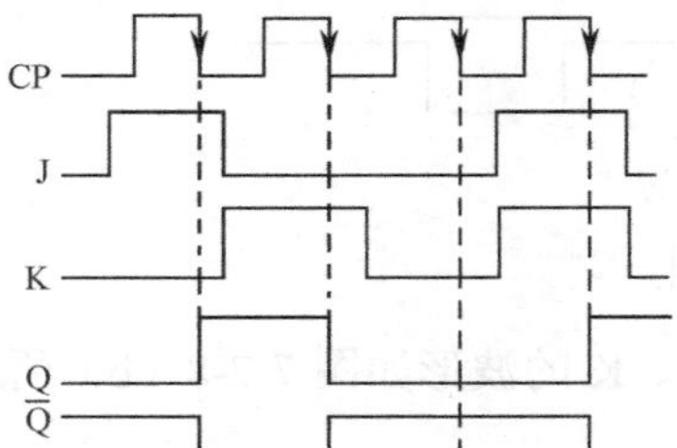

图 7-2-4　边沿 JK 触发器的时序图

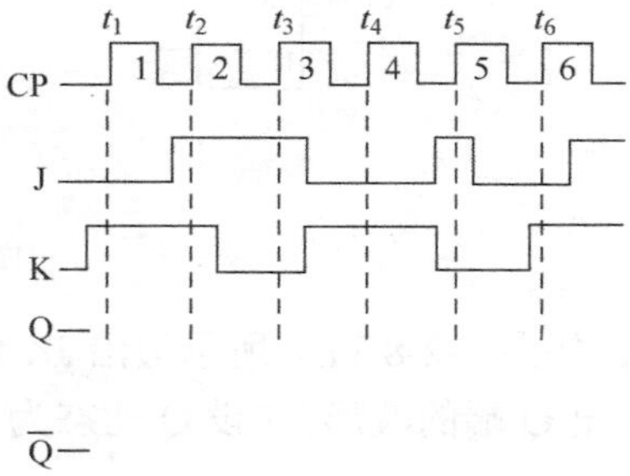

图 7-2-5　例 7-2-2 图

解： t_1～t_6 是各个时钟脉冲的上升沿时刻。

（1）t_1 时刻 $J=0, K=1$，触发器置 0，即 $Q=0, \overline{Q}=1$；

（2）t_2 时刻 $J=1, K=1$，触发器翻转，即 $Q=1, \overline{Q}=0$；

（3）t_3 时刻 $J=1, K=0$，触发器置 1，即 $Q=1, \overline{Q}=0$；

（4）t_4 时刻 $J=0, K=1$，触发器置 0，即 $Q=0, \overline{Q}=1$；

（5）t_5时刻$J=1,K=0$，触发器置 1，即$Q=1,\overline{Q}=0$；

（6）t_6时刻$J=0,K=1$，触发器置 0，即$Q=0,\overline{Q}=1$。

根据以上分析作图，输出 Q 与$\overline{Q}$的波形如图 7-2-6 所示。

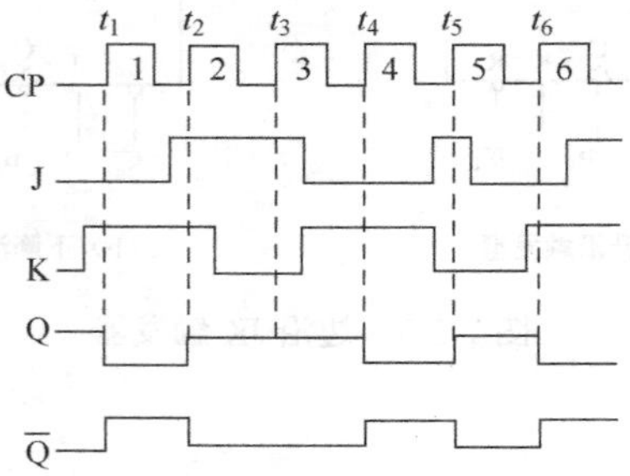

图 7-2-6 波形图

思考与练习

一、填空题

1．JK 触发器提供了_________、_________、_________、_________四种功能。

2．如果在时钟脉冲 CP=1 期间，由于干扰的原因使触发器的数据输入信号经常有变化，此时不能选用_________型结构的触发器，而应选用_________型和_________型的触发器。

二、综合题

1．JK 触发器与同步 RS 触发器有哪些区别？

2．如图 7-2-7（a）所示主从 JK 触发器中，CP、J、K 的波形如图 7-2-7（b）所示。试对应画出 Q 端的波形。（设 Q 初态为 0）

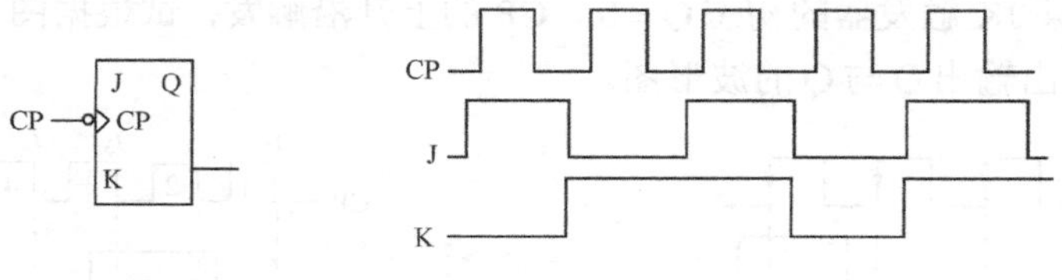

图 7-2-7 综合题 2 图

3．如图 7-2-8（a）所示边沿 JK 触发器中，CP、J、K 的波形如图 7-2-8（b）所示。试对应画出 Q 端的波形。（设 Q 初态为 0）

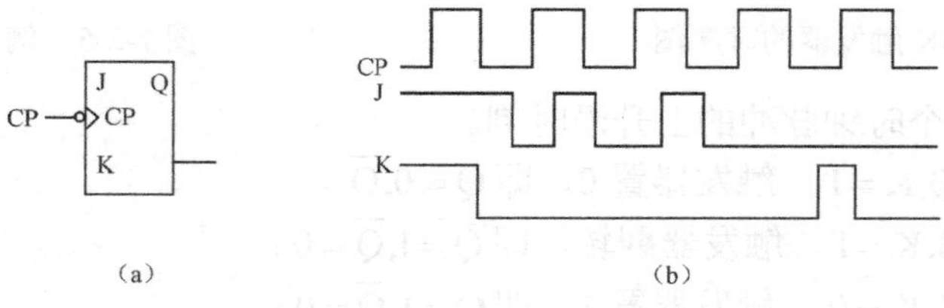

图 7-2-8 综合题 3 图

7.3 D 触发器

学习目标

1．掌握 D 触发器的电路符号和逻辑功能。

2．通过操作，掌握 D 触发器的应用。

数字系统中另一种应用广泛的触发器是 D 触发器。D 触发器按结构不同分为同步 D 触发器、主从 D 触发器和边沿触发 D 触发器。几种 D 触发器的结构虽不同，但逻辑功能基本相同。

7.3.1 同步 D 触发器

D 触发器只有一个信号输入端，时钟脉冲 CP 未到来时，输入端的信号不起任何作用；只在 CP 信号到来的瞬间，输出立即变成与输入相同的电平，即 $Q^{n+1}=D$。

1．图形符号

图 7-3-1 所示为同步 D 触发器的图形符号。图中 D 为信号输入端（数据输入端），CP 为时钟脉冲控制端。

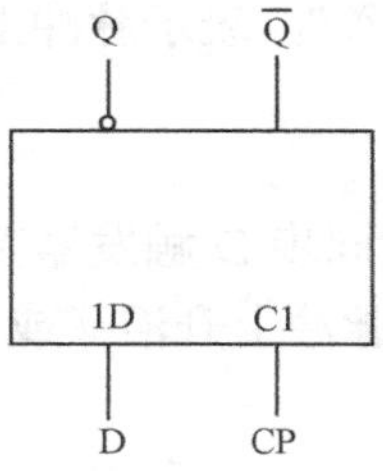

图 7-3-1 同步 D 触发器图形符号

2．逻辑功能

当输入 D 为 1 时，在 CP 脉冲到来时，Q 端置 1，与输入端 D 状态一致。

当输入 D 为 0 时，在 CP 脉冲到来时，Q 端置 0，与输入端 D 状态一致。

D 触发器的真值表如表 7-3-1 所示。

表 7-3-1 同步 D 触发器的真值表

CP	D	Q^n	Q^{n+1}	逻 辑 功 能
0	×	0	0	保持
		1	1	
1	1	1	1	置 1
		0		
1	0	0	0	置 0
		1		

同步触发的 D 触发器仍然存在空翻现象，因此，它只能用来锁存数据，而不能用来作为计数器等使用。

【例 7-3-1】已知同步 D 触发器的输入 CP、D 的波形如图 7-3-2 所示，试画出 Q 和 $\overline{Q}$ 端对应的电压波形。设触发器的初始状态为 0 态。

解:这是一个用已知的 D 的状态确定Q状态的问题。只要根据每个时间里 D 的状态，去查真值表中的Q的相应状态，即可画出输出波形图，如图 7-3-2 所示。

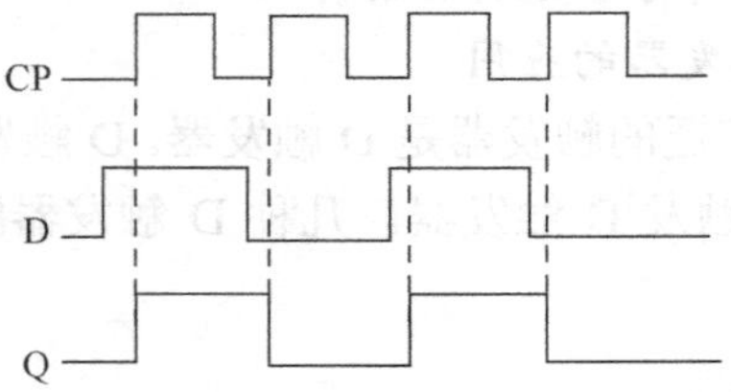

图 7-3-2　例 7-3-1 的输入/输出电压波形图

7.3.2　边沿 D 触发器

1．逻辑符号

图 7-3-3 所示为边沿 D 触发器的逻辑符号。图中 D 为触发信号输入端，P 为时钟脉冲控制端，$\overline{R_d}$ 、$\overline{S_d}$ 为异步直接复位端和异步直接置位端，二者均为低电平有效，Q 和 $\overline{Q}$ 为互补输出端。时钟脉冲控制端标有“∧”，表示脉冲上升沿有效。

2．逻辑功能

边沿触发的 D 触发器逻辑功能与同步 D 触发器基本相同，区别仅在于对 CP 的要求不同。边沿触发的 D 触发器只能在 CP 脉冲上升沿（或下降沿）到来时，输出 Q 和 $\overline{Q}$ 的状态才能改变。

3．时序图

边沿 D 触发器的时序图如图 7-3-4 所示。

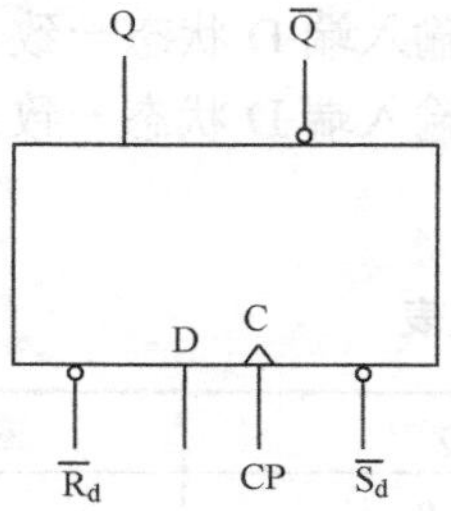

图 7-3-3　边沿 D 触发器的逻辑符号

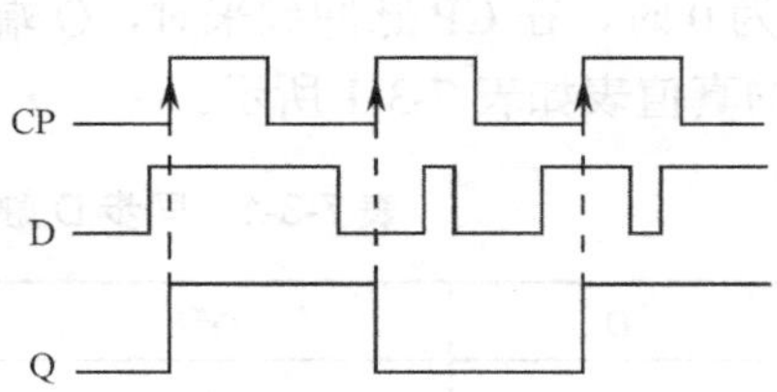

图 7-3-4　边沿 D 触发器的时序图

7.3.3　集成 D 触发器

74LS74 为双上升沿 D 触发器，引脚排列如图 7-3-5 所示。CP 为时钟输入端；D 为数据输入端；Q 和 $\overline{Q}$ 为互补输出端；$\overline{R_d}$ 、$\overline{S_d}$ 为异步直接复位端和异步直接置位端，二者均为低电平有效；$\overline{R_d}$ 和 $\overline{S_d}$ 用来设置初始状态。

图 7-3-6 是利用 74LS74 构成的单按钮电子转换开关，该电路只利用一个按钮即可实现电路的接通与断开。电路中，74LS74 的 D 端和 $\overline{Q}$ 端连接，这样有 $Q^{n+1}=\overline{Q^n}$，则每按一次按钮 SB，相当于为触发器提供一个时钟脉冲下降沿，触发器状态翻转一次。例如，假设 Q=0，当按下 SB 时，触发器状态由 0 变为 1；当再次按下 SB 时，触发器状态又由 1 翻转为 0，Q 端经三极管 VT 驱动继电器 KA，利用 KA 的触点转换即可通断其他电路。

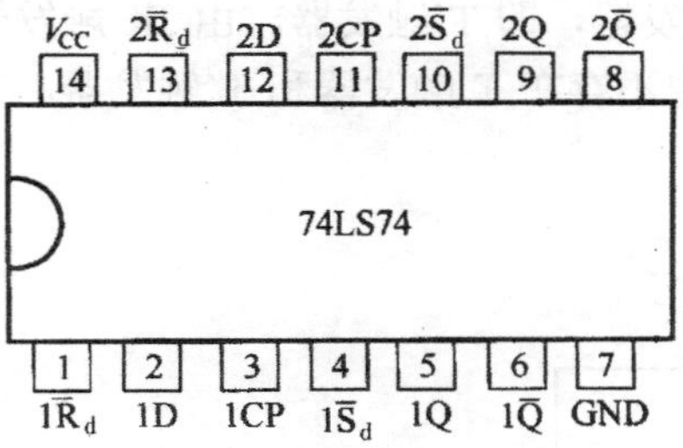

图 7-3-5 集成 D 触发器 74LS74 引脚排列图

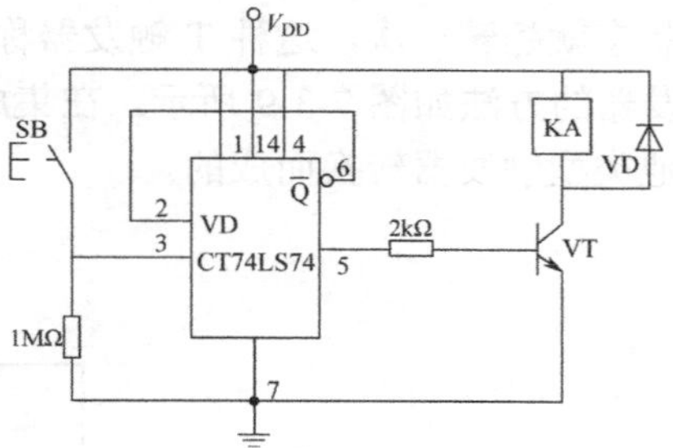

图 7-3-6 74LS74 的应用电路

7.3.4 T 触发器

将 JK 触发器的输入端 J、K 连在一起，作为输入端 T，就构成了 T 触发器。逻辑电路和逻辑图如图 7-3-7 所示。当输入 T=1 时，触发器处于计数状态，每来一个 CP 脉冲，触发器状态翻转一次。当输入 T=0 时，触发器处于记忆状态，其状态保持不变。真值表如表 7-3-2 所示，时序图如图 7-3-8 所示。

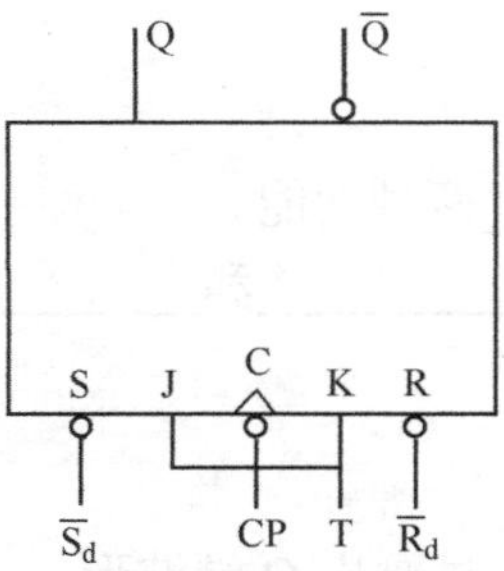

（a）逻辑电路

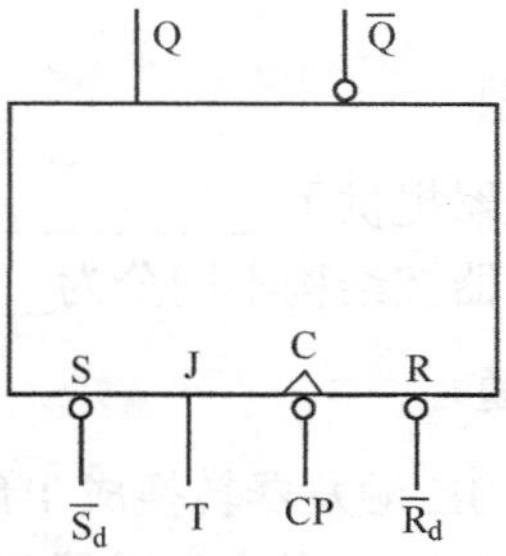

（b）逻辑图

图 7-3-7 T 触发器

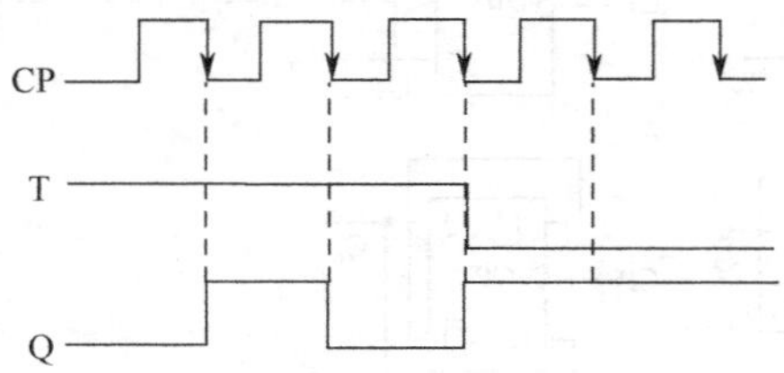

图 7-3-8 T 触发器的时序图

表 7-3-2　T 触发器的真值表

T	Q^{n+1}	逻辑功能
0	Q^n	保持
1	$\overline{Q}^n$	翻转

在 T 触发器基础上，如果 T=1，则 T 触发器就处于计数状态，每来一个 CP 脉冲，触发器状态就翻转一次，这种 T 触发器称为计数触发器，即 T′触发器。由 JK 触发器转换成 T′触发器的方法如图 7-3-9 所示。在集成触发器中不存在 T 触发器和 T′触发器，它们都是由其他类型触发器转换而成的。

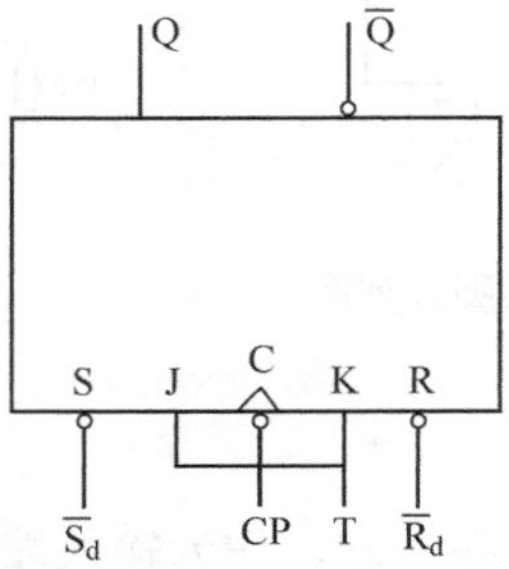

图 7-3-9　JK 触发器转换成 T′ 触发器

思考与练习

一、填空题

1．D 触发器提供了__________、__________两种功能。

2．D 触发器按结构不同分为__________、__________和__________。

二、综合题

1．如何将 JK 触发器转换成 T 触发器？

2．设图 7-3-10 中各个触发器初始状态为 0，试画出 Q 端波形。

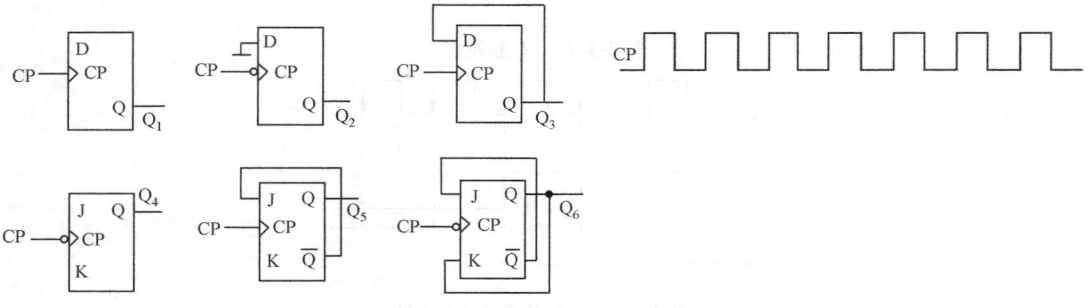

图 7-3-10　综合题 2 图

7.4 寄存器

学习目标

1. 了解寄存器的功能、基本构成和常见类型。

2. 了解典型集成移位寄存器的应用。

触发器是一种双稳态器件，其输出具有两个可能的稳定状态，这为存放 1 位二进制数提供了有效的硬件条件；存放多位二进制数需要用多位触发器适当连接来实现。这种多位触发器适当连接来存放多位二进制数的数字部件就是寄存器。寄存器是在触发器的存储和记忆功能基础上构建的，它是时序逻辑电路的基本部件之一，应用极为广泛。根据寄存器的功能可分为数码寄存器和移位寄存器两大类。

7.4.1 数码寄存器

在计算机和其他数字系统中常常需要把一些数码和计算结果暂时存储起来，然后根据需要取出进行处理或进行运算。具有存储数码功能的寄存器称为数码寄存器。图 7-4-1 所示电路是由四个 D 触发器构成的四位数码寄存器，它属于并行输入、并行输出寄存器。D_3～D_0 是寄存器并行的数据输入端，输入四位二进制数码；Q_3～Q_0 是寄存器并行的输出端，输出四位二进制数码。

若要将四位二进制数码 $D_3D_2D_1D_0$=1010 存入寄存器中，只要在 CP 输入端加时钟脉冲。当 CP 上升沿出现时，四个触发器的输出端 $Q_3Q_2Q_1Q_0$=$D_3D_2D_1D_0$=1010，于是这四位二进制数码便同时存入四个触发器中，当外部电路需要这组数据时，可从 $Q_3Q_2Q_1Q_0$ 端读出。

目前，专用的数码寄存器产品很多，如 8D 锁存器 74LS373，其引脚如图 7-4-2 所示。

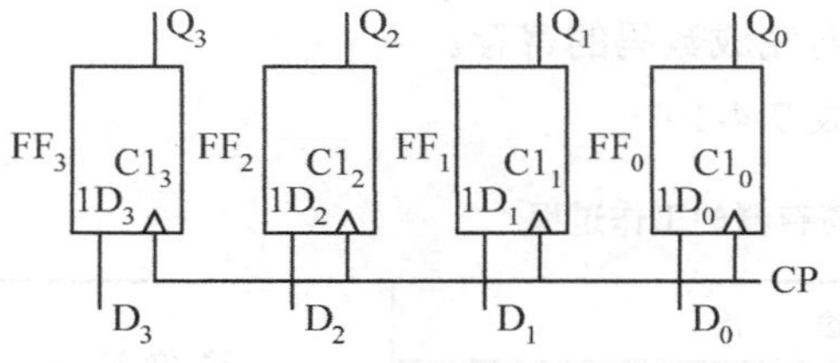

图 7-4-1　四位数码寄存器

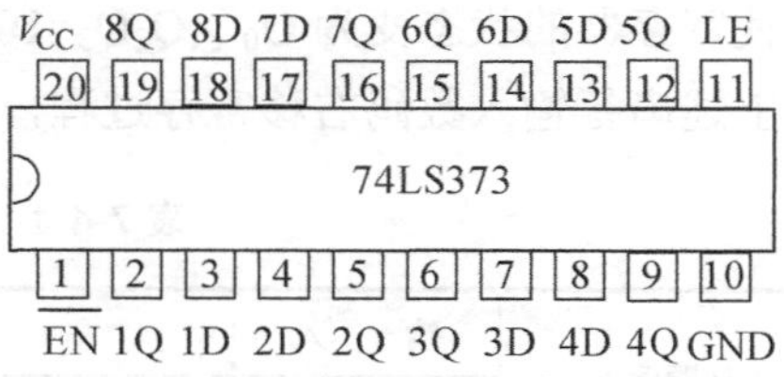

图 7-4-2　锁存器 74LS373 的引脚排列图

74LS373 内部有 8 个锁存器，由锁存允许端 LE 来控制，当 LE=1 时，锁存器开，输入信号从 1D～8D 端进入锁存器，只要 LE 保持 1，各锁存器内容将随 D 端状态变化而变化，这一点与 D 触发器不同，呈“透明”状态。当 LE=0 时，锁存器关，保持关状态前各位的状态。

74LS373 的 8 个锁存器的输出端还带有三态输出门，受输出使能端 $\overline{EN}$ 控制，当 $\overline{EN}$=0 时，三态门打开，锁存器输出；当 $\overline{EN}$=1 时，输出呈高阻状态。

7.4.2 移位寄存器

在数字电路系统中，由于算术逻辑运算或缓冲存储的需要，常常要求寄存器中输入的数码能逐位向左或向右移动，这种寄存器就是移位寄存器。移位寄存器按种类可分为串入并出、并入串出、串入串出、并入并出四种移位寄存器；按工作方式可分为单向移位寄存器（右移或左移）和双向移位寄存器两大类。

1．单向移位寄存器

1）右移寄存器

图 7-4-3 所示为四位右移寄存器电路。它由四个 D 触发器组成，D_{SR} 为数码串行输入端，Y 为数码串行输出端，各触发器串行连接，移位控制脉冲为 CP，各 CP 脉冲输入端并联，各清零端 $\overline{CR}$ 也并联。

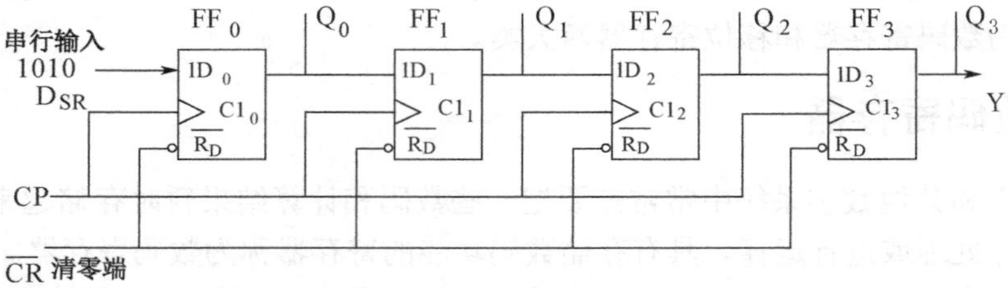

图 7-4-3　四位右移寄存器电路

其工作过程为：假设要把数码 1010 右移串行输入给寄存器，各触发器初始状态 $Q_0Q_1Q_2Q_3$=0000，各 D 端初始状态 $D_0D_1D_2D_3$=0000。工作时，由于是右移串行输入，数码 1010 由输入端 D_{SR} 按顺序自右向左逐一输入，即先把数码最右一位数 0 送给 D_0，再相继输入 1 和 0，最后把最左位的数码 1 送入 D_0。因为各 D 型触发器在每个 CP 脉冲到来时，其 Q 端状态是按 D 端状态翻转的，则 D_0 的输入数码将按输入顺序逐步右移。经四个 P 脉冲，即可使寄存器的状态变为 $Q_0Q_1Q_2Q_3$=1010，而完成数码的寄存。

上述串行输入数码右移寄存过程，列于表 7-4-1 中。

表 7-4-1　右移寄存器的工作过程

CP 顺序	输入	输出				移位过程
	D_{SR}	Q_0	Q_1	Q_2	Q_3	
0	0	0	0	0	0	清零
1	1	0	0	0	0	输入第一个数码
2	0	1	0	0	0	右移一位
3	1	0	1	0	0	右移二位
4	0	1	0	1	0	右移三位

2）左移寄存器

图 7-4-4 所示是四位左移寄存器电路。它也由四个 D 型触发器组成。它的工作过程与四位右移寄存器的类似，不同的只是该寄存器的数码输入顺序是自左向右，依次在 CP 脉冲作用下左移逐个输入寄存器中。

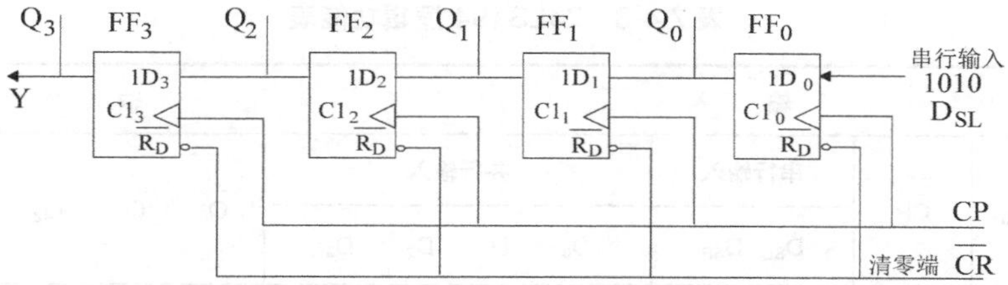

图 7-4-4 四位左移寄存器电路

3）集成单向移位寄存器

74LSl64 寄存器是一种串入并出 8 位右移移位寄存器，其引脚排列如图 7-4-5 所示。74LSl64 的逻辑功能如表 7-4-2 所示。

表 7-4-2 74LSl64 逻辑功能表

输入				输出								功能
$\overline{CR}$	CP	D_{SA}	D_{SB}	Q_0	Q_1	Q_2	Q_3	Q_4	Q_5	Q_6	Q_7	
0	×	×	×	0	0	0	0	0	0	0	0	清零
1	0	×	×	Q_0	Q_1	Q_2	Q_3	Q_4	Q_5	Q_6	Q_7	保持
1	↑	0	×	0	Q_0	Q_1	Q_2	Q_3	Q_4	Q_5	Q_6	右移
1	↑	×	0	0	Q_0	Q_1	Q_2	Q_3	Q_4	Q_5	Q_6	右移
1	↑	1	1	1	Q_0	Q_1	Q_2	Q_3	Q_4	Q_5	Q_6	右移

2．双向移位寄存器

将右移寄存器和左移寄存器组合起来，并引入控制端便可构成既可左移又可右移的双向移位寄存器。74LS194 是一个典型的 4 位双向移位寄存器，它有 4 个并行数据输入端 $D_0D_1D_2D_3$，4 个并行数据输出端 $Q_0Q_1Q_2Q_3$，串行右移输入端 D_{SR}，串行左移输入端 D_{SL}，时钟端 CP，清除端 $\overline{CR}$，工作方式控制端 M_1、M_0。74LS194 使用十分灵活，其引脚及内部结构如图 7-4-6 所示，逻辑功能如表 7-4-3 所示。

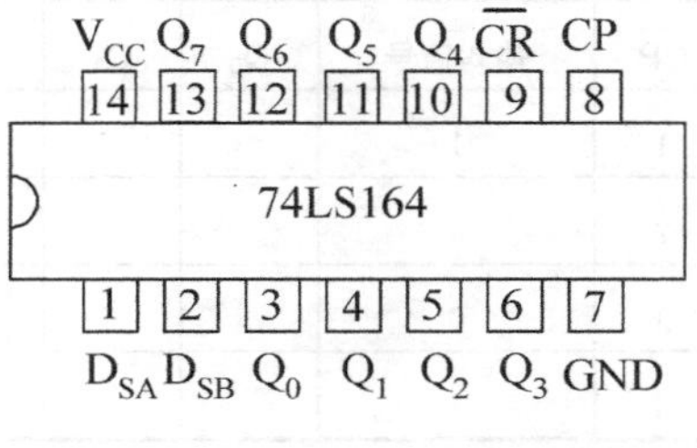

图 7-4-5 74LS164 的引脚排列图

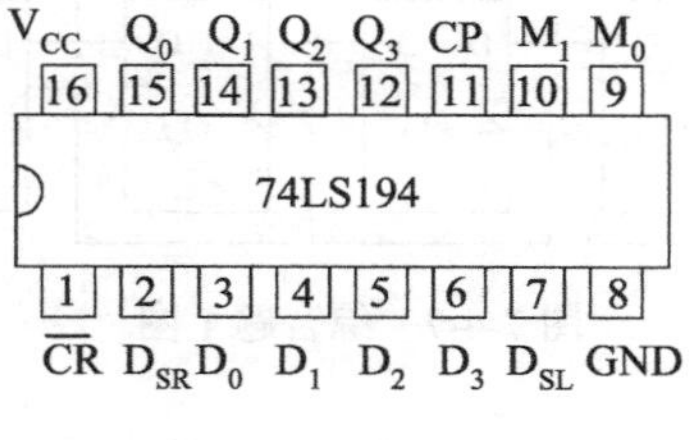

图 7-4-6 74LS194 的引脚排列图

表 7-4-3　74LS194 逻辑功能表

输入										输出				功能
$\overline{CR}$	M_1	M_0	CP	串行输入		并行输入				Q_0	Q_1	Q_2	Q_3	
				D_{SL}	D_{SR}	D_0	D_1	D_2	D_3					
0	×	×	×	×	×	×	×	×	×	0	0	0	0	清零
1	×	×	0	×	×	×	×	×	×	Q_0	Q_1	Q_2	Q_3	保持
1	0	0	↑	×	×	×	×	×	×	Q_0	Q_1	Q_2	Q_3	保持
1	0	1	↑	×	0	×	×	×	×	0	Q_1	Q_2	Q_3	右移
1	0	1	↑	×	1	×	×	×	×	1	Q_1	Q_2	Q_3	右移
1	1	0	↑	0	×	×	×	×	×	Q_1	Q_2	Q_3	0	左移
1	1	0	↑	1	×	×	×	×	×	Q_1	Q_2	Q_3	1	左移
1	1	1	↑	×	×	a	b	c	d	a	b	c	d	置数

思考与练习

一、填空题

1．根据寄存器的功能可分为________和________两大类。

2．移位寄存器按种类可分为________、________、________、________四种移位寄存器；按工作方式可分为________和________两大类。

3．74LS164 寄存器是一种串入并出________位右移移位寄存器；74LS194 是一个典型的________位双向移位寄存器。

二、综合题

1．分析图 7-4-7 所示电路，它具有什么功能，并填表。（设各触发器初态为 0）

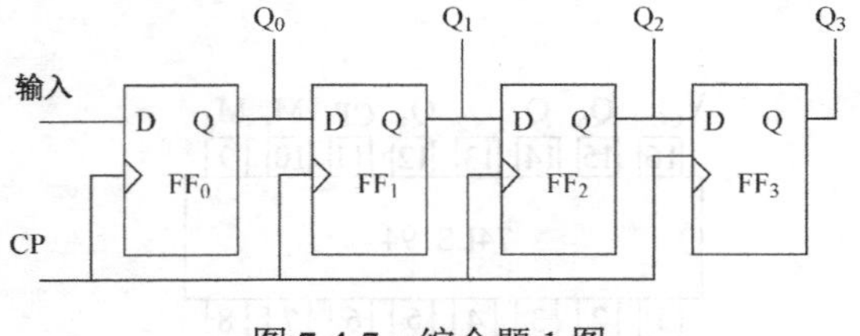

图 7-4-7　综合题 1 图

CP	输入信号	Q_0	Q_1	Q_2	Q_3
1	1				
2	0				
3	0				
4	1				

2．一组数据 10110101 串行移位（首先输入最右边的位）到一个 8 位并行输出移位寄存器中，其初始状态为 11100100，在两个时钟脉冲之后，该寄存器中的数据为多少。

7.5　计数器

学习目标

1．了解计数器的功能及计数器的类型。

2．掌握二进制、十进制等经典型集成计数器的外特性及应用。

计数器用于累计输入脉冲的个数，能够实现这种功能的时序部件称为计数器。计数器不仅用于计数，而且还用于定时、分频和程序控制等，是数字电路工作系统的主要部件，也是时序逻辑电路的主要应用之一，用途广泛。常用的计数器种类非常多，按计数进制可分为二进制计数器和非二进制计数器（如十进制、*N* 进制计数器等）；按计数值的增减趋势可分为加法计数器、减法计数器和可逆计数器；按计数器中各触发状态翻转是否与计数脉冲同步可分为同步计数器和异步计数器。

7.5.1　二进制计数器

1．二进制异步加法计数器

1）电路组成

图 7-5-1 所示是由 3 个 D 触发器组成的 3 位二进制异步加法计数器。FF_1 为最低位触发器，其控制端 CP 接输入脉冲，FF_3 为最高位计数器。

2）工作原理

（1）计数器清零：使 $\overline{R}_D=0$，则 $Q_3Q_2Q_1=000$。

（2）每当一个 CP 脉冲上升沿到来时，FF_1 就翻转一次；每当 Q_1 的下降沿到来时，FF_2 就翻转一次；每当 Q_2 的下降沿到来时，FF_3 就翻转一次，其工作状态如表 7-5-1 所示，其工作波形如图 7-5-2 所示，实现了每输入一个脉冲就进行一次加 1 运算的加法计数器操作。三位二进制加法计数器的计数范围是 000～111，对应十进制数的 0～7，共 8 个状态，第 8 个计数脉冲输入后计数器又从初始 000 开始计数。

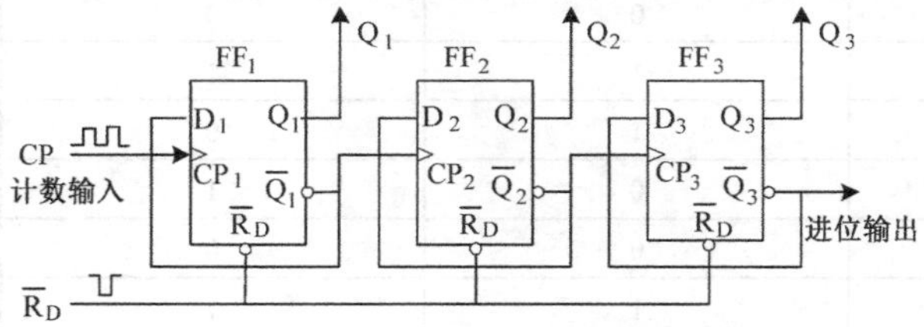

图 7-5-1　3 位二进制异步加法计数器

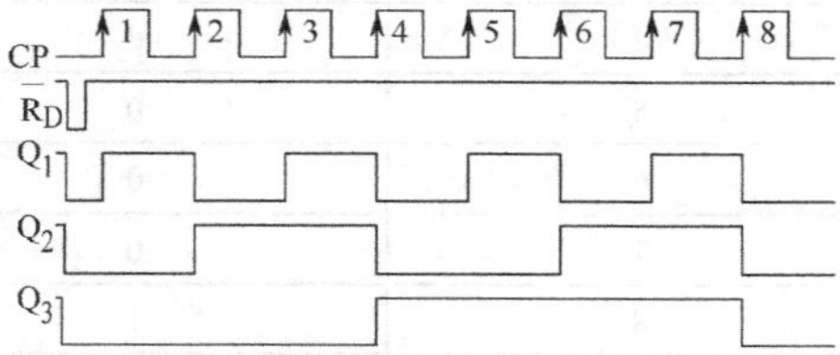

图 7-5-2　3 位二进制异步加法计数器的工作波形

表 7-5-1　3 位二进制异步加法计数器工作状态表

CP	Q_3	Q_2	Q_1
0	0	0	0
1	0	0	1
2	0	1	0
3	0	1	1
4	1	0	0

续表

CP	Q_3	Q_2	Q_1
5	1	0	1
6	1	1	0
7	1	1	1
8	0	0	0

由图 7-5-2 可以看出，Q_1 的频率为 CP 的频率的一半，为二分频；Q_2 的频率为 CP 频率的 1/4，为四分频；Q_3 的频率为 CP 的 1/8，为八分频。

2. 二进制异步减法计数器

图 7-5-3 所示是由 3 个 D 触发器组成的 3 位二进制异步减法计数器，其工作状态如表 7-5-2 所示。

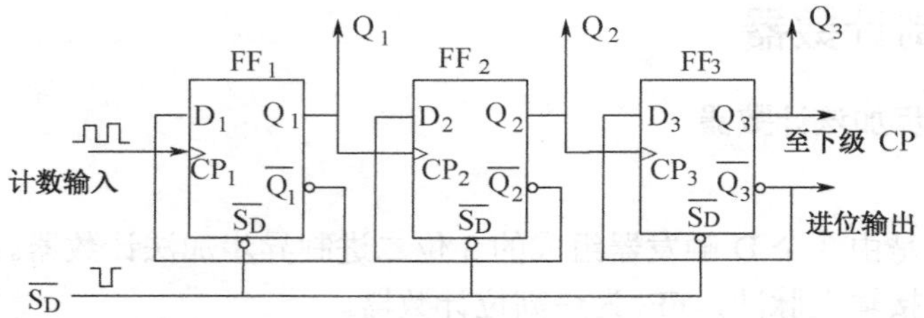

图 7-5-3　3 位二进制异步减法计数器

表 7-5-2　3 位二进制异步减法计数器工作状态表

CP	Q_3	Q_2	Q_1
0	1	1	1
1	1	1	0
2	1	0	1
3	1	0	0
4	0	1	1
5	0	1	0
6	0	0	1
7	0	0	0
8	1	1	1

异步计数器电路简单，但各触发器逐级翻转，工作速度慢，在实际使用中，多采用同步计数器。

7.5.2　十进制计数器

1. 十进制异步加法计数器

图 7-5-4 所示是由 4 个 JK 触发器组成的 8421BCD 码十进制异步加法计数器。

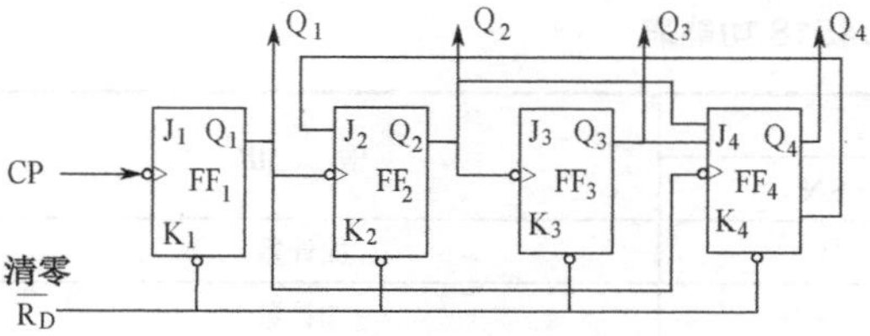

图 7-5-4　十进制异步加法计数器

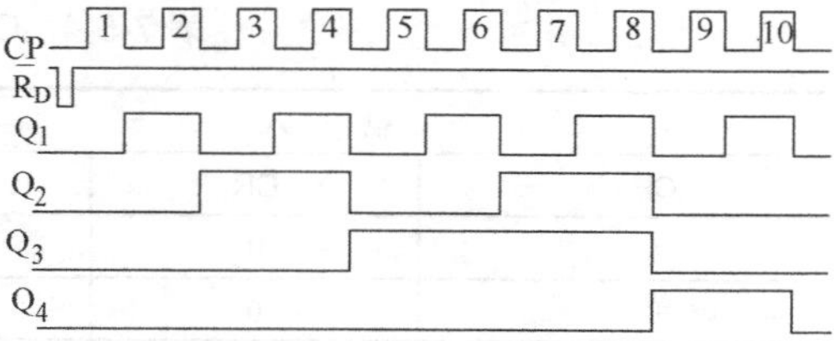

图 7-5-5　十进制异步加法计数器的工作波形图

十进制异步加法计数器的工作原理如下：

（1）清零负脉冲作用于各个触发器后，$Q_4Q_3Q_2Q_1$=0000，等待计数脉冲到来；

（2）每来一个计数脉冲 CP，触发器 FF_1 状态翻转一次；

（3）每来一个 Q_1 的下降沿，当 $\overline{Q_4}$ =1 时，触发器 FF_2 翻转；当 $\overline{Q_4}$ =0 时，触发器 FF_2 置 0；

（4）每来一个 Q_2 的下降沿，触发器 FF_3 状态翻转一次；

（5）每来一个 Q_1 的下降沿，当 Q_2、Q_3 全为 1 时，触发器 FF_4 翻转，当 Q_2、Q_3 不全为 1 时，触发器 FF_4 置 0。

根据上述分析，得到十进制异步加法计数器的工作波形如图 7-5-5 所示。

十进制异步加法计数器的工作状态如表 7-5-3 所示。

表 7-5-3　十进制异步加法计数器的状态表

CP	Q_4	Q_3	Q_2	Q_1
0	0	0	0	0
1	0	0	0	1
2	0	0	1	0
3	0	0	1	1
4	0	1	0	0
5	0	1	0	1
6	0	1	1	0
7	0	1	1	1
8	1	0	0	0
9	1	0	0	1
10	0	0	0	0

2．十进制同步加法计数器

CC4518 是同步十进制加法计数器，主要特点是时钟触发可用上升沿，也可用下降沿，采用 8421BCD 编码。其引脚功能如图 7-5-6 所示，逻辑功能如表 7-5-4 所示。

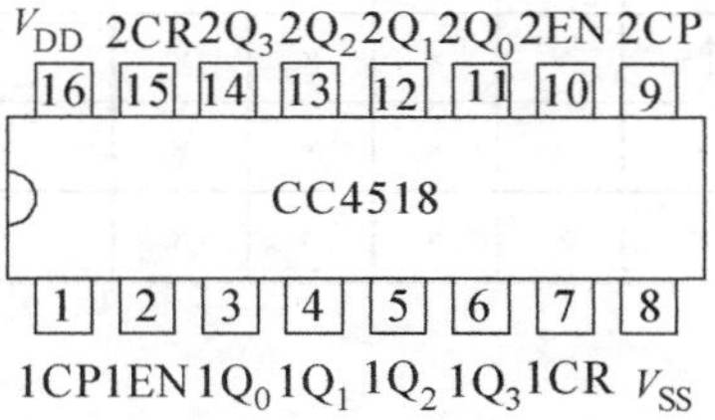

图 7-5-6　CC4518 引脚排列及功能

表 7-5-4　CC4518 功能表

输　入			输　出
CP	CR	EN	
↑	0	1	加计数
0	0	↓	加计数
↓	0	×	保持
×	0	↑	
↑	0	0	
1	0	↓	
×	1	×	全部为 0

CC4518 内含两个功能完全相同的计数器。每一计数器，均有时钟输入端 CP 和计数允许控制端 EN，若用时钟上升沿触发，则信号由 CP 端输入，同时将 EN 端设置为高电平；若用时钟下降沿触发，则信号由 EN 端输入，同时将 CP 端设置为低电平。CC4518 的 CR 为清零信号输入端，当在该脚加高电平或正脉冲时，计数器各输出端均为低电平。

7.5.3　集成计数器的应用

常用集成计数器分为二进制计数器（含同步、异步、加减和可逆）和非二进制计数器（含同步、异步、加减和可逆），下面介绍几种典型的集成计数器。

1．集成二进制同步计数器

74LS161 是四位二进制可预置同步计数器，由于它采用 4 个主从 JK 触发器作为记忆单元，故又称为四位二进制同步计数器，其集成芯片引脚图如图 7-5-7 所示。

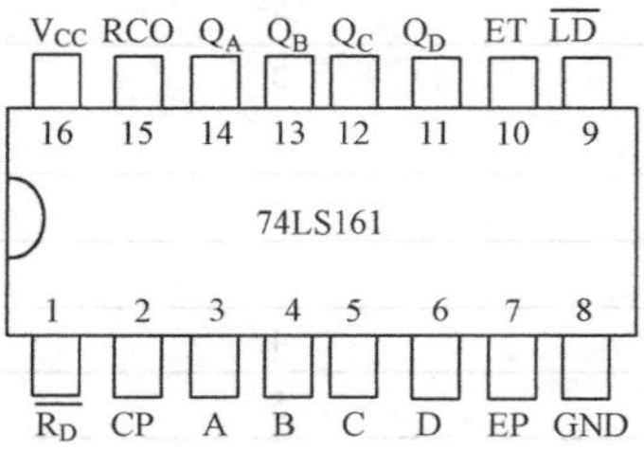

图 7-5-7　74LS161 引脚图

该计数器由于内部采用了快速进位电路，所以具有较高的计数速度。各触发器翻转是靠时钟脉冲信号的正跳变上升沿来完成的。时钟脉冲每正跳变一次，计数器内各触发器就同时翻转一次，74LS161 的功能表如表 7-5-5 所示。

表 7-5-5　74LS161 逻辑功能表

输　入									输　出			
$\overline{R_D}$	$\overline{LD}$	ET	EP	CP	A	B	C	D	Q_A	Q_B	Q_C	Q_D
0	×	×	×	×	×	×	×	×	0	0	0	0
1	0	×	×	↑	a	b	c	d	a	b	c	d
1	1	1	1	↑	×	×	×	×	计　数			
1	1	0	×	×	×	×	×	×	保　持			
1	1	×	0	×	×	×	×	×	保　持			

2. 集成二进制异步计数器

74LS197 是 4 位集成二进制异步加法计数器，其集成芯片引脚及逻辑功能图如图 7-5-8 所示，逻辑功能如下：

（1）$\overline{CR}$=0 时异步清零。

（2）$\overline{CR}$=1、CT/$\overline{LD}$=0 时异步置数。

（3）$\overline{CR}$=CT/$\overline{LD}$=1 时，异步加法计数。若将输入时钟脉冲 CP 加在 CP_0端、把 Q_0与 CP_1连接起来，则构成 4 位二进制即十六进制异步加法计数器。若将 CP 加在 CP_1端，则构成 3 位二进制即八进制计数器，FF_0不工作。如果只将 CP 加在 CP_0端，CP_1接 0 或 1，则形成 1 位二进制即二进制计数器。

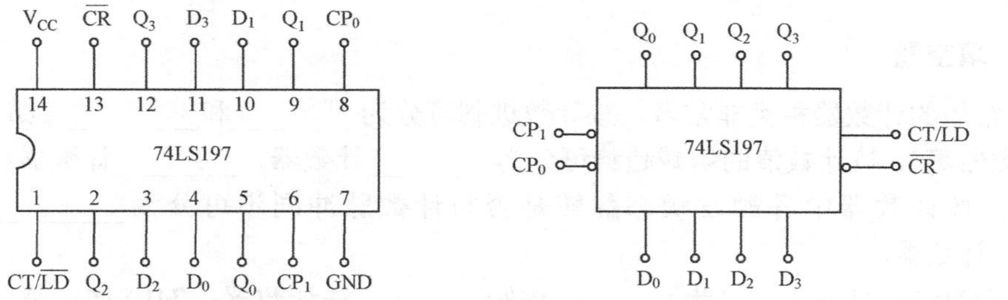

（a）引脚排列图　　（b）逻辑功能示意图

图 7-5-8　74LS197 引脚及逻辑功能图

3. 集成十进制同步计数器

74LS160 是十进制同步计数器，具有计数、同步置数、异步清零等功能。其引脚排列图和逻辑符号如图 7-5-9 所示。各引脚功能如下：

CP 为输入计数脉冲，上升沿有效；$\overline{CR}$为清零端；$\overline{LD}$为预置数控制端；D_0～D_3为并行输入数据端；CT_T和 CT_P为两个计数器工作状态控制端；CO 为进位信号输出端；Q_0～Q_3为计数器状态输出端。

当复位端$\overline{CR}$=0 时，不受 CP 控制，输出端立即全部为"0"，功能表第一行。当$\overline{CR}$=1 时，$\overline{LD}$端输入低电平，在时钟共同作用下，CP 上跳后计数器状态等于预置输入 DCBA，即所谓"同步"预置功能（第二行）。当$\overline{CR}$和$\overline{LD}$都无效（即为高电平），CT_T或 CT_P任意一个为低电平，计数器处于保持功能，即输出状态不变。只有当四个控制输入都为高电平，计数器实现模 10 加法计数。表 7-5-6 所示是 74LS160 功能表。

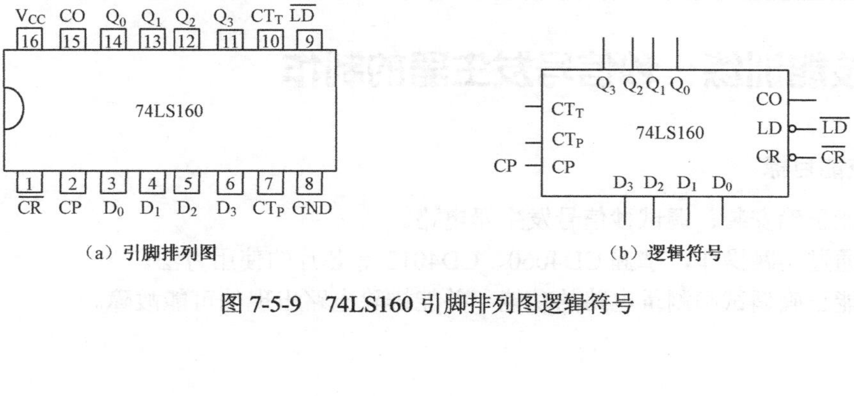

（a）引脚排列图　　（b）逻辑符号

图 7-5-9　74LS160 引脚排列图逻辑符号

表 7-5-6　74LS160 功能表

$\overline{CR}$	$\overline{LD}$	CT_T	CT_P	CP	D_3	D_2	D_1	D_0	Q_3	Q_2	Q_1	Q_0
0	×	×	×	×	×	×	×	×	0	0	0	0
1	0	×	×	↑	D	C	B	A	D	C	B	A
1	1	0	×	×	×	×	×	×	保持			
1	1	×	0	×	×	×	×	×	保持			
1	1	1	1	↑	×	×	×	×	计数			

思考与练习

一、填空题

1．常用的计数器种类非常多，按计数进制可分为________和________（如十进制、*N*进制计数器等）；按计数值的增减趋势可分为________计数器、________计数器和________计数器；按计数器中各触发状态翻转是否与计数脉冲同步可分为________计数器和________计数器。

2．CC4518 是________步________进制________法计数器；74LS161 是________位________进制________步计数器；74LS197 是________位________进制________步________法计数器；74LS160 是________进制________步计数器。

二、综合题

1．为了构成六十四进制计数器，需要几个触发器。

2．查阅集成电路手册，识读可逆十进制计数器 CC4510 集成电路各引脚功能，并完成表 7-5-7。

表 7-5-7　综合题 2 表

CR	PE	$\overline{CI}$	CP	$U/\overline{D}$	D_3	D_2	D_1	D_0	Q_3	Q_2	Q_1	Q_0	功　能
1	×	×	×	×	×	×	×	×	0	0	0	0	
0	1	×	×	×	d_3	d_2	d_1	d_0					
0	0	1	×	×	×	×	×	×					
									0000→1001				加 1 计数
0	0	0	↑	0	×	×	×	×	1001→0000				

7.6　技能训练：秒信号发生器的制作

1．技能目标

（1）能正确安装、调试秒信号发生器电路。

（2）通过实践操作，掌握 CD4060、CD4013 等芯片的使用方法。

（3）能正确调试和测量电路的功能，并能排除电路出现的可能故障。

2．工具、元件和仪器

（1）常用电子装配工具

（2）CD4060、CD4013 等。

（3）双踪示波器。

3．相关知识

1）CD4060

CD4060 由一振荡器和 14 级二进制串行计数器位组成，振荡器的结构可以是 RC 或晶振电路，CR 为高电平时，计数器清零且振荡器使用无效。所有的计数器位均为主从触发器。在 CP_1（和 CP_0）的下降沿计数器以二进制进行计数。在时钟脉冲线上使用斯密特触发器对时钟上升和下降时间无限制，其引脚图如图 7-6-1 所示。

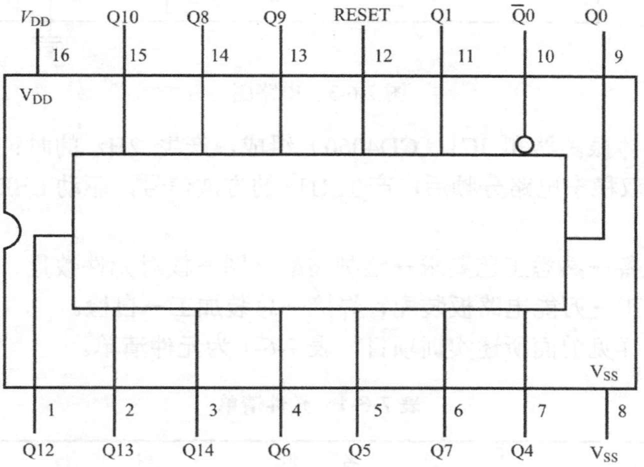

图 7-6-1　CD4060 引脚图

2）CD4013（双 D 触发器）

CD4013 由两个相同的、相互独立的数据型触发器构成。每个触发器有独立的数据、置位、复位、时钟输入和 Q 及 $\overline{Q}$ 输出，此器件可用作移位寄存器，且通过将 $\overline{Q}$ 输出连接到数据输入，可用做计算器和触发器。在时钟上升沿触发时，加在 D 输入端的逻辑电平传送到 Q 输出端。置位和复位与时钟无关，而分别由置位或复位线上的高电平完成，其引脚图如图 7-6-2 所示。

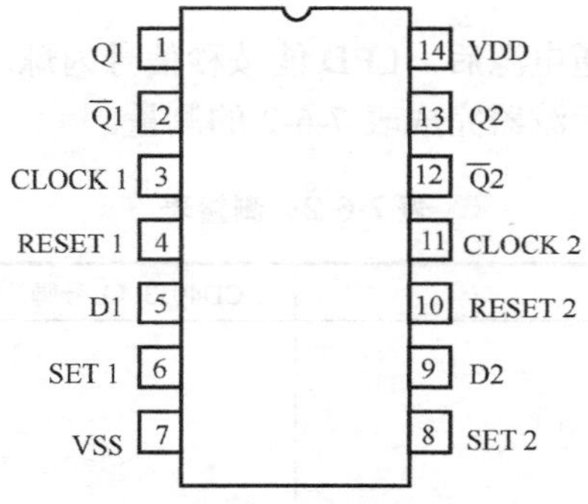

图 7-6-2　CD4013 引脚图

4．实训步骤

1）电路原理图

电路原理图如图 7-6-3 所示。

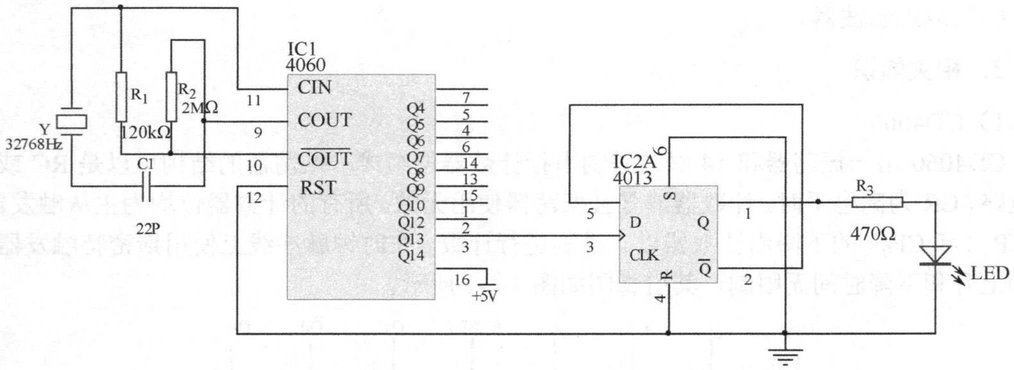

图 7-6-3　电路图

时钟电路由晶体振荡器和 IC1（CD4060）组成，产生 2Hz 的时钟信号，再经由 IC2（CD4013）构成的双稳态电路分频后，产生 1Hz 的方波信号，驱动 LED 同步闪烁。

2）安装要求

工艺流程：准备→熟悉工艺要求→绘制装配草图→核对元件数量、规格、型号→元件检测→元器件预加工→万能电路板装配、焊接→总装加工→自检。

具体操作过程详见前面所述实训项目，表 7-6-1 为元件清单。

表 7-6-1　元件清单

代　　号	名　　称	规　　格
R_1	电阻	120kΩ
R_2	电阻	2MΩ
R_3	电阻	470Ω
C1	涤纶电容	22pF
LED	发光二极管	绿色
IC1	集成电路	CD4060
IC2	集成电路	CD4013

3）调试、测量

（1）电路安装正确，接通电源后，LED 能按秒信号闪烁。

（2）电路正常运行，用示波器完成表 7-6-2 的测量。

表 7-6-2　测量表

CD4060（3 号脚）输出波形	CD4013（1 号脚）输出波形

5．项目评价

项目考核评价表如表 7-6-3 所示。

表 7-6-3　项目考核评价表

<table>
<tr><td rowspan="2">评价指标</td><td colspan="5" rowspan="2">评价要点</td><td colspan="5">评价结果</td></tr>
<tr><td>优</td><td>良</td><td>中</td><td>合格</td><td>差</td></tr>
<tr><td rowspan="2">理论知识</td><td colspan="5">1．计数器知识掌握情况</td><td></td><td></td><td></td><td></td><td></td></tr>
<tr><td colspan="5">2．D 触发器知识掌握情况</td><td></td><td></td><td></td><td></td><td></td></tr>
<tr><td rowspan="5">技能水平</td><td colspan="5">1．元件识别与清点</td><td></td><td></td><td></td><td></td><td></td></tr>
<tr><td colspan="5">2．课题工艺情况</td><td></td><td></td><td></td><td></td><td></td></tr>
<tr><td colspan="5">3．课题调试情况</td><td></td><td></td><td></td><td></td><td></td></tr>
<tr><td colspan="5">4．课题测量情况</td><td></td><td></td><td></td><td></td><td></td></tr>
<tr><td colspan="5">5．示波器操作熟练度</td><td></td><td></td><td></td><td></td><td></td></tr>
<tr><td>安全操作</td><td colspan="5">能否按照安全操作规程操作，有无发生安全事故，有无损坏仪表</td><td></td><td></td><td></td><td></td><td></td></tr>
<tr><td rowspan="2">总评</td><td rowspan="2">评别</td><td>优</td><td>良</td><td>中</td><td>合格</td><td>差</td><td colspan="2" rowspan="2">总评得分</td><td colspan="2" rowspan="2"></td></tr>
<tr><td>88～100 分</td><td>75～87 分</td><td>65～74 分</td><td>55～64 分</td><td>≤54 分</td></tr>
</table>

第 8 章

其他常用电路

8.1 常见脉冲产生电路

学习目标

1. 了解多谐振荡器的结构、功能及工作原理，掌握其基本应用。
2. 了解单稳态触发器的结构、功能及工作原理，掌握其基本应用。
3. 了解施密特触发器的结构、功能及工作原理，掌握其基本应用。

8.1.1 多谐振荡器

多谐振荡器又称为矩形波振荡器，它是一种自激振荡电路。多谐振荡器一旦振荡起来，电路没有稳态，只有两个暂态，工作状态在两个暂态之间来回翻转，从而产生连续的、周期性的矩形脉冲。

1．用非门构成的多谐振荡器

1）电路组成和工作原理

图 8-1-1 所示是一种由 CMOS 门电路组成的多谐振荡器。该电路由 3 个非门（G_1、G_2、G_3）、两个电阻（R_1、R_2）和一个电容 C 组成。电阻 R_2 是非门 G_3 的限流保护电阻，一般为 100Ω 左右；R_1、C 为定时器件，R_1 的值要小于非门的关门电阻，一般在 700Ω 以下。

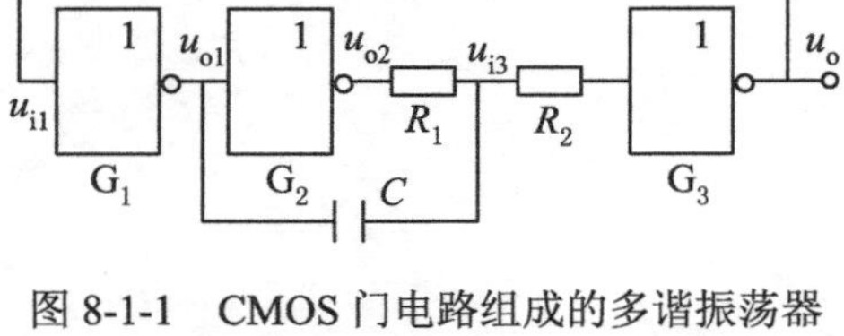

图 8-1-1　CMOS 门电路组成的多谐振荡器

设电源刚接通时，电路输出端 u_o（u_{i1}）为高电平，由于此时电容器 C 尚未充电，其两端电压为零，则 u_{o1}、u_{i3} 为低电平。电路处于第一暂态。随着 u_{o2} 高电平通过电阻 R_1 对电容 C 充电，u_{i3} 电位逐渐升高。当 u_{i3} 超过 G_3 的输入阈值电平 U_{TH} 时，G_3 翻转，$u_o = u_{i1}$ 变为低电平，使 G_1 也翻转，u_{o1} 变为高电平，由于电容电压不能突变，u_{i3} 也有一个正突变，保持 G_3 输出为低电平，此时电路进入第二暂态。随着 u_{o1} 高电平经电阻 R_1 对电容 C 的反向充电，u_{i3} 电位逐渐下降，当 u_{i3} 低于 U_{TH} 时，G_3 再次翻转，电路又回到第一暂态。如此循环，形成连续振荡。电路各点的工作波形如图 8-1-2 所示。

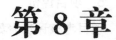

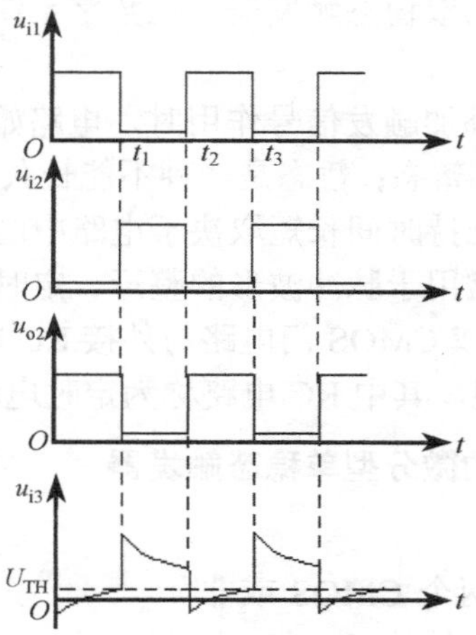

图 8-1-2　多振荡器的工作波形

2）振荡周期 T 的计算

多谐振荡器的振荡周期与两个暂态时间有关，设第一、第二暂态时间分别为 t_{W1}、t_{W2}，则振荡周期的近似估算公式为

$$T=t_{W1}+t_{W2}\approx 2.2R_1C$$

由此可见，要改变脉宽和周期，可以通过改变定时元件 R_1 和 C 来实现。

2．石英晶体多谐振荡器

为了提高振荡频率的稳定度，常采用图 8-1-3 所示的石英晶体多谐振荡器。在构成上，用石英晶体替代了图 8-1-1 所示电路中的电容器。其工作原理与图 8-1-2 所示电路基本相同。

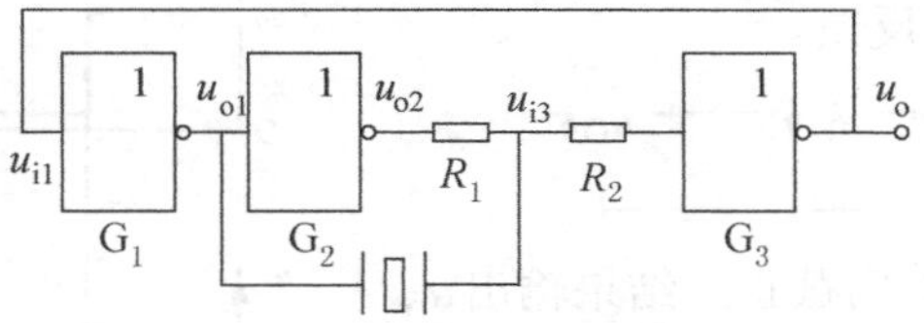

图 8-1-3　石英晶体多谐振荡器

石英晶体相当于一个 RLC 串联谐振电路。在谐振频率下，阻抗最低，正反馈最强，易于起振，而在其他频率下，阻抗很高，阻止振荡，所以石英晶体起选频作用。振荡器最后稳定在石英晶体的谐振频率上，输出为谐振频率的矩形波。而石英晶体的谐振频率，由石英晶体片的几何尺寸决定，只要把石英晶体片的几何尺寸做得很精准，就可以获得很精确而且稳定的谐振频率。

石英晶体多谐振荡器能产生极其稳定的高频率的矩形脉冲信号。在数字系统中，常用作系统的基准信号源。

3．多谐振荡器的应用

由于多谐振荡器的两个输出状态能自动交替转换，可产生一组宽度和周期可调的矩形波，因此在实际运用中经常用来制作成时钟信号发生器。

8.1.2　单稳态触发器

在前面学习的各类触发器，如 RS 触发器、JK 触发器、D 触发器等，它们都有两个稳定状态，这些触发器我们常称为双稳态触发器。在数字系统中，还有一种只有一个稳定状态的电路，称为单稳态触发器。

它所具备的特点是：没有外加触发信号作用时，电路始终处于稳态；在外加触发信号的作用下，电路能从稳态翻转到暂态；暂态是一种不能长久保持的状态，维持一段时间后，电路会自动返回到稳态。暂态维持时间长短取决于电路中的 R、C 参数值，与输入触发信号的宽度无关。单稳态触发器常用于脉冲波形的整形、定时和延时。

单稳态触发器可以由 TTL 或 CMOS 门电路与外接 RC 电路组成，也可以通过单片集成单稳态电路外接 RC 电路来实现。其中 RC 电路称为定时电路。

1. 用 CMOS 门电路构成的微分型单稳态触发器

1）电路组成

如图 8-1-4（a）所示为由两个 CMOS 或非门构成的微分型单稳态触发器。图中 G_1、G_2 之间采用 RC 微分电路耦合，故称为微分型单稳态触发器。

2）工作原理

（1）稳态。$u_I=0$，接通电源 $+V_{DD}$ 对 C 充电，u_{I2} 电位升高，直到 $u_{I2}=+V_{DD}$，所以 G_2 门输出为低电平，即 $u_O=V_{OL}$ 而 G_1 门两输入均为低电平，G_1 门输出为高电平，即 $u_{O1}=U_{OH}$，电路处于稳定状态，输出 u_O 为低电平。

（2）触发翻转。u_I 从 0 跳变为 1，且 $u_I>U_T$（阈值电压），电路产生正反馈。

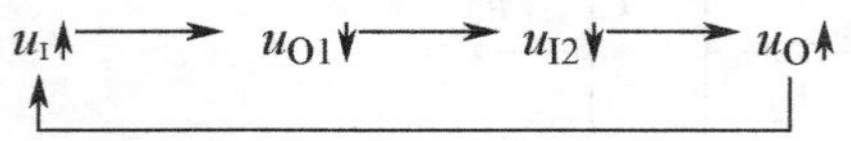

迅速使 G_1 门导通，G_2 门截止，结果输出 u_O 由低电平上跳为高电平，电路进入暂稳态。由于 u_O 高电平反馈到 G_1 门的输入端，因此即使 u_I 已恢复低电平，仍能维持 G_1 门的导通。

（3）暂稳态。电路翻转后，电源 $+V_{DD}$ 通过 $R\to C\to u_{O1}$ 对电容充电，使 u_{I2} 上升，这时电路进入暂稳态。即 G_1 门导通，G_2 门截止，u_O 为高电平，此状态维持时间长短，决定 $\tau=RC$ 大小。

（4）自动返回。当 u_{I2} 上升到 $u_{I2}=U_T$ 时（这时 $u_I=0$），电路发生正反馈。

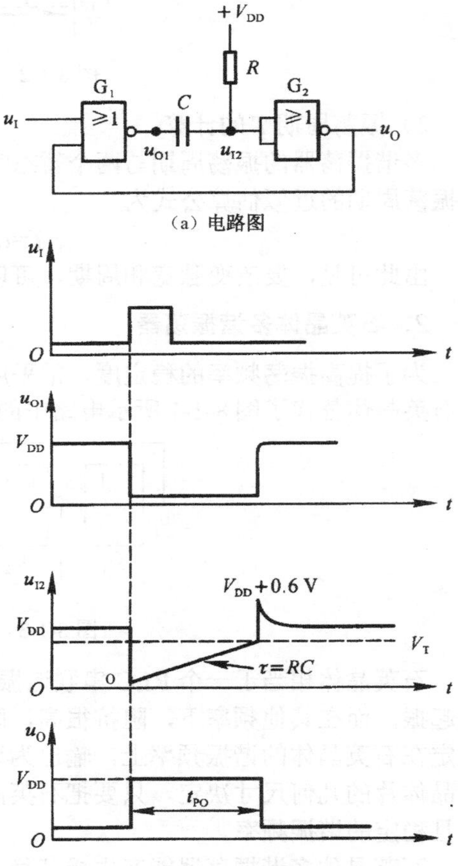

（a）电路图

（b）工作波形图

图 8-1-4　微分型单稳态电路

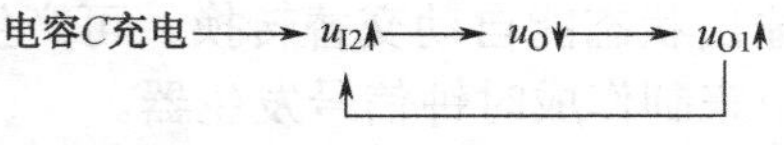

迅速使 G_1 门截止，G_2 门导通。结果输出 u_O 从高电平下跳到低电平。由于 u_{O1} 的上跳，导致 u_{I2} 的等幅上跳，由于 CMOS 保护二极管，使 $u_{I2}=+V_{DD}+0.6\text{V}$。

（5）恢复过程。此后，电容通过 R 与保护二极管两条通路放电，使 u_{I2} 恢复到稳态值 $+V_{DD}$，电路恢复到初始稳态值。其波形如图 8-1-4（b）所示。

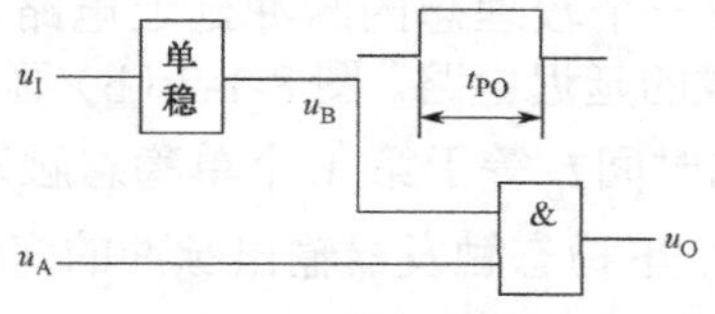

（a）逻辑图

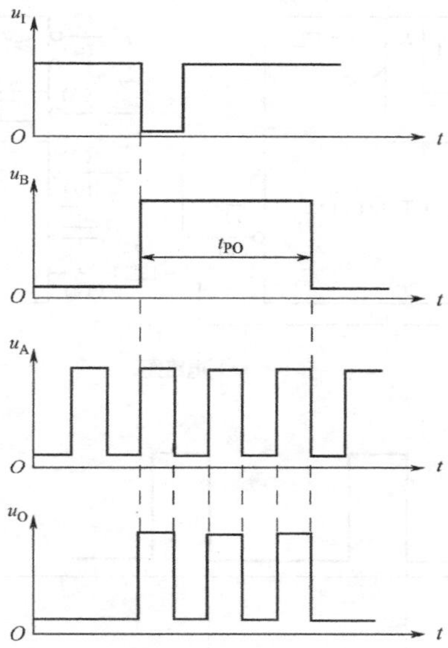

（b）波形图

图 8-1-5　单稳态的定时作用

电路的输出脉冲宽度由计算得：

$$t_{PO} = 0.7RC$$

2. 单稳态触发器的应用

1）定时

单稳态触发器可产生一个宽度为 t_{PO} 的矩形脉冲，利用这个脉冲去控制某电路使它在 t_{PO} 时间内动作或不动作。这就是脉冲的定时作用。图 8-1-5（a）所示是用与门来传送在所要求的限定时间内脉冲信号的例子。显然，只有在 u_B 为高电平的 t_{PO} 时间内，信号才能通过与门，这就是定时控制，其波形如图 8-1-5（b）所示。

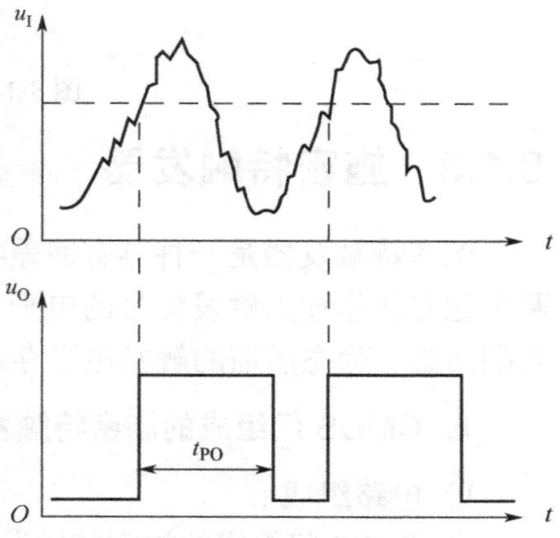

图 8-1-6　单稳态的整形作用

2）脉冲的整形

整形就是将不规则或因传输受干扰而使脉冲波形变坏的输入脉冲信号，通过单稳态电路后，可获得具有一定宽度和幅度的前后比较陡峭的矩形脉冲，如图 8-1-6 所示。

3）脉冲的延时作用

一般用两个单稳态可组成一个较理想的脉冲延迟电路，图 8-1-7（a）所示是由两个 CT1121 集成单稳态触发器构成的延迟电路。图 8-1-7（b）画出了输入电压 u_I 和输出电压 u_O 的波形。可以看出 u_O 滞后 u_I 的时间 t_D 等于第 1 个单稳态触发器输出脉冲的宽度 t_{PO1}（它的大小由 R_1 和 C_1 决定）和第 2 个单稳态触发器输出脉冲的宽度 t_{PO2} 之和（t_{PO2} 由 R_2 和 C_2 决定）。可以分别调整 t_{PO1} 和 t_{PO2} 而互不影响。

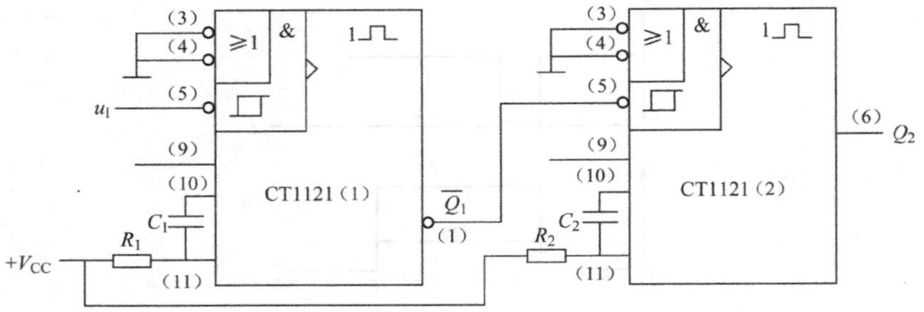

（a）电路图

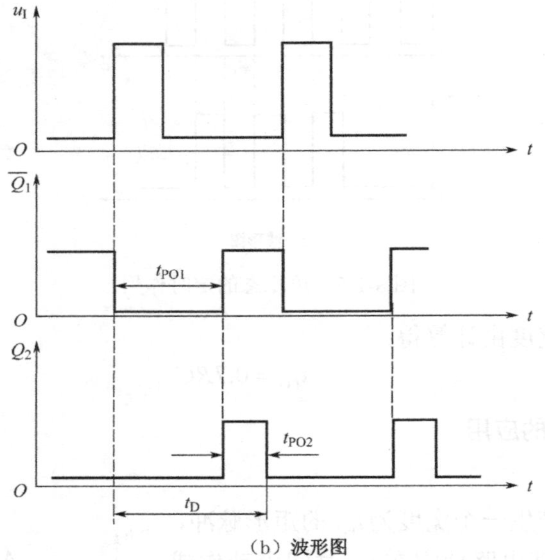

（b）波形图

图 8-1-7　单稳态组成脉冲延迟电路

8.1.3 施密特触发器

施密特触发器是一种具有回差特性的双稳态电路，其特点是：电路具有两个稳态，且两个稳态依靠输入触发信号的电平大小来维持，由第一稳态翻转到第二稳态，和由第二稳态翻回第一稳态所需的触发电平存在差值。

1. CMOS 门组成的施密特触发器

1）电路组成

由 CMOS 门组成的施密特触发器电路如图 8-1-8（a）所示，它是将两级反相器串联起来，同时通过分压电阻把输出端的电压反馈到输入端。波形如图 8-1-8（b）所示。

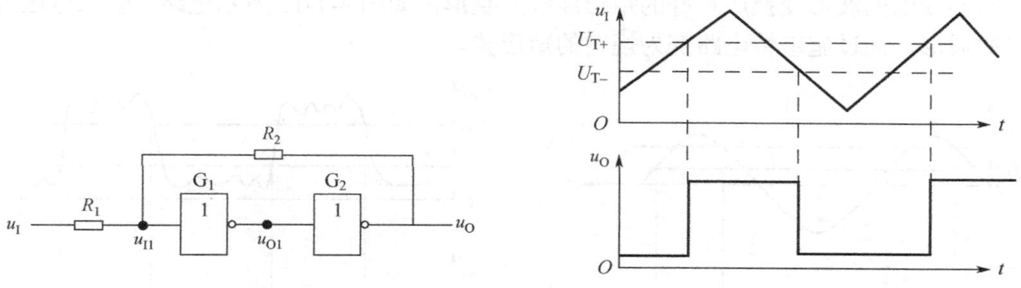

（a）逻辑图 （b）波形图

图 8-1-8 CMOS 门组成的施密特电路

2）工作原理

当 u_I 为低电平时，门 G_1 截止，G_2 导通，则 $u_O = U_{OL} = 0$，触发器处于 $Q = 0$，$\overline{Q} = 1$ 的稳定状态。

当 u_I 上升 u_{I1} 也上升，在 u_{I1} 仍低于 U_T 情况下，电路维持原态不变。

当 u_I 继续上升并使 $u_{I1} = U_T$ 时，G_1 开始导通，G_2 截止，触发器翻转 $Q = 1$，$\overline{Q} = 0$ 则 $u_O = U_{OH}$。此时的输入电压称为上限触发电压 U_{T+}，显然 $U_{T+} > U_T$。

当 u_I 从高电平下降时,u_{I1} 也下降，$u_I \leqslant U_T$ 以后，G_1 截止，G_2 导通，电路返回到前一稳态,即 $Q = 0$，$\overline{Q} = 1$,$u_O = U_{OL} = 0$。电路状态翻转时对应的输入电压称为下限触发电压 U_{T-}。

3）电压传输特性

电压传输特性指输出电压 u_O 与输入电压 u_I 的关系，即 $u_O = f(u_I)$ 的关系曲线。

由原理分析可知,当 u_I 上升到 U_{T+} 时，u_O 从高电平变为低电平,而当 u_I 下降到 U_{T-} 时，u_O 从低电平到高电压，如图 8-1-9 所示。上限阈值电压与下限阈值电压之差称为回差电压，用 $\Delta U = U_{T+} - U_{T-}$ 表示。图 8-1-10 表示在 R_2 固定的情况下，改变 R_1 值可改变回差电压的大小。

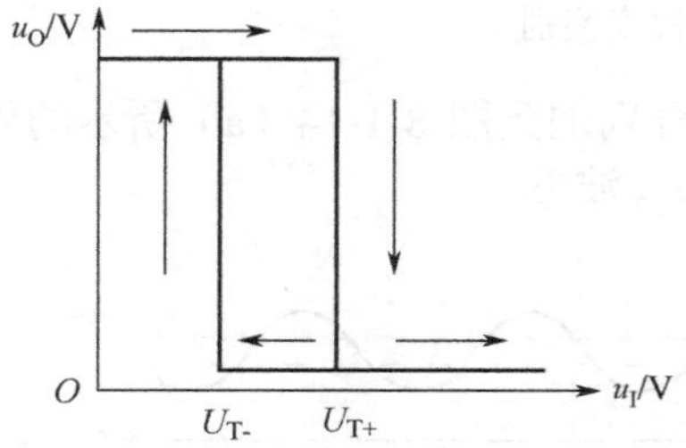

图 8-1-9 施密特触发器的电压传输特性

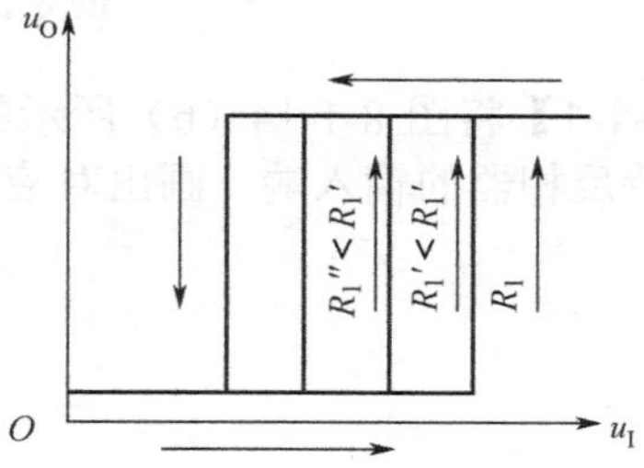

图 8-1-10 改变 R_1 的电压传输特性曲线

2．施密特触发器的应用

1）波形的变换

施密特触发器广泛应用于波形变换。图 8-1-11 所示是将正弦波转换为矩形波。当输入电压等于和超过 U_{T+} 值时，电路为一种稳态；当输入电压等于和低于 U_{T-} 时，电路翻转为另一稳态。

这样施密特触发器可以很方便地将正弦波、三角波等周期性波形变换成良好的矩形波。

2）波形的整形

将不规则的波形变换成良好的矩形波称为整形。如图 8-1-12 所示电路，输入电压为受干扰的波形，通过施密特电路变为规则的矩形波。

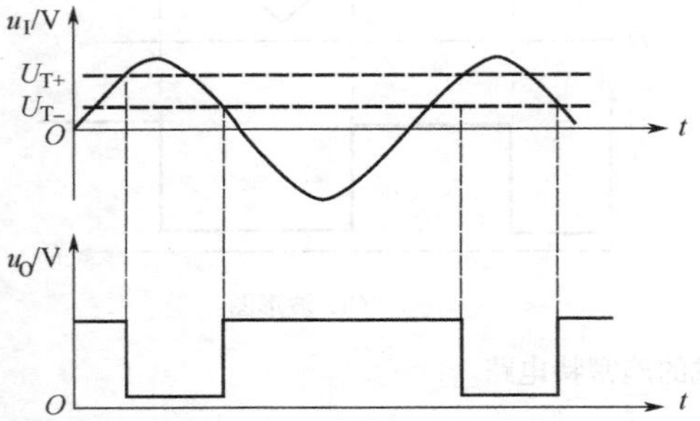

图 8-1-11　波形变换

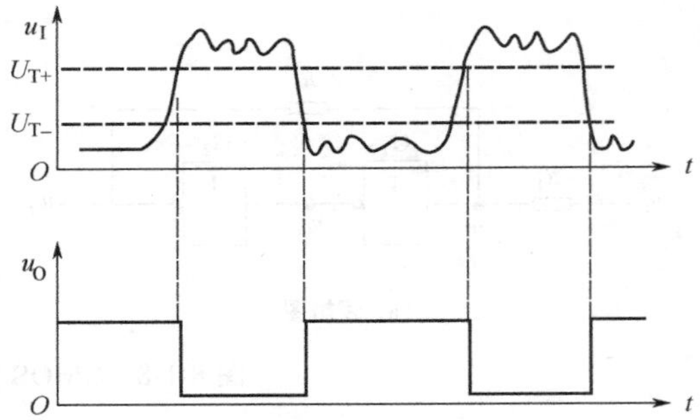

图 8-1-12　波形的整形

3）脉冲幅度鉴别

利用施密特触发器，可以在输入幅度不等的一串脉冲中，把幅度超过 U_{T+} 的脉冲鉴别出来。图 8-1-13 所示为脉冲鉴别器的输入、输出波形。只有幅度大于 U_{T+} 的脉冲，输出端才会有脉冲信号。

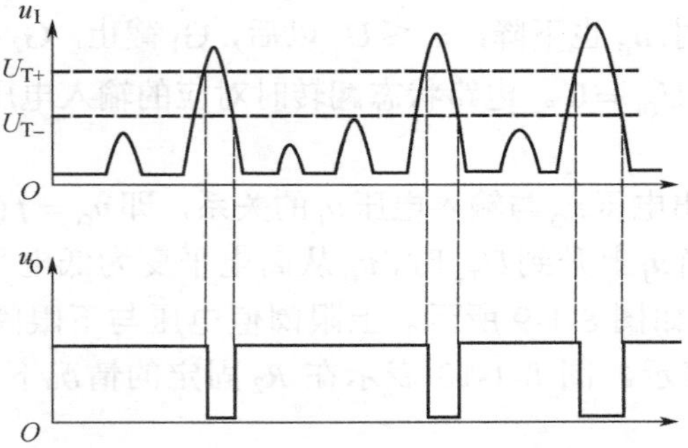

图 8-1-13　脉冲幅度鉴别

【例 8-1-1】将图 8-1-14（b）所示的正弦波分别加到图 8-1-14（a）所示的施密特触发器和施密特反相器的输入端。画出对应的 u_{O1}、u_{O2} 波形。

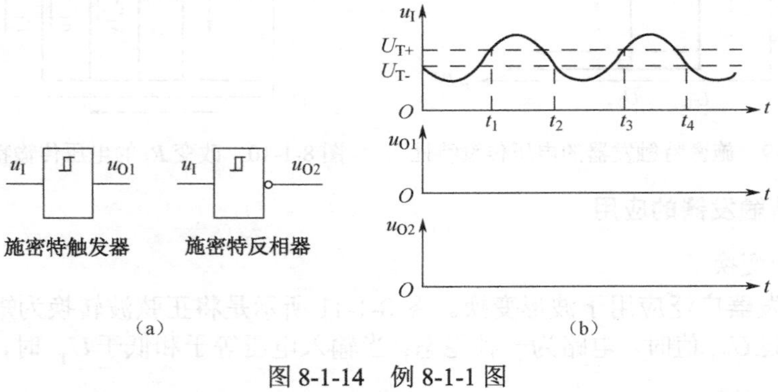

图 8-1-14　例 8-1-1 图

解：对于施密特触发器，在输入信号 u_I 的 0～t_1 期间，触发器处于第一稳态，输出 u_{O1}

为低电平；在 t_1 时刻，u_I 上升到 U_{T+}，触发器翻转到第二稳态，输出 u_{O1} 变为高电平；在 t_2 时刻，u_I 下降至 U_{T-}，触发器返回第一稳态，输出 u_{O1} 为低电平；在 t_3 时刻，u_I 上升到 U_{T+}，触发器翻转为第二稳态，u_{O1} 为高电平；在 t_4 时刻，u_I 下降至 U_{T-}，触发器返回第一稳态，输出 u_{O1} 为低电平。综上所述，u_{O1} 的波形如图 8-1-15 所示。

施密特反相器输出电压 u_{O2} 与 u_{O1} 的波形比较，输出电压的高低正相反，u_{O2} 的波形如图 8-1-15 所示。

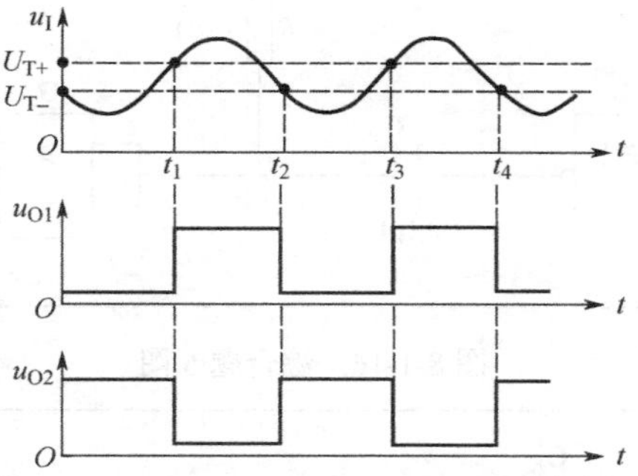

图 8-1-15 施密特触发器输入输出波形图

思考与练习

一、填空题

1．石英晶体相当于一个__________串联谐振电路。在电路中主要起__________作用。

2. 单稳态触发电路有________和________两种工作状态，而且只有在________作用下，才能从稳态翻转到暂态，在暂态维持一段时间以后，自动回到稳态。暂态维持时间的长短取决于__________参数，与__________无关。

3. 施密特触发器是一种具有__________特性的双稳态电路，电路具有________个稳态，由第一稳态翻转到第二稳态，和由第二稳态翻回第一稳态所需的触发电平存在_______。

二、综合题

1．简述多谐振荡器的主要特点。

2．单稳态触发器有哪几种工作状态？

3．说明单稳态触发器的工作特点及主要用途。

4．说明施密特触发器的工作特点及主要用途。

5．图 8-1-16 所示为由 CMOS 或非门构成的电路。试回答下列问题。

（1）电路的名称是____________。

（2）当 $u_I=0$ 时，电路处于稳态，门 G_1 输出____________电平，门 G_2 输出____________电平。

（3）输入正方波 u_I 后，定性的画出 u_O 波形。

6. 图 8-1-17 所示为 TTL 与非门组成的电路。试回答下列问题。

（1）电路的名称是__________。

（2）稳态时，门 G_1 输出__________电平，门 G_2 输出__________电平。

（3）在输入 u_I 为负方波时，定性地画出与 u_I 相对应的 u_O 波形。

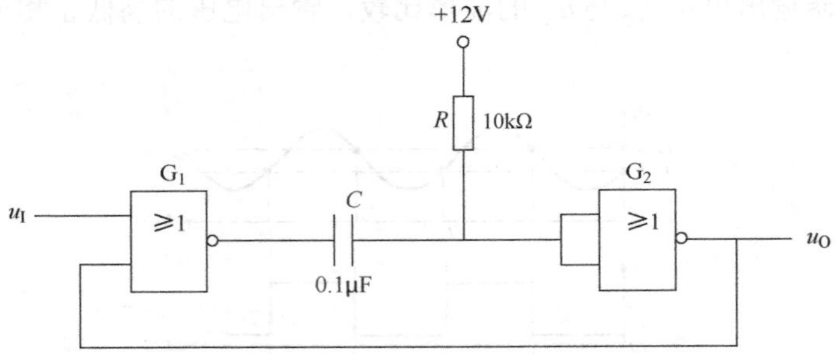

图 8-1-16　综合题 5 图

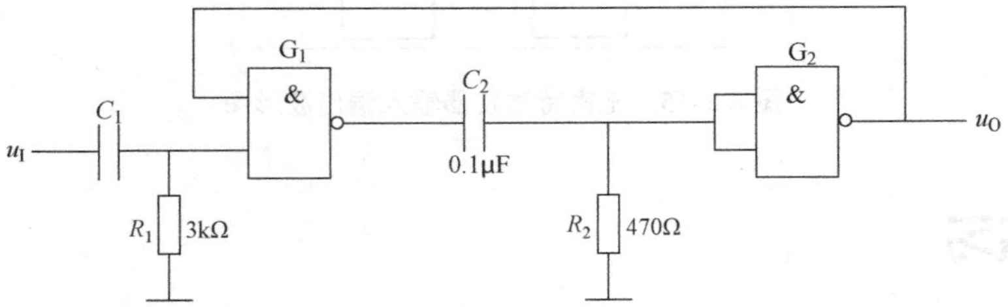

图 8-1-17　综合题 6 图

8.2　555 时基电路

学习目标

1. 了解 555 时基电路的引脚功能和逻辑功能。
2. 了解 555 时基电路在生活中的应用实例。
3. 会用 555 时基电路搭接多谐振荡器、单稳态触发器和施密特触发器。

8.2.1　555 时基电路

555 集成时基电路按内部器件类型可分双极型（TTL 型）和单极型（CMOS 型）。TTL 型产品型号的最后 3 位数码是 555 或 556，CMOS 型产品型号的最后 4 位数码都是 7555 或 7556，它们的逻辑功能和外部引线排列完全相同。555 芯片和 7555 芯片是单定时器，556 芯片和 7556 芯片是双定时器。下面以 CMOS 产品 CC7555 为例说明其结构、功能和特点。

1. 555 时基电路结构

555 定时器是一种把模拟电路和开关电路结合起来的器件。电路结构如图 8-2-1（a）所示。图 8-2-1（b）是它的引脚排列图。

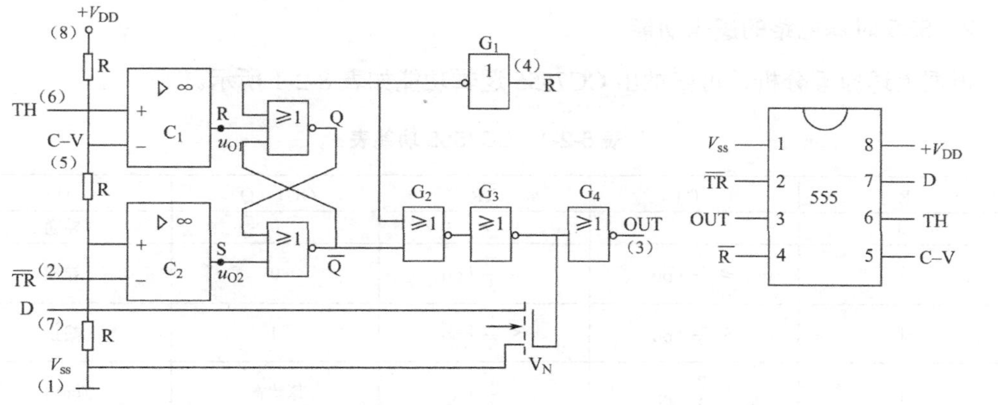

（a）逻辑图　　　　（b）引脚排列图

图 8-2-1　CC7555 集成定时器

由图 8-2-1（a）可见，定时器由电阻分压器、比较器、基本 RS 触发器、MOS 开关管及输出缓冲器五个基本单元组成。

1）电阻分压器

由三个阻值相同的电阻 R 串联构成，为电压比较器 C_1、C_2 提供两个参考电压。

$$V_{C1-}=\frac{2}{3}V_{DD}\text{；}\quad V_{C2+}=\frac{1}{3}V_{DD}$$

2）电压比较器 C_1 和 C_2

定时器的主要功能取决于集成运放 C_1、C_2 组成的比较器。比较器的输出直接控制基本 RS 触发器和 MOS 开关管的状态。比较器输出与输入的关系为：

$$u_{TH}\geqslant\frac{2}{3}V_{DD}\text{，}\ u_{O1}=1\text{；}\ u_{TH}<\frac{2}{3}V_{DD}\text{，}\ u_{O1}=0\text{。}$$

$$u_{\overline{TR}}\geqslant\frac{1}{3}V_{DD}\text{，}\ u_{O2}=0\text{；}\ u_{\overline{TR}}<\frac{1}{3}V_{DD}\text{，}\ u_{O2}=1\text{。}$$

式中，TH 为阈值输入端；$\overline{TR}$ 为触发输入端。

3）基本 RS 触发器

由两个或非门组成。C_1、C_2 的输出电压 u_{O1}、u_{O2} 是基本 RS 触发器的输入信号。u_{O1}、u_{O2} 状态的改变，决定触发器输出端 Q 、$\overline{Q}$ 的状态。若 $\overline{R}=1$，则

当 $u_{O1}=0$、$u_{O2}=1$ 时，$Q=1$，$\overline{Q}=0$；

当 $u_{O1}=1$、$u_{O2}=0$ 时，$Q=0$，$\overline{Q}=1$；

当 $u_{O1}=0$、$u_{O2}=0$ 时，Q 、$\overline{Q}$ 维持原状态。

4）MOS 开关管

N 沟道增强型 MOS 管，用来作为放电开关。受 $\overline{Q}$ 控制，当 $\overline{Q}=0$ 时，V_N 管截止；当 $\overline{Q}=1$ 时，V_N 管导通。

5）输出缓冲器

两级反相器 G_2、G_3 构成输出缓冲器。其作用是提高电流驱动能力，且具有隔离作用。

6）直接复位端 $\overline{R}$

$\overline{R}$ 为外部直接复位端，当 $\overline{R}=0$ 时，G_1 输出高电平，使输出端 $Q=0$。

2．555 时基电路的逻辑功能

根据上述原理分析，可归纳出 CC7555 逻辑功能如表 8-2-1 所示。

表 8-2-1　CC7555 功能表

$\overline{R}$	TH	$\overline{TR}$	OUT（Q）	D
0	×	×	0	导通
1	$\geqslant \frac{2}{3} V_{DD}$	$\geqslant \frac{1}{3} V_{DD}$	0	导通
1	$< \frac{2}{3} V_{DD}$	$< \frac{1}{3} V_{DD}$	1	截止
1	$< \frac{2}{3} V_{DD}$	$> \frac{1}{3} V_{DD}$	原状态	原状态

1）直接复位功能

当直接复位输入端 $\overline{R}=0$ 时，不管其他输入状态如何，输出 $Q=0$，$\overline{Q}=1$，放电管 V_N 导通。当直接复位端不用时，应使 $\overline{R}=1$。

2）复位功能

当复位控制输入端 $u_{TH} \geqslant \frac{2}{3}V_{DD}$，置位输入端 $u_{\overline{TR}} \geqslant \frac{1}{3}V_{DD}$ 时，$u_{O1}=1$、$u_{O2}=0$，则 $Q=0$，$\overline{Q}=1$，V_N 导通。

3）置位功能

当 $u_{TH} < \frac{2}{3}V_{DD}$，$u_{\overline{TR}} < \frac{1}{3}V_{DD}$ 时，$u_{O1}=0$、$u_{O2}=1$，则 $Q=1$，$\overline{Q}=0$，V_N 截止。

4）维持功能

当 $u_{TH} < \frac{2}{3}V_{DD}$，$u_{\overline{TR}} \geqslant \frac{1}{3}V_{DD}$ 时，$u_{O1}=0$、$u_{O2}=0$，则 Q、$\overline{Q}$ 状态维持不变。

8.2.2　555 时基电路的应用

1．用 555 时基电路构成的多谐振荡器

1）电路组成

用 CC7555 时基电路构成的多谐振荡器如图 8-2-2（a）所示。其中电容 C 经 R_2、555 内部的场效应管 V_N 构成放电回路，而电容 C 的充电回路却由 R_1 和 R_2 串联组成。为了提高比较电路参考电压的稳定性，通常在 5 脚与地之间接有 0.01μF 的滤波电容，以消除干扰。

2）工作原理

电源 V_{DD} 刚接通时，电容 C 上的电压 u_C 为零，电路输出 u_o 为高电平，放电管 V_N 截止，处于第一暂态。之后 V_{DD} 经 R_1 和 R_2 对 C 充电，使 u_C 不断上升，当 u_C 上升到 $u_C \geqslant \frac{2}{3} V_{DD}$ 时，电路翻转置 0，输出 u_o 变为低电平，此时，放电管 V_N 由截止变为导通，进入第二暂态。C 经 R_2 和 V_N 开始放电，使 u_C 下降，当 $u_C \leqslant \frac{1}{3} V_{DD}$ 时，电路又翻转置 1，输出 u_o 回到高电平，V_N 截止，回到第一暂态。然后，上述充、放电过程被再次重复，从而形成连续振荡。工作波形如图 8-2-2（b）所示。

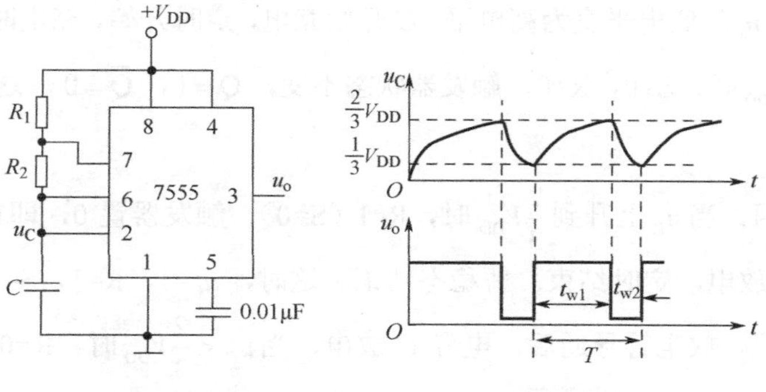

（a）电路图　　（b）波形图

图 8-2-2　555 时基电路组成的多谐振荡器

3）振荡周期

$$T = t_{W1} + t_{W2} = 0.7(R_1 + 2R_2)C$$

2．用 555 时基电路构成的单稳态触发器

1）电路组成

用 555 时基电路构成的单稳态触发器如图 8-2-3（a）所示。输入触发脉冲 u_I 接在 $\overline{TR}$ 端（2）脚，TH 端和 D 端相连，并与定时元件 R、C 相连。图 8-2-3（b）为工作波形图。

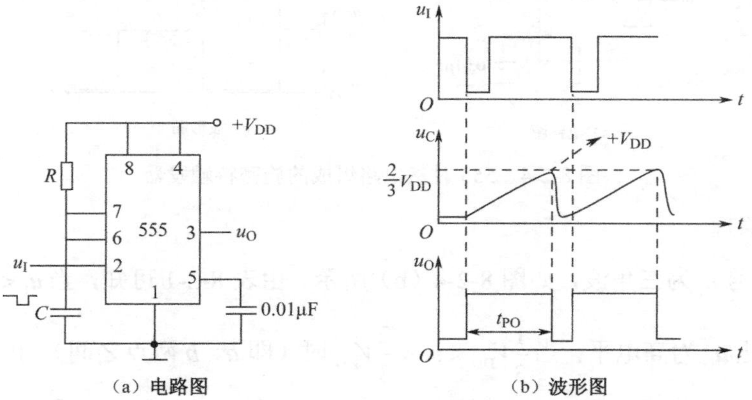

（a）电路图　　（b）波形图

图 8-2-3　555 时基电路构成的单稳态触发器

2）工作原理

（1）稳态。u_I 为高电平。接好电路，接通电源时，$+V_{DD}$ 通过 R 对 C 充电，使 u_C 上升，当 u_C 上升到 $\frac{2}{3}V_{DD}$ 时，触发器置 0，即 $Q=0$，$\overline{Q}=1$，放电管 V_N 导通，电容通过放电管迅速放电，直到 $u_C=0$。一旦放电管 V_N 导通，C 被傍路，无法再充电，所以这时电路处于稳定状态。这时 $u_I=1$，R=0，S=0，$u_O=0$。

（2）触发翻转。当输入端加入负脉冲（宽度应小于脉宽 t_{PO}），即 $u_{\overline{TR}} < \frac{1}{3}V_{DD}$，则 S=1（R=0），触发器翻转为 1 态，输出 u_O 为高电平。即 $Q=1$，$\overline{Q}=0$。这时 $u_I=0$，R=0，S=1，$u_O=1$。

（3）暂稳态。u_I 从低电平变为高电平。C 开始充电，定时开始，充电时间常数 $\tau = RC$。当 $\frac{1}{3}V_{DD} < u_C < \frac{2}{3}V_{DD}$ 时，S=0，R=0，触发器状态不变，$Q=1$，$\overline{Q}=0$。这时，u_I=1，R=0，S=0，u_O=1。

（4）自动返回。当 u_C 上升到 $\frac{2}{3}V_{DD}$ 时，R=l（S=0），触发器置 0，即 $Q=0$，$\overline{Q}=1$。放电管 V_N 导通，C 放电，定时结束。暂稳态结束。这时，u_I=1，R=1，S=0，u_O=0。

（5）恢复过程。放电管导通后，电容 C 放电，当 $u_C < \frac{2}{3}V_{DD}$ 时，R=0（S=0），基本 RS 触发器保持原态，$Q=0$，$\overline{Q}=1$。这时，u_I=1，R=0，S=0，u_O=0。

当第二个触发脉冲到来时，重复上述过程。其工作波形如图 8-2-3（b）所示。

3．用 555 时基电路构成的施密特触发器

1）电路组成

将 555 时基电路的复位、置位端 TH 与 $\overline{TR}$ 连在一起作为信号输入端即构成施密特触发器，如图 8-2-4（a）所示。图 8-2-4（b）为输入、输出波形。

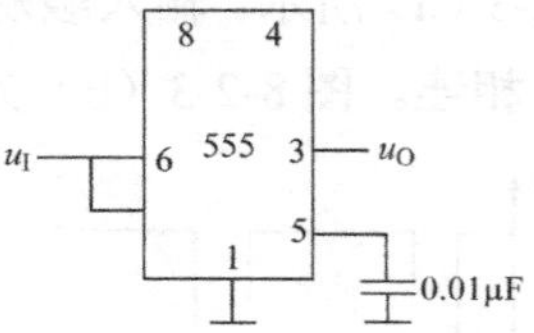

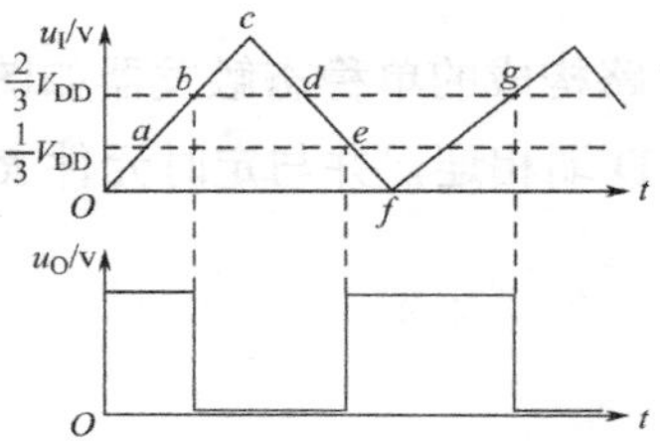

图 8-2-4　555 时基电路组成的施密特触发器

2）工作原理

设输入信号 u_I 为三角波，如图 8-2-4（b）所示。由表 8-2-1 可知，当 $u_I < \frac{1}{3}V_{DD}$ 时，S=l，R=0，电路输出 u_O 为高电平；当 $\frac{1}{3}V_{DD} < u_I < \frac{2}{3}V_{DD}$ 时（即 a、b 两点之间），由于 $u_{TH} < \frac{2}{3}V_{DD}$，$u_{\overline{TR}} \geqslant \frac{1}{3}V_{DD}$，所以 S=R=0，则 u_O 保持为高电平；当 u_I 继续增大到 $u_I = \frac{2}{3}V_{DD} = U_{T+}$ 时（即 b 点），这时 $u_{TH} \geqslant \frac{2}{3}V_{DD}$，$u_{\overline{TR}} \geqslant \frac{1}{3}V_{DD}$，使 S=0，R=1，则 u_O 由高电平变为低电平；u_I 继续上升到 c 点，因 S=0，R=l，所以 u_O 仍为低电平。当 u_I 从最大值下降时，当 $\frac{1}{3}V_{DD} < u_I < \frac{2}{3}V_{DD}$ 时（即 d、e 点之间），由于 $u_{TH} < \frac{2}{3}V_{DD}$，$u_{\overline{TR}} \geqslant \frac{1}{3}V_{DD}$，S=R=0，所以输出保持不变。当 u_I 继续下降到 $u_I = \frac{1}{3}V_{DD} = U_{T-}$ 时（即 e 点），这时 S=l，R=0，输出由低电平变为高电平。以后在 e、f、g 之间，因 S=R=0，所以 u_O 仍维持高电平，直到 u_I 到达 g 点，u_O 才又变为低电平。

【例 8-2-1】图 8-2-5 所示为一简易触摸开关电路。触摸金属片时，发光二极管亮，经过一段时间，发光二极管熄灭。试说明其工作原理。

解：这是由 555 时基电路组成的一个单稳态定时电路，用手触摸金属片时，人作为导体，相当于给 2 端一个低电平触发信号，此时 3 端输出高电平，故发光二极管亮，同时电路也进入暂稳态。暂稳态过程的长短由 RC 回路来决定。在暂稳态过程结束后，3 端恢复为低电平，发光二极管熄灭，其各点波形如图 8-2-6 所示。

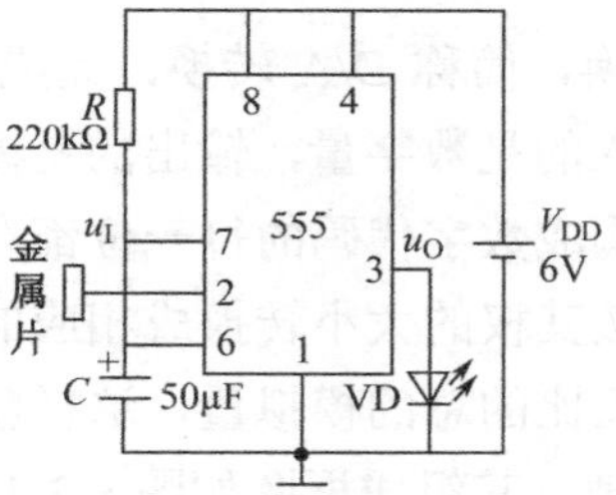

图 8-2-5　例 8-2-1 电路图

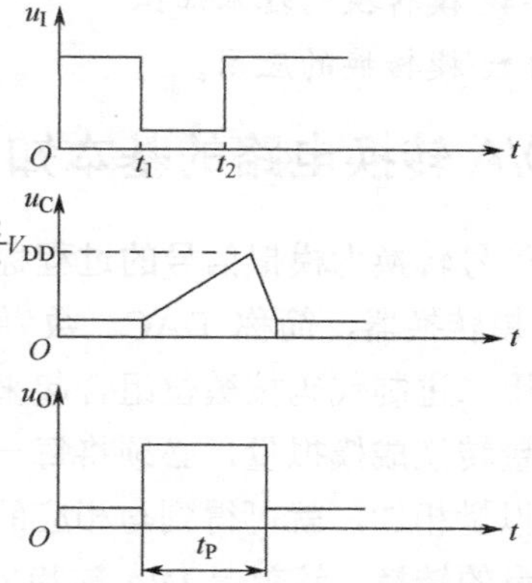

图 8-2-6　单稳态电路的波形图

对于 555 典型应用电路，有输入且有 *RC*，则可初步判断是单稳态电路，否则要查 555 的功能表，进行分析后再作结论。

思考与练习

一、填空题

1．555 定时器由________、________、________、________及________五个基本单元组成。

2．555 定时器的主要逻辑功能是________、________、________、________。

二、综合题

1．说明 555 定时器各引脚的功能。

2．CC7555 集成电路由哪几个单元电路组成？简述 CC7555 的工作原理。

3．图 8-2-7 是由 555 定时器构成的一个简易电子门铃，分析该电路的工作原理。

4．分析图 8-2-8 所示电路的工作原理。

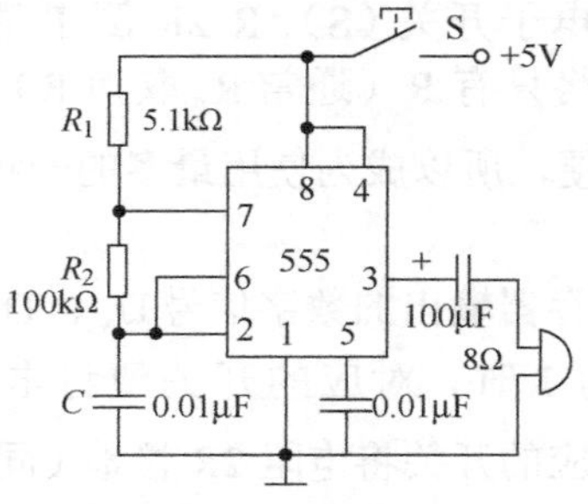

图 8-2-7　综合题 4 图

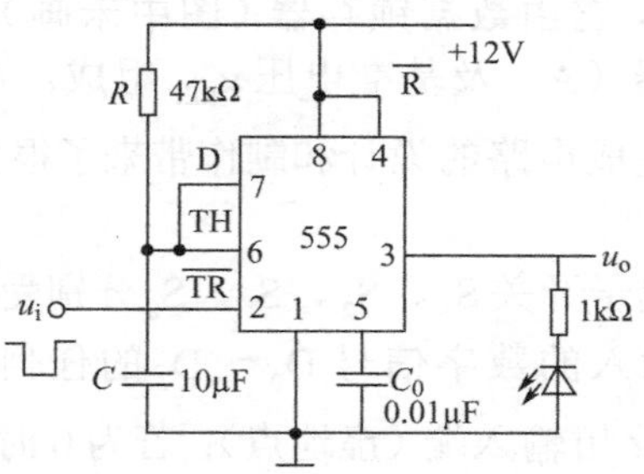

图 8-2-8　综合题 5 图

8.3 数/模转换电路

学习目标

1. 了解数/模转换的基本知识。
2. 了解数/模转换的应用。

8.3.1 D/A 转换电路的基本知识

将数字信号转换为模拟信号的过程称为数/模转换，简称 D/A 转换，完成 D/A 转换的电路称为数/模转换器，简称 DAC。数/模转换器输入的是数字量，输出的是模拟量。由于数字量是使用二进制代码按数位组合起来表示的，构成数字代码的每一位都有一定的权。为了将数字量转换成模拟量，必须将每一位的代码按其权的大小转换成相应的模拟量，然后将这些模拟量相加，就可得到与相应的数字量成正比的总的模拟量，这样就实现了从数字量到模拟量的转换。这就是 D/A 转换器的基本原理。其组成框图如图 8-3-1 所示。

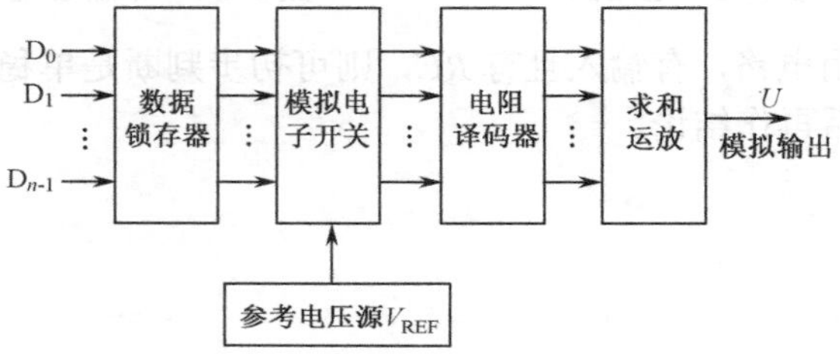

图 8-3-1　*n* 位 D/A 转换器方框图

图 8-3-1 中，数据锁存器用来暂时存放输入的数字量，这些数字量控制模拟电子开关，将参考电压源 V_{REF} 按位切换到电阻译码网络中获得相应数位权值，然后送入求和运算放大器，输出相应的模拟电压，完成 D/A 转换过程。

D/A 转换器按电阻网络的不同，可分成 T 型电阻网络型、倒 T 型电阻网络型、权电阻网络型、权电流型等。这里只介绍一下倒 T 型电阻网络 D/A 转换器。

1. 倒 T 型电阻网络 D/A 转换器

图 8-3-2 所示为一个 4 位倒 T 型电阻网络 D/A 转换器（按同样结构可将它扩展到任意位置），它由数据锁存器（图中未画）、模拟电子开关（S）、R-2R 倒 T 型电阻网络、运算放大器（A）及基准电压 u_{REF} 组成。电阻网络只有 R（通常 R_F 取为 R）和 2R 两种电阻，给集成电路的设计和制作带来了很大的方便，所以成为使用最多的一种 D/A 转换电路。

模拟电子开关 S_3、S_2、S_1、S_0 分别受数据锁存器输出的数字信号 D_3、D_2、D_1、D_0 控制。当输入的数字信号 D_0 ～ D_3 的任何一位为 1 时，对应的开关便将电阻 2R 接到放大器的反相输入端（虚地点）；若为 0 时，则对应的开关将电阻 2R 接地（同相输入端）。经过推导得

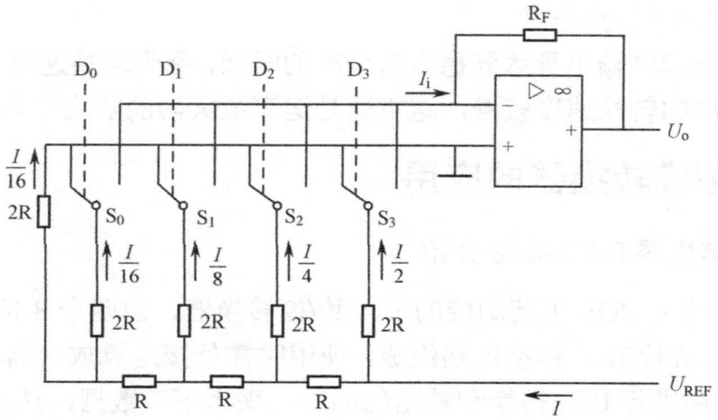

图 8-3-2　倒 T 型电阻网络 D/A 转换器

在 $R_F=R$ 时，输出电压为

$$U_o=-\frac{u_{REF}}{2^4}(D_3\cdot 2^3+D_2\cdot 2^2+D_1\cdot 2^1+D_0\cdot 2^0)$$

将输入数字量扩展到 n 位，则有

$$U_o=-\frac{u_{REF}}{2^n}(D_{n-1}\cdot 2^{n-1}+D_{n-2}\cdot 2^{n-2}+\cdots+D_1\cdot 2^1+D_0\cdot 2^0)$$

由于倒 T 型电阻网络 D/A 转换器中各支路的电流直接流入了运算放大器的输入端，它们之间不存在传输时间差，因而提高了转换速度并减小了动态过程中输出端可能出现的尖峰脉冲。

鉴于以上原因，倒 T 型电阻网络 D/A 转换器是目前使用的 D/A 转换器中速度较快的一种，也是用得较多的一种。

2．D/A 转换的主要技术参数

1）分辨率

分辨率是指 D / A 转换器输出的最小电压变化量与满刻度输出电压之比。

最小输出电压变化量就是对应于输入数字量最低位（LSB）为 1，其余各位为 0 时的输出电压，记为 U_{LSB}，满度输出电压就是对应于输入数字量的各位全是 1 时的输出电压，记为 U_{FSR}，对于一个 n 位的 D / A 转换器，分辨率可表示为：

$$分辨率=\frac{U_{LSB}}{U_{FSR}}=\frac{1}{2^n-1}$$

一个 n=10 位的 D / A 转换器，其分辨率是 0.000978。

2）转换精度

转换精度是指输出模拟电压的实际值与理想值之间的偏差。这种误差主要是由于参考电压偏离标准值、运算放大器的零点漂移、模拟开关的压降以及给定电阻阻值的偏差等引起的。

3）线性误差

由于种种原因，DAC 的实际转换的线性度与理想值是有偏差的，这种偏差就是线性误差。产生线性误差的主要原因有两个：一是各位模拟开关的压降不一定相等；二是各个电阻值的偏差不一定相等。

4）输出建立时间（转换速度）

从输入数字信号起到输出量达到稳定值所用的时间，称为转换速度。电流型 DAC 转换速度较快，电压输出的转换速度较慢，这主要是运算放大器的响应时间引起的。

8.3.2 集成数/模转换器的应用

1. 集成 D/A 转换器 DAC0832 介绍

DAC0832 是采用 CMOS 工艺制成的 8 位数/模转换器，由两个 8 位寄存器（输入寄存器和 DAC 寄存器）、8 位 D/A 转换电路组成，使用时需外接运算放大器。采用两级寄存器，可使 D/A 转换电路在进行 D/A 转换和输出的同时，采集下一数据，从而提高了转换速度。DAC0832 的结构框图和引脚如图 8-3-3 所示，各引脚功能如下：

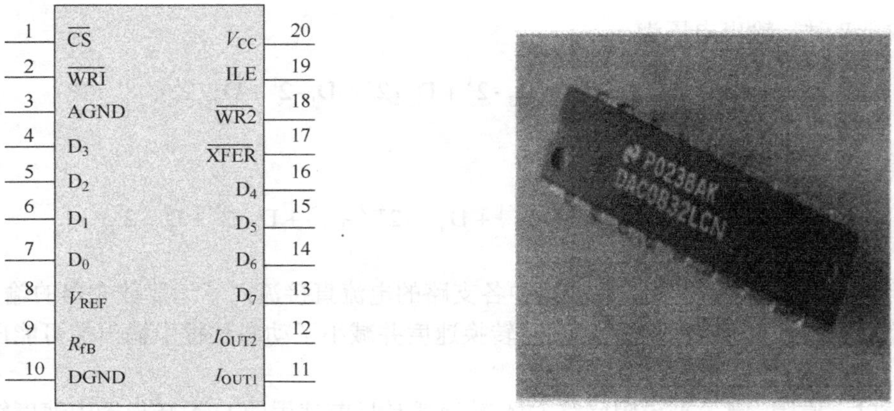

（a）DAC0832 引脚排列　　（b）实物图

图 8-3-3　集成电路 DAC0832

D_0～D_7：八位输入数据信号。

I_{OUT1}：模拟电流输出端，此输出信号一般作为运算放大器的一个差分输入信号（一般接反相端）。

I_{OUT2}：模拟电流输出端，它是运算放大器的另一个差分输入信号（一般接地）。

V_{REF}：参考电压接线端，其电压范围为-10～+10V。

V_{CC}：电路电源电压，可在+5V 到+15V 范围内选取。

DGND：数字电路地。

AGND：模拟电路地。

$\overline{CS}$：片选信号，输入低电平有效。当 $\overline{CS}=1$ 时，输入寄存器处于锁存状态，输出保持不变；当 $\overline{CS}=0$，且 ILE＝1、$\overline{WR1}=0$ 时，输入寄存器打开，这时它的输出随输入数据的变化而变化。

ILE：输入锁存允许信号，高电平有效，与 $\overline{CS}$、$\overline{WR1}$ 共同控制来选通输入寄存器。

$\overline{WR1}$：输入数据选通信号，低电平有效。

$\overline{XFER}$：数据传送控制信号，低电平有效，用来控制 DAC 寄存器，当 $\overline{XFER}=0$，$\overline{WR2}=0$ 时，DAC 寄存器才处于接收信号、准备锁存状态，这时 DAC 寄存器的输出随输入而变。

$\overline{WR2}$：数据传送选通信号，低电平有效。

R_{fB}：反馈电阻输入引脚，反馈电阻在芯片内部，可与运算放大器的输出直接相连。

DAC0832 由于采用两个寄存器，使应用具有很大的灵活性，具有三种工作方式：双缓冲器型、单缓冲器型和直通型。

2. 应用电路

用 DAC0832 芯片构成 D/A 的典型接线如图 8-3-4 所示。

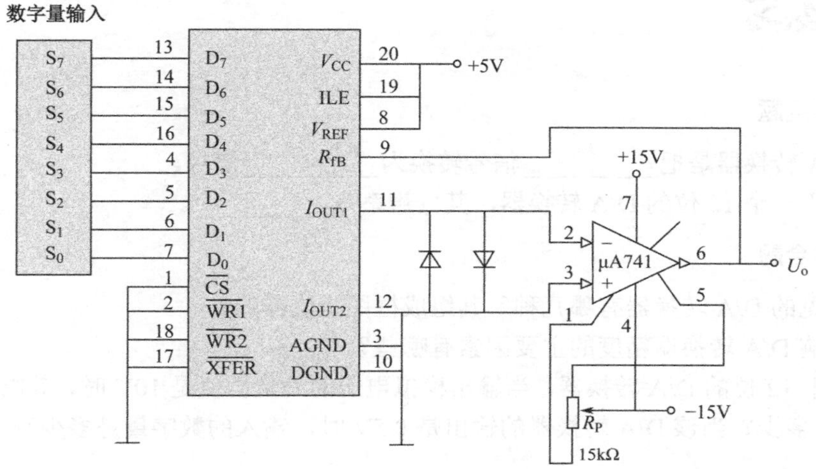

图 8-3-4　D/A 转换电路

【例 8-3-1】 已知某数/模转换器有 4 位，其最小输出电压增量 $U_{o\min}$ 为 0.1V，则其满刻度输出电压为何值?

解： 4 位数/模转换器的分辨率为

$$分辨率=\frac{1}{2^n-1}=\frac{1}{2^4-1}=\frac{1}{15}\approx 0.067$$

根据分辨率的定义，其值为最小输出电压和最大输出电压之比，因此

$$分辨率=\frac{U_{o\min}}{U_{o\max}}$$

根据上式整理可求得输出最大电压为

$$U_{o\max}=\frac{0.1\text{V}}{0.067}=1.5\text{V}$$

【例 8-3-2】 有一 8 位倒 T 型电阻网络数/模转换器，基准电压 $U_{REF}=+10\text{V}, R_F=R$，当 D＝10000000 和 D＝01000000 时，分别求输出模拟电压。

解： 当输入 8 位二进制 D＝10000000 时，只有 $D_7=1$，$D_0\sim D_6$ 均为 0，则

$$U_o=-\frac{U_{REF}}{2^8}\times 2^7$$

$$=-\frac{10\text{V}}{2^8}\times 2^7$$

$$=-5\text{V}$$

当输入 8 位二进制 D＝01000000 时，只有 $D_6=1$，其余为 0，则

$$U_o = -\frac{U_{REF}}{2^8} \times 2^6$$
$$= -\frac{10V}{2^8} \times 2^6$$
$$= -2.5V$$

思考与练习

一、填空题

1．D/A 转换器是把__________信号转换为__________信号。

2．对于一个 12 位的 D/A 转换器，其分辨率是__________。

二、综合题

1．常见的 D/A 转换器有哪几种？其组成框图是怎样的？

2．影响 D/A 转换器精度的主要因素有哪些？

3．一个 12 位的 D/A 转换器，当输出模拟电压的满量程值是 10V 时，其能分辨出的最小电压值是多少？当该 D/A 转换器的输出是 0.5V 时，输入的数字量是多少？

8.4 模/数转换电路

学习目标

1．了解模/数转换的基本概念。

2．了解模/数转换的应用。

8.4.1 A/D 转换电路的基本知识

将模拟信号转换为数字信号的过程称为模/数转换，简称 A/D 转换，完成 A/D 转换的电路称为模/数转换器，简称 ADC。一个完整的 A/D 转换要经过 4 个步骤，即采样、保持、量化、编码。

1．采样与保持

采样是将连续变化的模拟量作等间隔的抽样取值，即将时间上连续变化的模拟量转换为时间上断续的模拟量。采样原理如图 8-4-1（a）所示，它是一个受采样脉冲 u_s 控制的开关，其工作波形如图 8-4-1（b）所示。当 u_s 为高电平时，采样开关闭合，输出端 $u_o = u_i$；当 u_s 为低电平时，开关断开，输出电压 $u_o = 0$，所以在输出端得到一种脉冲式的采样信号。显然采样频率 f_s 越高，所取得的信号与输入信号越接近，转换误差就越小。为不失真地还原模拟信号，采样频率应不小于输入模拟信号频谱中最高频率的两倍，即

$$f_s \geqslant 2 f_{imax}$$

将采样后的模拟信号转换为数字信号需要一定时间，所以在每次采样后需将采样电压经保持电路保持一段时间，以便进行转换。

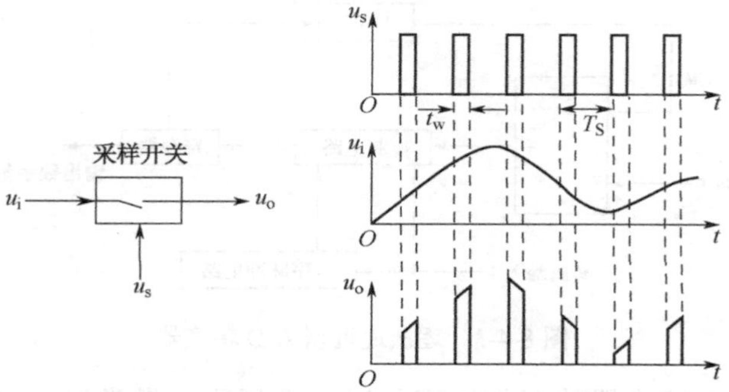

（a）原理图　　　　　　　　　　（b）工作波形

图 8-4-1　采样过程示意图

2．量化与编码

输入模拟信号经采样-保持后得到的是阶梯模拟信号，还不是数字信号，还需进行量化。将采样-保持后的电压转换为某个规定的最小单位电压整数倍的过程称为量化。在量化过程中不可能正好整数倍，所以量化前后不可避免地存在误差，称为量化误差。量化过程常用两种方法：只舍不入法和四舍五入法。

将量化后的数值用二进制代码表示，称为编码。经编码后的二进制代码就是模/数转换器的输出数字信号。

3．模/数转换的原理

1）A/D 转换器的分类

A/D 转换器的种类很多，按其转换过程，大致可以分为直接型 A/D 转换器和间接型 A/D 转换器两种，如图 8-4-2 所示。

直接型 A/D 转换器能把输入的模拟电压直接转换为输出的数字代码，不需要通过中间变量。常用的电路有反馈比较型和并行比较型两种。

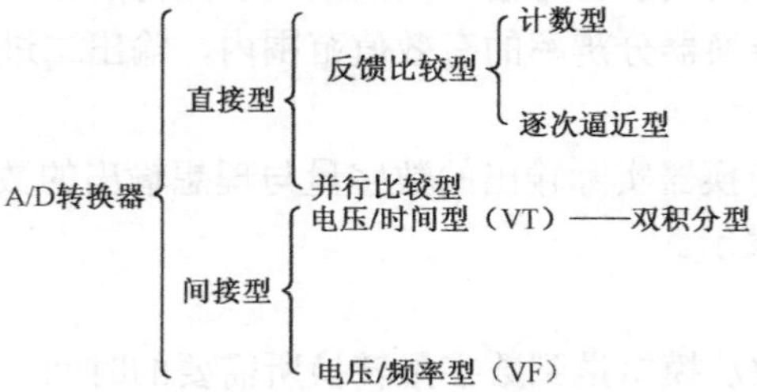

图 8-4-2　A/D 转换器分类图

间接型 A/D 转换器是把待转换的输入模拟电压先转换为一个中间变量，然后再对中间变量进行量化编码得出转换结果。

2）逐次逼近型 A/D 转换器

逐次逼近型 A/D 转换器是一种反馈比较型 A/D 转换器，如图 8-4-3 所示，它由电压比较器、逻辑控制器、n 位逐次逼近寄存器和 n 位 D/A 转换器组成。

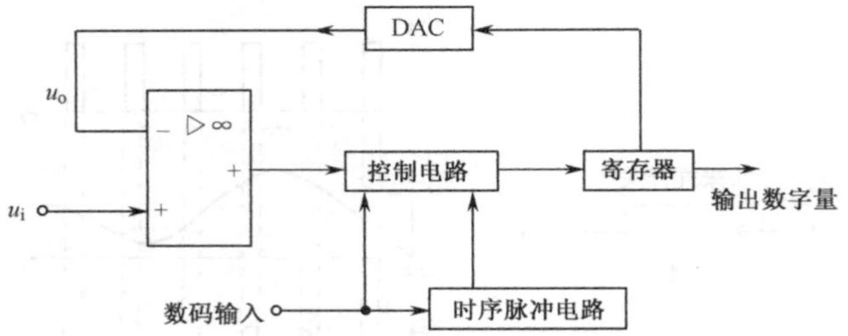

图 8-4-3　逐次逼近型 A/D 转换器

逐次逼近型 A/D 转换器的工作原理与用天平秤称重量类似。它是将大小不同的参考电压与输入模拟电压逐步进行比较，比较结果以相应的二进制代码表示。其过程如下所述。

当电路收到启动信号后，首先将寄存器置零，之后第一个 CP 时钟脉冲到来时，控制逻辑将寄存器的最高位置为 1，使其输出为 100…0。这组数字量由 D/A 转换器转换成模拟电压 u_o，送到比较器与输入模拟电压 u_i 进行比较。若 $u_i > u_o$，则应将这一位的 1 保留，比较器输出为 1；若 $u_i < u_o$，说明寄存器输出数码过大，舍去这一位的 1，比较器输出为 0。以此类推，将下一位置 1 进行比较，直到最低位为止。

此时寄存器中的 n 位数字量即为模拟输入电压所对应的数字量。通常，从清 0 到输出数据完成 n 位转换需要 $n+2$ 个脉冲。

4．A/D 转换器的主要技术指标

1）转换精度

在 A/D 转换器中，通常用分辨率和转换误差来描述转换精度。

分辨率是指引起输出二进制数字量最低有效位变动一个数码时，对应输入模拟量的最小变化量。小于此最小变化量的输入模拟电压，不会引起输出数字量的变化。对于 n 位 ADC，其分辨率为 $\dfrac{1}{2^n}$。

A/D 转换器的分辨率反映了它对输入模拟量微小变化的分辨能力，它与输出的二进制数的位数有关，在 A/D 转换器分辨率的有效值范围内，输出二进制数的位数越多，分辨率越小，分辨能力就越高。

转换误差表示 A/D 转换器实际输出的数字量与理想输出的数字量之间的差别，并用最低有效位 LSB 的倍数来表示。

2）转换速度

A/D 转换器完成一次从模拟量到数字量转换所需要的时间，即从转换开始到输出端出现稳定的数字信号所需要的时间。并行型 A/D 转换器速度最高，约为数十纳秒；逐次逼近型 A/D 转换器速度次之，约为数十微秒；双积分型 A/D 转换器速度最慢，约为数十毫秒。

8.4.2　集成模/数转换器的应用

ADC0809 是一种常用的集成 A/D 转换器，能实现 8 位 A/D 转换，带有 8 路多路开关以及微处理机兼容的控制逻辑的 CMOS 组件。它是逐次逼近式 A/D 转换器，可以和单片机直接接口。

1．ADC0809 的内部逻辑结构

ADC0809 的内部逻辑结构如图 8-4-4 所示。

由图 8-4-4 可知，ADC0809 由一个 8 路模拟开关、一个地址锁存与译码器、一个 A/D 转换器和一个三态输出锁存器组成。多路开关可选通 8 个模拟通道，允许 8 路模拟量分时输入，共用 A/D 转换器进行转换。三态输出锁存器用于锁存 A/D 转换完的数字量，当 OE 端为高电平时，才可以从三态输出锁存器取走转换完的数据。

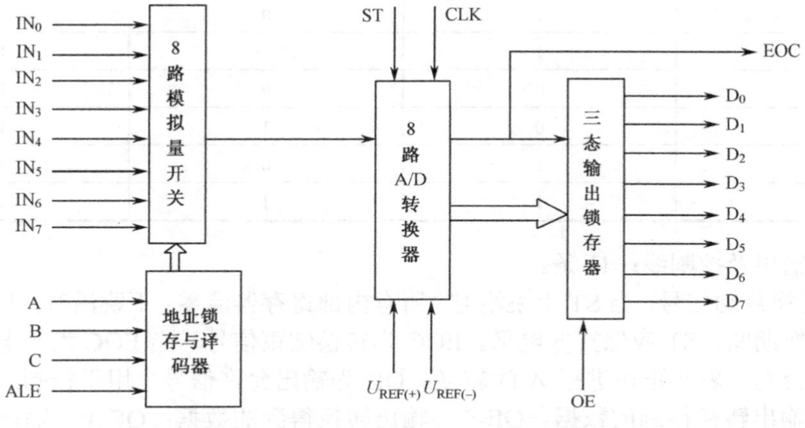

图 8-4-4　ADC0809 的内部逻辑结构图

2．ADC0809 引脚结构

ADC0809 引脚结构如图 8-4-5 所示。

IN_0～IN_7：8 条模拟量输入通道。

ADC0809 对输入模拟量要求：信号单极性，电压范围是 0～5V，若信号太小，必须进行放大；输入的模拟量在转换过程中应该保持不变，如若模拟量变化太快，则需在输入前增加采样保持电路。

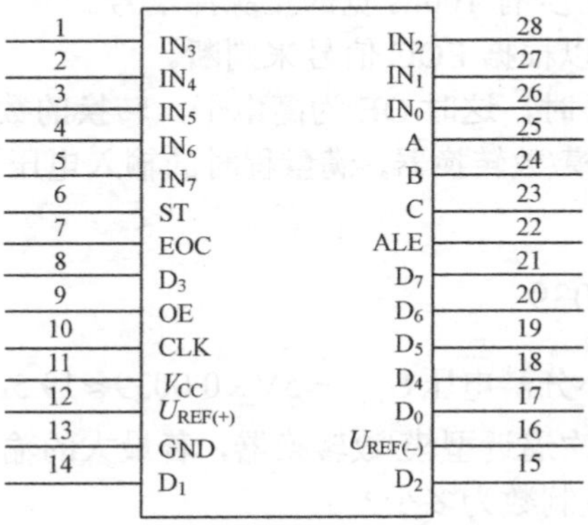

图 8-4-5　ADC0809 引脚结构图

地址输入和控制线：4 条。

ALE 为地址锁存允许输入线，高电平有效。当 ALE 线为高电平时，地址锁存与译码器将 A、B、C 三条地址线的地址信号进行锁存，经译码后被选中的通道的模拟量经转换器

进行转换。A、B 和 C 为地址输入线，用于选通 IN_0～IN_7 上的一路模拟量输入。通道选择表如表 8-4-1 所示。

表 8-4-1　ADC0809 通道选择表

C	B	A	选择的通道
0	0	0	IN_0
0	0	1	IN_1
0	1	0	IN_2
0	1	1	IN_3
1	0	0	IN_4
1	0	1	IN_5
1	1	0	IN_6
1	1	1	IN_7

数字量输出及控制线：11 条。

ST 为转换启动信号。当 ST 上跳沿时，所有内部寄存器清零；下跳沿时，开始进行 A/D 转换；在转换期间，ST 应保持低电平。EOC 为转换结束信号。当 EOC 为高电平时，表明转换结束；否则，表明正在进行 A/D 转换。OE 为输出允许信号，用于控制三条输出锁存器向单片机输出转换得到的数据。OE=1，输出转换得到的数据；OE=0，输出数据线呈高阻状态。D_7～D_0 为数字量输出线。CLK 为时钟输入信号线。因 ADC0809 的内部没有时钟电路，所需时钟信号必须由外界提供，通常使用频率为 500kHz，$U_{REF(+)}$、$U_{REF(-)}$ 为参考电压输入。

3．ADC0809 应用说明

（1）ADC0809 内部带有输出锁存器，可以与 AT89S51 单片机直接相连。

（2）初始化时，使 ST 和 OE 信号全为低电平。

（3）送要转换的哪一通道的地址到 A、B、C 端口上。

（4）在 ST 端给出一个至少有 100ns 宽的正脉冲信号。

（5）是否转换完毕，可以根据 EOC 信号来判断。

（6）当 EOC 变为高电平时，这时 OE 为高电平，转换的数据就输出给单片机了。

【例 8-4-1】一个 8 位的模/数转换器，满量程时的输入电压为+5V，求其分辨率为多少？求最小分辨电压是多少？

解：分辨率$=\dfrac{1}{2^8}\approx 0.0039$

$$\text{最小分辨电压}\ U_{\text{imin}}=5\text{V}\times 0.0039\approx 19.5\text{mV}$$

【例 8-4-2】一个 8 位逐次逼近型模/数转换器，若最大的输入电压为+l0V，问当输入电压为 6.5V 时，则输出的二进制数为多少？

解：最小分辨电压 $U_{\text{imin}}=\dfrac{10\text{V}}{2^8}\approx 39\text{mV}$

当输入模拟电压为 6.5V 时，则模/数转换器的转换结果为

$$\frac{u_{\text{i}}}{U_{\text{imin}}}=\frac{6.5\text{V}}{39\text{mV}}\approx 167$$

将 167 转换为二进制数为 10100111。

思考与练习

一、填空题

1．A/D 转换器是把__________信号转换为__________信号。

2．A/D 转换通常经过__________、__________、__________、__________四个步骤。采样信号频率至少是模拟信号最高频率的__________倍。

3．ADC 的最大输入模拟电压为 12V，当转换成 10 位二进制数时，ADC 可以分辨的最小模拟电压是__________mV；若转换成 16 位二进制数，则 ADC 可以分辨的最小模拟电压是__________mV。

二、综合题

1．A/D 转换器的主要技术指标有哪些？

2．某 12 位 ADC 电路满值输入电压为 10V，其分辨率是多少？

3．一个 12 位逐次逼近型模/数转换器，若最大的输入电压为+12V，问当输入电压为 8V 时，则输出的二进制数为多少？